エンジニアリング組織論への招待

不確実性に向き合う思考と組織のリファクタリング

Engineering
Organization
Theory

広木大地 著

技術評論社

●**本書をお読みになる前に**
本書に記載された内容は、情報の提供のみを目的としています。したがって、本書を用いた運用は、必ずお客様自身の責任と判断によって行ってください。これらの情報の運用の結果について、技術評論社および著者はいかなる責任も負いません。

本書記載の情報は、2018年2月1日現在のものを掲載していますので、ご利用時には、変更されている場合もあります。

以上の注意事項をご承諾いただいた上で、本書をご利用願います。これらの注意事項をお読みいただかずに、お問い合わせいただいても、技術評論社および著者は対処しかねます。あらかじめ、ご承知おきください。

●**商標・商標登録について**
本文中に記載されている社名、商品名、製品等の名称は、関係各社の商標または登録商標です。なお、本文中に ™、®、© は明記していません。

はじめに

　若手の頃、Webエンジニアとしての仕事は「コードを書くことだ」と単純にそう思っていた気がします。良いコードを書きたい、悪いコードをリファクタリングしていきたいし、何よりそれによってより良い社会になっていくことを目指していました。
　より良いアーキテクチャで品質の高いコードを書くにはどうしたらよいのだろうか。そう考えていくうちに、人々の思考の癖や人間関係、ビジネス環境の中で生まれてくる不合理が、形を変えてコードの中に漏れ出ているように思えてきました。
　そして、問題解決のためには、コードだけでなく、人々の思考・組織・ビジネスの「構造」こそリファクタリングしなければいけないと考えるようになりました。それこそがエンジニアリングの本質なのだと気がついたのです。
　エンジニアを取り巻く環境には、様々な問題があります。

　　なぜ、いつまでも堂々巡りの議論をしてしまうのか
　　なぜ、上司と部下のコミュニケーションは失敗するのか
　　なぜ、イケてるはずのアジャイルやリーンがうまくいかないのか
　　なぜ、プロジェクトは炎上し、スケジュール通りに終わらないのか
　　なぜ、技術的負債が問題となるのか、その正体はなんなのか
　　なぜ、経営者とエンジニアの認識が食い違うのか

　これらの根源は、「わからない」ことに対する不安です。未来や他人の考えていることは絶対にわかりません。ですから、問題なのはちょっとしたきっかけから作られた「構造」であって、誰かが悪いわけではないのです。しかし、長らく続いた不況のためか、日本社会は「わからないもの」に向き合う力が弱くなっているように思います。
　けれど、先が見えないという「不確実性」をどう扱うかを知ることができれば、「不安」は「競争力」に変わります。エンジニアリングに必要な思考は、まさにこの不確実性を力に変えるという点なのです。
　本書は、「不確実性に向き合う」というたった1つの原則から、エンジニアリング問題の解決方法を体系的に捉える組織論です。わからないものを避けるという本能を、どのように理解し、克服し、導くのか。テクノロジーを力に変えたい経営者やエンジニアリーダー、そして、今、かつての私と同じように悩んでいる人のチャレンジへのきっかけとなればうれしいです。

　　　　　　　　　　　　　　　　　　　　　　　　　2018年1月　広木 大地

はじめに……3

Chapter 1 思考のリファクタリング……9

1-1. すべてのバグは、思考の中にある……9

1-2. 不確実性とエンジニアリング……10
- エンジニアリングの意味……10
- はじめとおわりを考える……11
- プロジェクトにおける不確実性コーン……11
- 組織構造と不確実性の流れ……12
- 不確実性と情報の関係……14
- 不確実性の発生源……16
- 情報を生み出すこと……17

1-3. 情報を生み出す考え方……18
- 仕事と学力テストの3つの違い……19
- 仕事の問題を学力テストの問題に変換する……21
- 3つの思考とソフトウェア開発……21

1-4. 論理的思考の盲点……22
- 論理的思考と2つの前提……22
- 人間が正しく論理的に思考するためには……23
- 非論理的に考えない=論理的に考える……24
- 人は正しく事実を認知できない……24
- ベーコンの4つのイドラ……25
- 認知の歪み……26
- 認知的不協和……30
- 扁桃体をコントロールする……30
- 自分のアイデンティティの範囲を知る……31
- 「怒り」を「悲しみ」として伝える……32
- 問題解決より問題認知のほうが難しい……33

1-5. 経験主義と仮説思考……33
- わからないことは調べるしかない《経験主義》……34
- 不確実性と夏休みの宿題……36
- プロフェッショナルの仕事……38
- コントロールできるもの／できないもの……39
- 観測できるもの／できないもの……41

あなたができること……42
少ない情報で大胆に考える《仮説思考》……42
PDCAサイクル……44
データ駆動な意思決定の誤解……45
リアルオプション戦略と遅延した意思決定……46
問題の解決よりも問題の明晰化のほうが難しい……49

1-6. 全体論とシステム思考……50
システムとは全体の関係性を捉えること……51
部分だけしか見ないことで対立が起こる……54
認知範囲とシステム思考……64
問題解決より問題発見のほうが難しい……66

1-7. 人間の不完全さを受け入れる……66
コミュニケーションの不確実性……67
カレー作りの寓話……70
不確実性を削減し、秩序を作る……72

Chapter 2 メンタリングの技術……75

2-1. メンタリングで相手の思考をリファクタリング……75
メンタリングの歴史……76
メンタリングとエンジニアリングの関係……76
「自ら考える人材を作る」ためのテクニック……79
効果的なメンター／メンティの関係性……81
「他者説得」から「自己説得」に……84
「悩む」と「考える」の違い……87

2-2. 傾聴・可視化・リフレーミング……88
解けないパズルを変換する……88
空っぽのコップにしか水は入らない……89
「傾聴」と「ただ話を聞くこと」の違い……90
共感をして話を聞き出す「信号」……91
問題の「可視化」と「明晰化」……95
認知フレームとリフレーミング……100

2-3. 心理的安全性の作り方……105
「アットホームな会社」は心理的安全性が高いか……106

アクノレッジメントとストーリーテリング	111
ストーリーテリングの重要性	115
ジョハリの窓と心理的安全性	116

2-4. 内心でなく行動に注目する … 119
内心は見ることができないが、行動は見ることができる	119
SMARTな行動	121
「わかった？」は意味のない言葉	122
能力は習慣の積分、習慣は行動の積分	123
なぜ行動を起こせないのか？	124
ゴールへのタイムマシンに乗る	127

Chapter 3 アジャイルなチームの原理 … 131

3-1. アジャイルはチームをメンタリングする技術 … 131
日本と世界のアジャイル開発普及率	131
日本国内ではアジャイル実践者の数が圧倒的に少ない	132
アジャイル開発が必要とされた2つの理由	133
アジャイル開発は3倍の成功率、1/3の失敗率	134
プロジェクトマネジメントとプロダクトマネジメント	135
アジャイルをするな、アジャイルになれ	141
ウォーターフォールかアジャイルか	142

3-2. アジャイルの歴史 … 143
アジャイル開発は経営学	143
デミング博士とPDCA	144
トヨタ生産方式とリーン生産方式	146
生産方式から知識経営へ	147
生命科学の発展と社会科学への流入	152
ハッカーカルチャーと東洋思想への憧れ	154
軽量ソフトウェア開発プロセス	159
アジャイルソフトウェア開発宣言	163
アジャイルの歴史に見る3つのポイント	165

3-3. アジャイルをめぐる誤解 … 167
アジャイルに関する5つの誤解	167
アジャイルはなぜ誤解されるのか	170

3-4. アジャイルの格率 ... 174
「アジャイル」は理想状態 ... 175
アジャイルな方法論 ... 176
アジャイル開発は「脱構築」される ... 179

Chapter 4 学習するチームと不確実性マネジメント ... 181

4-1. いかにして不確実性を管理するか ... 181
不確実性マネジメント ... 181

4-2. スケジュール予測と不確実性 ... 182
スケジュールマネジメントの基本 ... 182
制約スラックとクリティカルパス ... 184
悲観的見積りと楽観的見積り ... 186
スケジュール不安の「見える化」 ... 190
計画でなく実績から予測する ... 199
要求粒度と不確実性 ... 208
スケジュール不安はコントロールできる ... 210

4-3. 要求の作り方とマーケット不安 ... 210
スケジュール不安とマーケット不安の対称性 ... 210
マーケット不安はいつ削減できるか ... 215

4-4. スクラムと不安に向き合う振り返り ... 220
不安に向き合うフレームワークとしてのスクラム ... 220
どこに向かって、どのように振り返るか ... 224
不安を知りチームマスタリーを得る ... 226

Chapter 5 技術組織の力学とアーキテクチャ ... 227

5-1. 何が技術組織の"生産性"を下げるのか ... 227
生産性という言葉の難しさ ... 228
組織の情報処理能力 ... 229
組織とシステムの関係性 ... 233
エンジニア組織の情報処理能力を向上させるには? ... 236

5-2. 権限委譲とアカウンタビリティ……238
- 組織と権限……238
- 権限と不確実性……241
- 権限委譲のレベルとデリゲーションポーカー……243
- 権限の衝突……246
- 権限と組織設計……248

5-3. 技術的負債の正体……249
- 技術的負債をめぐる議論……249
- コミュニケーションのための分類……253
- クイック＆ダーティの神話……254
- 技術的負債は「見ることができない」……256
- 理想システムの追加工数との差による表現……257
- 見えてしまえば「技術的負債」ではない……263
- 技術的負債に光を当てる……264

5-4. 取引コストと技術組織……274
- 取引コスト理論……274
- ホールドアップ問題……277
- アーキテクチャと外注管理……277
- 社内における取引コスト……280
- 機能横断チームの重要性……285

5-5. 目標管理と透明性……287
- 誤解された目標管理……287
- 抜け落ちたセルフコントロール……288
- OKRによる目標の透明化……289
- 透明性と情報公開……290

5-6. 組織設計とアーキテクチャ……292
- 取引コストとアーキテクチャ……292
- 逆コンウェイ作戦……293
- マイクロサービスアーキテクチャ……294
- マイクロサービス化を行う時期の難しさ……298
- エンジニアリング・カンパニー……300

索引……302

Chapter 1

思考の
リファクタリング

1-1. すべてのバグは、思考の中にある

　「エンジニアリング」を行う組織について考えるときに、それを構成する個々人の中で起きていることを知る必要があります。集団でのソフトウェア開発では、ただ動作するプログラムを個人で書く場合には起こらないような難しい問題が発生します。「どんな仕様にするべきか」「どんな風に書くべきか」「どんな風に人とコミュニケーションするべきか」といった自分以外の他人との関わりを踏まえてどのように振る舞うのかを求められることになるのです。

　そんなとき、他者とのコミュニケーションを通じて理不尽を感じることもあることでしょう。実際、ソフトウェア開発の現場には、多くの理不尽や感情の対立が発生しています。これは、人間の思考の中にバグが含まれているような状態です。そのような状況を改善し、仕事を前に進めていくために、そして、自身の所属する会社やチームをより成功に導くためには、どのようにしていけばよいでしょうか。それには考え方を少しだけ変えていく必要があります。いわば、「思考のリファクタリング」というようなものです。

　「リファクタリング」とは、機能を変えずにプログラムコードをわかりやすく組み替

えることです。思考のリファクタリングも、「ものすごく賢くなる」ような方法ではありません。頭の中で発生してしまう無駄なプロセスを削除して、考えるときの指針をもつことで、問題解決に向かって、明確に行動ができるように促すものです。

これは言い方を変えるのであれば、「不確実性に向き合う」考え方です。私たちは、学校教育の中で「わからないもの」にどう立ち向かったらよいかを教わることはなかなかありませんでした。エンジニアリング組織について考えるにあたって、まずはその根幹にある個々人の思考の鎖を解く作業から始めていきましょう。

1-2. 不確実性とエンジニアリング

エンジニアリングの意味

システムやソフトウェアを通じてビジネスを行う私たちが日々取り組んでいる「エンジニアリング」とは一体何なのでしょうか。それは、「プログラムを書くこと」でしょうか。「要求仕様を固めること」でしょうか。「顧客の満足を上げること」でしょうか。「会社に利益をもたらすこと」でしょうか。不思議とちょうどいい答えが見つからない言葉です。

それはつまり、私たちは、自分たちが日々行っている「エンジニアリング」とは一体何なのかをよく知らないということです。

■エンジニアリングは「実現」の科学

エンジニアリングは、日本語で「工学」と訳されます。工学と対になって話題に上るものは「理学」です。この2つはどう違うのでしょうか。それを考えると「エンジニアリング」の正体がわかりそうです。

工学における教育プログラムに関する検討委員会 H.11 によれば、工学とは、次のような学問を指します。

> 工学とは数学と自然科学を基礎とし、ときには人文社会科学の知見を用いて、公共の安全、健康、福祉のために有用な事物や快適な環境を構築することを目的とする学問である。

「理学」が物理学や化学のように世の中の自然の原理を見つけて、説明していく学問であるのに対して、「工学」はそれらに依拠しながらも、「何か役に立つものを」「実現していく」学問です。エンジニアリングとは、つまるところ、「実現」していくための科学分野だといえるでしょう。

はじめとおわりを考える

何かを「実現」するときには、「はじめ」と「おわり」が必ずあります。それに注目して、もう少し、「実現」するとは何かを考えていきましょう。

■「実現」のはじめとおわり

何かを実現する「はじめ」がいつなのかを決めることは難しいです。

たとえば、誰かが「お腹が空いた」として、「何か食べたいな」と思ったとします。このとき、「何を食べたいのか」は曖昧なものです。ちょっとスパイシーなものが食べたいとか、少しは野菜も食べたいとか、頭の中にイメージが少しだけある、モヤモヤとした状態です。つまり、何かを実現する「はじめ」は、すべて「曖昧な状態」からスタートしています。

一方、何かを実現する「おわり」は、目の前に「料理」がある状態です。そのときには、最初の曖昧な状態はなくなっていて、具体的な料理が確定して、できあがっています。「はじめ」にあった、モヤモヤとした思いのすべてを満たせたかどうかはわかりませんが、目の前には、曖昧さのない料理ができあがっているわけです。

■ソフトウェアにおける実現

ソフトウェアにおいても同じことがいえます。それは誰かの曖昧な要求からスタートし、それが具体的で明確な何かに変わっていく過程が実現で、その過程のすべてがエンジニアリングという行為です。

つまり、「曖昧さ」を減らし、「具体性・明確さ」を増やす行為が「エンジニアリングとは何か」という答えでもあるのです。

プロジェクトにおける不確実性コーン

では、エンジニアリングによって減らしていくべき、「曖昧さ」とは何のことでしょうか。それはまだ決まっていないことで、はっきりとしていない、将来どうなるかわからない確実でないもののことです。

経済学や社会学の分野ではそれを「不確実性」と表現します。プロジェクトマネジメントでは、しばしば、不確実性が徐々に下がっていく様を表した「不確実性コーン」という図が使われます。

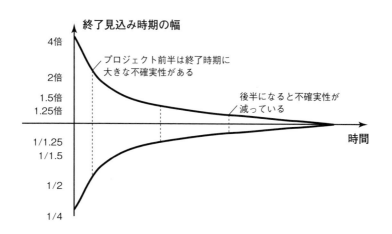

　この図では、不確実性の大きさを「見積り納期」の幅として表現しています。プロジェクト初期においては、曖昧で、不確実な範囲が広く、この場合は納期が想定の4倍から1／4までの幅があることを意味しています。プロジェクトが進むにつれて、徐々に不確実性が下がっていき、いつごろには完成するのかがはっきりとしてきます。
　このように、ものを実現するというのは、不確実な状態から確実な状態に推移させていく過程だと理解することができるでしょう。
　ということは、エンジニアリングで重要なのは「どうしたら効率よく不確実性を減らしていけるのか」という考え方なのです。

組織構造と不確実性の流れ
　企業における「実現」の流れはどうなっているのでしょうか。
　一般的に、多くの人々で何かを実現する場合には、方針を考える人がいて、その人の指示のもとに、具体的な行動を起こしていくという形で進められます。誰かが何かを指示するときには、少なからず「抽象的で曖昧な指示」と「具体的で明確な行動」という関係があります。
　社長、部長、課長、社員というようなピラミッド構造をした組織を考えてみましょ

う。社長がすべての具体的な企業活動をすることはできません。企業の全員の力を活用するためには、誰かに指示をして、その誰かもまた他の人に指示をしてというように指示の連鎖が必要となります。

そのため、上位に行けばいくほど、抽象的で曖昧な状態で指示していく必要が出てきます。逆に現場に行くほど、指示や行動が具体的になってきます。

「曖昧な」というと少し聞こえが悪いのですが、細かいところまではっきりとはしていない状態で方針を決めて、その方向に向けて仕事をより具体的にしていくというのは、当たり前のことです。

企業という組織は、組織全体を通じて、何かを実現するために、より曖昧な状態から具体的な状態に変化させるということを行っているのだと俯瞰できます。いわば不確実なものを確実なものに変化させる「処理装置」なのです。

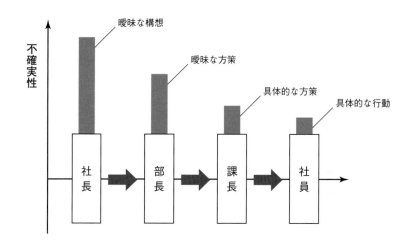

■指示の具体的な組織と抽象的な組織

何かを実現するにあたって、「具体的で細かい指示」が必要な組織と「抽象的で自由度のある指示」で動くことができる組織を考えてみます。どちらも、最終的にはやりたいことが実現できるとして、どちらのほうがよりパワフルな組織だと感じますか？

具体的で細かい指示をしないと動けない組織では、指示をする側の知的能力がそのまま組織の知的な能力になります。その組織のメンバーは小さな「不確実性」の削減しかすることができない状態といえます。これでは、指示をする人が病気になってしまったら途端にアウトプットが下がってしまいます。あるいはもっと多くの人員を抱

えたとしても、組織全体の能力が頭打ちになって、スケールしません。

一方で、抽象的で自由度のある指示でも動ける組織であれば、少ない指示で物事を実現できるので、より大きな「不確実性」の削減を行うことができます。また、組織が拡大してもその拡大に応じてパワーを発揮できる、スケールする組織だといえるでしょう。

このように「不確実性」の削減が少ししかできない「具体的で細かい指示」を必要とする組織を「マイクロマネジメント型」の組織といい、「不確実性」の削減をより多く行うことができる「抽象的で自由度のある指示」でも動ける組織を「自己組織化された」組織といったりします。

この自己組織化という言葉は、システム論および生物学の用語です。この言葉は、生物（ないし化学現象）が周囲のエントロピーを糧にそれ自体の秩序構造を構築していく過程を説明した言葉です。このコンセプトは、社会学、経済学、経営学に影響を与え、不確実性（エントロピー）を糧に成長・適応して、内部に秩序をもたらす構造のあるものを自己組織化と呼ぶようになりました。

不確実なものを確実なものに変えていきながら、自分たちのやり方を作っていくという特徴から、チームや組織が自発的に動くことができる様子をたとえる言葉として、しばしば用いられるようになりました。

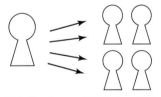

マイクロマネジメント組織

具体的で細かい指示をする組織

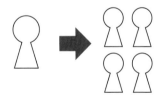

自己組織化された組織

抽象的で自由度のある指示をする組織

不確実性と情報の関係

■ 不確実性の量とエントロピー

これまで、「不確実性」というキーワードを何度か出してきました。そして、エンジニアリングとは「不確実性を効率よく削減していくこと」ではないかと考えてきま

した。

　では、「不確実性」の正体とは何でしょうか。実は、「情報」という概念と深い関わりがあります。

　クロード・シャノンは、「不確実性」の量をエントロピーと呼びました。そして、不確実な事柄の確率分布がわかっていれば、次のような式でエントロピーを定義できると示しました。

$$H(X) = -\sum_i P_i \log_2 P_i$$

　これでは、少しわかりにくいので、単純な例で考えてみましょう。明日、晴れる確率が50％、雨になる確率が50％として、他の可能性はないとします。そんなときのエントロピーは、次の式で表せます。

$$-0.5\log_2(0.5) - 0.5\log_2(0.5) = 1 \text{ bit}$$

　それに対して、明日、晴れる確率が80％、雨になる確率が20％だとすると、エントロピーは次のようになります。

$$-0.8\log_2(0.8) - 0.2\log_2(0.2) = 0.72 \text{ bit}$$

　もう少しわかりやすくするために、明日は100％晴れるとしましょう。その場合は次のようになります。

$$-1\log_2(1) - 0\log_2(0) = 0 \text{ bit}$$

　発生する確率が偏っているほど、不確実性の量は減っていくことがわかります。

■情報は「何が起きるかわからない」から「ある程度わかる」の差

　さらにシャノンは、「不確実性を減少させる知識」のことを「情報」と定義しました。たとえば、明日、晴れか雨か50％：50％だと思っていた人に対して、「明日は80％で晴れだよ」という情報を伝えたとします。

　このとき、1bitの不確実性がある状態から、0.72bitの不確実性の状態に変わること

ができました。この差分、0.28bitを「情報」というわけです。

たとえば、プロジェクトにおいて、AかBのどちらの機能で目的を実現すべきかの決め手がないとき、プロジェクトのエントロピーは高い状態だといえます。

それに対して、まだ決定ではないけれど、Aのほうが効果が高そうだという決め手が見つかった場合、プロジェクトはAと意思決定する確率が高くなります。この状態では、先ほどよりエントロピーが低いといえます。

複数の選択肢が選ばれずに、選ばれる確率も同じくらいの場合に不確実性は最も高くなります。そこから、選ばれる選択肢を絞り込んだり、絞り込む場合の材料が手に入ったりすると、不確実性の量を削減することができます。

このように、未来に何が選ばれるか、乱雑になって判断基準のない状態から、選択肢が絞り込まれて、何をどのように実現していけばよいのかわかっている状態の差が「情報」なのです。

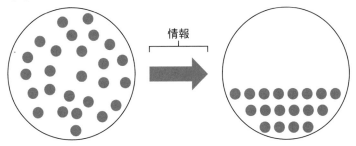

不確実性の発生源

では、不確実性というものはどこから生まれるのでしょうか。不確実性とはつまり「わからないこと」によって生まれます。人間にとって、本質的に「わからないこと」はたった2つしかありません。それは、「未来」と「他人」です。

「未来」は、それがやってくるまでどうなるかわかりません。このような不確実性を「環境不確実性」といいます。それは頭でいくら考えてもわからないものなので、実際に行動し、実験して観察することで少しずつ確実になっていきます。

「他人」も不確実性の発生原因です。私たちは、別の自意識をもっていて、すべての情報を一致させることは不可能です。私たちが会話したり、書き残したものもすべて

正しく伝わるとは限りません。また、正しく伝わったからといって、他人が思ったように行動するとも限りません。このような不確実性を「通信不確実性（コミュニケーション不確実性）」といいます。これもいくら考えても決してわかるものではないので、コミュニケーションを通じて不確実性を削減するしかありません。

私たちは、2つの「わからない」もの、つまり「未来」と「他人」という不確実性の発生源から逃れることはできません。この2つの不確実性に向き合って、それらを少しでも減らしていくことが、唯一物事を「実現」させる手段なのです。

ところが、それを阻むものがあります。私たちは無意識に「わからないもの」に向き合うことを避けてしまうという習性があります。それが「不安」です。

たとえば、将来の病気が不安なので人間ドックに行くのは怖いとか、あの人が自分のことをどう思っているのか聞くのが怖いから避けようとかいったものがあるでしょう。

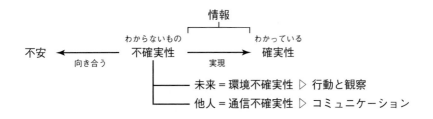

不確実なものに向き合うというのは、「不安」を伴います。「わからない」ということは、それだけで自分自身を脅かす可能性を考えてしまうからです。そのようなものに、人は本能的に「攻撃」か「逃避」を選択してしまいます。そのため、人は自分が安心だと「わかっている」物事を優先して実行してしまう癖があるのです。

しかし、不確実なものが減っていかない限り、常に「不安」は減りません。「不安」を減らすには、不確実性に向き合う必要があります。ところが、「不確実性に向き合うこと」それ自体が最大の「不安」を生み出してしまいます。

不確実性に向き合うという不安の山を乗り越えない限り、不安が減っていかないという人の性質が、様々な問題を引き起こし、実現を阻害してしまいます。

情報を生み出すこと

私たちは、エンジニアリングというとつい、技術的なことだけで構成されているよ

うな錯覚をしてしまいます。もちろん、技術的な理解や視点は重要ですが、それだけを考えていると本質を見失ってしまいます。

　エンジニアリングという行為は、何かを「実現」することです。実現のために、不確実性の高い状態から、不確実性の低い状態に効率よく移していく過程に行うすべてのことです。

　「不確実性を下げること」はつまり、シャノンの定義に従えば、「情報を生み出すこと」に他なりません。いかにして、多くの情報を生み出すことができるのか。そのために何をすべきかというのが、本書で取り扱う一貫したテーマです。ソフトウェアを開発していくときには、市場に溢れた不確実性に向き合う必要があります。その不確実性は、要求仕様の不確実性に変わり、次に実現手段の不確実性に変わっていきます。

　エンジニアリングの本質が「不確実性の削減」であることに気づかずにいると、確実でない要求仕様にフラストレーションを抱え、確実でない実現手段にストレスを感じ、確実なものを確実な手段で提供したいというような決してありえない理想を思い描いて、苦しい思いをすることになってしまいます。

　もし、ソフトウェアを書くこと以外に不確実性の削減手段があるのであれば、迷わずに提案しましょう。そうすれば、よりよいものを作ることができます。それもまた、エンジニアリングの一部なのです。

1-3. 情報を生み出す考え方

　「不確実性の削減」、つまり、「情報を生み出すこと」が、エンジニアリング活動の本質の1つであるという出発点に立ってみると、それをするための考え方も変わって見えると思います。

　私たちは、生まれてから社会人になるまで、「情報を生み出す」「不確実性を下げる」という基準で物事を学んできてはいません。与えられた問題をどうやって解いたらよいか。その方法論を学び、反復し、「学力テスト」で、できる限り正解率を高められるように日々勉強をしてきたはずです。

　ところが、社会人になり、企業に所属するようになると、問題がはっきり与えられることはありません。どこかしら抽象的で、捉えどころのない問題を日々感じながら、それでも何とか成果をあげようと必死になって問題「らしきもの」に取り組みます。

　初めは、しっかりと考えたら答えが出るのではないかと熱心に取り組むものの、なかなかうまくいきません。その結果、上司が悪いとか、社会が悪いとか、あるいは自

分自身がまだまだ勉強が足りないとか、その答えの出ない原因を探して、悩んだり、苦しんだりしてしまいます。

　では、「学力テスト」と「仕事」で物事を進めていくための考え方の違いは何でしょうか。それを思索の端緒として、情報を生み出す考え方とは何かをあぶり出していきましょう。

仕事と学力テストの3つの違い

　仕事の問題解決も学力テストも、どちらも頭を使って「問題を解く行為」だというのには、変わりがなさそうです。ですが、次のような3つの違いが仕事と学力テストにはあります。

	学力テスト	仕事
人数	1人	複数人
情報	問題に書いてある	必ずしもあるわけではない
答え	決まっている	決まっていない（問題を設定することからはじまる）

　このような仕事の問題解決と学力テストの違いを埋めていく、仕事の問題解決を行うために必要な3つの考え方、思考様式を紹介します。

■論理的思考の盲点

　学力テストは普通、論理的な思考を用いて行います。しかし、人は、論理的な思考を常に正しく運用できるわけではありません。とりわけ、他人が介在する問題について、私たちは感情的にならざるを得ない生き物です。

　仕事は通常、複数人で行います。そのため、人間関係や他人との共同作業をしていく上で、意識的、無意識的に感情的になることがままあります。これを乗り越えて、問題を正しく認知する必要があります。

　立場の違う複数人によって、問題解決を目指して仕事を行います。その結果、コミュニケーションの失敗が生まれます。私はあなたではないという単純なことが、忘れられてしまい、自分の事情はすべて相手に伝わっているのだという勘違いも発生します。それだけでなく、どんな人でも自分の立場を攻撃された、あるいは自分の立場をないがしろにされたと感じれば、防御的になったり、怒りを覚えたりするようになります。

　また、様々な人間の認知能力の限界や、自分でない人の情報をすべて手に入れるこ

とが不可能であるという現実があります。このことから、事実を正しく認識することが難しくなるのです。

そのため、仕事での問題解決を行うために必要な論理的思考力は、コミュニケーションの失敗によって制限されてしまいます。どんなに自分が正論だと思っていることも、その人自身の世界の中で認識できる範囲の中での正論にすぎず、正解ではないということです。

どんなときに、自分は論理的でなくなる可能性があり、人が論理的でなくなる可能性があるのかを知った上で問題解決に臨む。それが論理的思考の盲点を知るという考え方です。

■経験主義と仮説思考

仕事では、その場にある情報だけでなく必要な情報を得るために行動することができます。それによって問題を明晰化する必要があります。問題を解くのに必要な情報が目の前にないのであれば、それを入手しなければ問題は解決できません。学力テストとは違って、教科書を見ても答えを誰かに聞いてもよいのです。

情報を入手するために、行動を起こして、その結果を観察し、そこから問題解決を行う考え方を「経験主義」といいます。また、限定された情報であっても、その情報から全体像を想定し、それを確かめることで少ない情報から問題解決に向かう思考様式を「仮説思考」といいます。

この２つがなければ、行動が止まってしまい、答えに近づくことが難しくなるでしょう。

■システム思考

仕事においては、正解は１つではありません。時間と資源の制約の中で、より正解に近づく一手を打ち続けることが重要です。また、正解が常に用意されているわけでもありません。そのため、何が正解なのかを自ら設定することが重要になります。

学力テストのように限定された範囲では、正解を１つにすることができますが、仕事においては、全体像を見極めて、正解を設定する必要があります。より「広い視野」で問題を捉えるためにシステム思考という思考様式が必要不可欠です。

仕事の問題を学力テストの問題に変換する

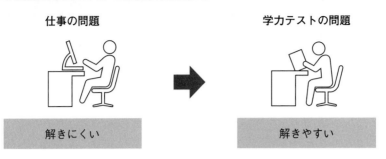

　もし、仕事上の問題や悩みが解けないのであれば、先述した3つの思考方法を身につけられていないため、あるいは一時的にできない状態にあるために、問題が複雑になってしまっているのだと考えられます。

　「仕事の問題」を「学力テストの問題」に置き換えられるのであれば、多くの社会人は学生時代に培った十分な知的能力がありますので、簡単に解決できるはずです。にもかかわらず、「問題が解けない」のであれば、それは「問題が正しく明晰に記述できていない」と考えると何をすべきがが見えてくるはずです。

　ところが、「仕事の問題」を「学力テストの問題」に変換せずに問題を解こうとすると、非常に難しく、困難な問題が立ちはだかっているように感じてしまいます。

　ほとんどの場合、正しく記述された問題が目の前にあれば、答えがすぐに出るほどに簡単であるはずです。問題が難しく感じられるとき、それは、まだ問題が十分に変換されていないのです。「思考のリファクタリング」とは、この3つの考え方を用いて、複雑な問題を簡単な問題に変換していくことです。

3つの思考とソフトウェア開発

　学力テストと仕事の違いを構成する3つの思考様式である「論理的思考の盲点」「経験主義と仮説思考」「システム思考」は、近現代のアメリカの思想的潮流と密接に関わっています。

　アメリカはソフトウェア産業の中心地です。様々な手法や理論が日本にも輸入されてきましたが、その背後には、現代アメリカの思想的教養というべきものが見え隠れしています。

　論理的思考の盲点は、心理学、認知科学、経済学、組織行動学などに形を変え、マネジメントを行う上での基礎的な考え方になっています。

経験主義と仮説思考は、ニュートン以来の科学哲学の根底を支えると同時に、「アジャイル」や「リーン」といった現代的なソフトウェア開発プロセスの基礎的な価値観として参照されています。
　システム思考は、ライフサイエンスやエコロジー、経営学、ソフトウェア開発に至るまで、広い分野で参照されています。
　これらを理解することで、ソフトウェアエンジニアリングを巡る言説がよりわかりやすくなり、流行語となりやすい言葉の本質が見えてくるようになります。

1-4.論理的思考の盲点

論理的思考と２つの前提

　論理的思考とは、言い換えると「演繹的思考」のことです。演繹的思考は、前提であるルールと事象から、結論を導く思考方法です。
　たとえば、

- ルール：人間は皆死ぬ
- 事象：私は人間である
- 結論：私は死ぬ

といったように、導く考え方のことです。
　この論理的思考には２つの重要な前提があります。それは、次の２つです。

- ルールと事象（考えの基になる事実）を正しく認知できること
- 正しく演繹できること

　この２つのうち、いずれかが満たされない場合、その思考は正しくない結論を導きます。
　たとえば、先ほどの例の場合、「人間は皆死ぬ」という前提が、科学の発達で崩れ、死なない人が生まれた場合どうでしょうか。「私は死ぬ」という結論は正しくないかもしれません。また、「私は人間である」という事象が実は正しくなくて、人工知能であった場合などはどうでしょうか。結論である「私は死ぬ」というのは正しい演繹

とはいえません。また、ルールと事象が正しかったとして、結論として、「私は明日、死ぬ」だったとしたら、どうでしょうか。正しい演繹ができなかった場合もまた、正しくない結論が導かれます。

人間が正しく論理的に思考するためには

　何を当たり前のことを言っているんだろうとお思いかもしれませんが、この２つの前提が崩れる場合というのは、しばしば発生します。そして、多くの場合、そのことに気がつかないものです。
　では、この２つの前提を崩さないためにはどのような条件が必要でしょうか。

■ 事実を正しく認知できる

　事実を正しく認知することは難しいです。なぜなら、人の認知は、大小違いはあれど、必ず事実から変化してしまうものだからです。どんな人間であれ、ありのままの事実を完全に正しく認知することはできないのです。
　できる限り正しく事実を認知するには、自分の認知が、いつ、どのように歪むのか知る必要があります。
　マネジメントにとって、事実を正しく認知することは、重要な課題です。伝聞情報をあたかも事実であるかのように伝えたり、自身の推論も含めた意見を事実として報告されるというようなことは日常茶飯事です。
　技術的な分野でも、たとえばセキュリティインシデント対応や障害対応などで、「事実＝ファクト」と「意見」を区別して報告し、判断をするというのは非常に大事なことです。しかし、それができないことは多くあります。判断を間違えてしまったり、問題解決に時間がかかってしまったりと、現実においてもこれは意外と難しいものです。

■ 感情にとらわれず判断できる

　ある前提からスタートしても、人はすばやく結論へと思考を進めてしまいます。このときに発生しているのは、論理的思考というよりも感情による短絡です。それを排除して、演繹しなければ正しく問題を解決できません。
　たとえば非エンジニア職のＡさんと、エンジニア職のＢさんがトラブルになっているときに、Ｂさんは「Ａさんはエンジニアのことを下に見ているので、このようなことを言うのだ」といったような短絡的な判断をして、報告した結果、トラブルにな

るということがあったとします。

　実のところ、Aさんは、エンジニアであるBさんの仕事のことをよく知らなかったため、無自覚にその人をないがしろにするかのような発言をしたことがあっただけで、悪意をもってそのような発言をしたわけではなかったのです。

　また、問題になった発言と、過去のその言動は関係なく、Aさんも上司からの指示を曲解して、発言してしまっただけだということがわかりました。

　このような事態は、過去の出来事から、目の前のことを正しく認知できず、事実を明らかにする前に感情的な短絡に結びつけたために起きたトラブルといえます。

非論理的に考えない＝論理的に考える

　「論理的に考える」ことに注目すると見えなくなりがちですが、論理的に考えるには、「非論理的に考えてしまう」瞬間を知ることが重要です。

　ソフトウェアエンジニアは論理的に考えることが得意だと一般には思われています。それは、論理的な不整合があるとプログラムが動作しないから、論理的な思考を進めることが得意だという類推で、実際にそういう能力に長けた人は多くいます。

　これは一面的には正しいです。一方で、論理的思考能力は多くの人がもち得ており、巷のロジカルシンキング講座も、どのように論理的に考えるか、ということばかりが注目されています。ですが、複雑な演繹的思考を精緻に組み上げる能力があったとしても、「自分や人はいつ非論理的になるのか」を知らない人は、そのような環境に陥ったときに論理的思考力が著しく限定されてしまいます。

　結果的に、複数人が共存し目的に向かっていくための環境で、成果を得ることが難しくなってしまいます。

　論理的思考能力というのは、「感情的になる瞬間を知り、その影響を少なくできる」能力でもあるのです。

人は正しく事実を認知できない

　事実はありのまま、ただあるだけです。

　たとえば、「雨が降った」は事実です。雨が降ったことがよいとか悪いとか、いらだたしいといった判断はなく、「雨が降った」という出来事があっただけです。このように、事実を見て、人が頭の中で認識することを「認知」といいます。

　雨が降ったのであれば、憂鬱な思いがしたり、いらだったりと嫌なイメージを受け取る人も多いでしょう。実際に起きていることと、それを人が感じた認知では、大き

な隔たりがあります。人間が、赤外線や紫外線を見ることができないのと同じように、正しく事実を認知することは、正確な意味では不可能なのです。

ですが、自分の認知がどのように歪むのか、歪みうるのかを知っておくことで、それが事実ではないかもしれないという可能性を留保できるようにはなります。

このように、事実を認知できないという前提に立って、その上で、事実らしきものを客観視できるようにしていくことで、論理的思考を制限されないように気をつけることができます。

ベーコンの4つのイドラ

16世紀のイギリスの哲学者、フランシス・ベーコンは、後述する経験主義の祖でもあり、人間の認識には様々な錯覚や誤謬が含まれることを説いた人です。

彼は、演繹的思考を体系立てた古代の哲学者アリストテレスの『オルガノン』を刷新する思考として、『ノヴム・オルガヌム』(桂寿一 訳、岩波書店、1978年) という書を著し、その中で「イドラ」という様々な人間の錯覚や認識の間違いが存在することを伝え、実験と観察の重要性を説きました。

そこで述べられた4つの「イドラ」を紹介します。

■種族のイドラ

種族のイドラは、人間が本来もっている性質から生じる錯覚や偏見です。たとえば、「遠くにあるものが小さく見える」であるとか、「暗い場所ではものがはっきりと見えない」といったことです。

■洞窟のイドラ

洞窟のイドラは、個々を取り巻く環境から、外の世界を知らずに一般的なことだと

決めつけて理解することから生じる偏見です。たとえば、「自分がそうだから、他の人もそうだと思う」「自分の家では目玉焼きにマヨネーズだからみんなそうだ」といったことが、洞窟のイドラです。

■ 市場のイドラ

市場のイドラは、言葉の不適切な使用から生じる誤解や偏見のことです。噂話があったときに、ありえないことを本当のことだと思い込むことで生じます。たとえば、「噂話やデマを信じてしまう」ということが市場のイドラに挙げられるでしょう。

■ 劇場のイドラ

劇場のイドラは、伝統や権威を無批判に受け入れて、誤った考えであっても信じてしまうことから生じる偏見です。たとえば、「偉い人の言っていることは正しいだろうと思う」といったことです。

現代の私たちが見ても、様々なイドラが、社会のトラブルになったり、仕事を遅らせる原因となっていることがわかります。

認知の歪み

認知の歪みは、20世紀の精神科医アーロン・ベックの説いた考え方です。不安や抑鬱状態を固定化させる思考が、どのようなもので、どのような認知の歪みとして現れるかを分類したものです。

彼は、ネガティブな感情や不安というのは、このような「認知の歪み」から発生していて、それを正していくことで、ネガティブな感情を取り除くことができると考えました。

■ ゼロイチ思考

ゼロイチ思考は、「スプリッティング（分断すること）」ともいいます。白か黒か、敵か味方かのように2分法で物事を捉え、間のグラデーションを認識できずに捉えてしまうという認知の歪みです。

たとえば、「あの人はいつもそうだ」「これがダメなら全部ご破算だ」といったように、「常に」「全部」「決して」といったようなフレーズで事実を認知してしまい、思い込みから抜け出せていないというのもゼロイチ思考による認知の歪みです。

■ 一般化のしすぎ

　最近では、「主語が大きい」という言い回しをしたほうが伝わるのでしょうか。ある事例が1つや2つあると、その根拠に全体をそうだと決めつけてしまったり、早計な判断をするというのが、「一般化のしすぎ」という認知の歪みです。

　たとえば、今日、彼は挨拶を返さなかったので、きっと自分のことを嫌いに違いないといった根拠の少ないことから、敷衍(ふえん)して考えてしまうのも一般化のしすぎです。

　また、AさんとBさんの個人的な諍いといった具体的な事柄であっても、その人の属性に原因を求めて「営業職」と「エンジニア」の関係が悪いというような一般的な問題にして、問題を解こうとする姿勢もよく見られます。小さな問題を大きな問題と捉えて、解決を難しくすることも、組織の中では頻繁に発生します。

■ すべき思考

「すべき思考」とは、他人に対し、彼らは道徳的に「すべきである」「しなければならない」と期待し、それを強制するような思考パターンです。
「should statements（SHOULD構文）」とも呼ばれ、ルールをその人の事情関係なしに押し付けようとする思考は、現実の社会で発生するトラブルにも多く見られます。

　たとえば、近年の芸能人の不倫というようなプライベートな個人間の問題をモラルの問題にすり替えて、そのルールをどんな事情があるかわからないのに適用して押し付けようとする状況は、現代社会に「すべき思考」が蔓延していることを感じさせます。

　また、この「すべき思考」は、自分にも向かいます。

・「私は、社会人として就職しなければならない」
・「私は、ちゃんとした大人として結婚しなければならない」
・「私は、仕事なのだから理不尽も受け入れなければならない」

　自分自身を閉じ込める鎖がその人自身を追い詰めていくような、考え方による認知の歪みが問題の解決を困難にしていきます。
　世界や自分自身を現実とは違った形に期待することが、物事を進めて、問題解決を行う障害となります。

■ 選択的注目

選択的注目は、「心のフィルター」とも呼ばれる認知の歪みです。人は見たいものしか見ないと言い換えることができます。

たとえば、最近景気が悪いというニュースを見たときに、街を見渡すと、景気が悪そうな事象ばかりが目につきます。逆に、景気が良いと言われると、街に溢れている景気が良さそうな事象ばかりが目につきます。

一度、そうなのだと思い込むとそのような情報しか目に入らず、そのような情報を好んで見つけるようになるのです。そうすると、一度ネガティブなイメージをもってしまった人の言動の端々に、ネガティブな印象をもってしまうといったことが起きます。あのときも、このときもそうだったというように、関係のない事象まで含めて、責め立てるようになってしまいます。

■ レッテル貼り

「一般化のしすぎ」がさらに加速すると「レッテル貼り」になります。レッテル貼りは、ある人の特定の属性にのみ注目して、それを何かの原因だと判断するような思考の歪みです。

「あの人は、○○人だから、このようなことを考えているに違いない」と判断する思考は、質の悪いヘイトスピーチそのものです。近現代の歴史においても、今現在においても人類にとって拭うことのできないような悲劇を引き起こしてきました。

卑近な例であっても、「あの人は男だから」「あの人は女だから」といった性別による決めつけ、「あの人はエンジニアだから」「あの人は営業だから」といった職能によるレッテル貼りなど、人は自分と違う属性の人を見つけると無意識にその人の行動と属性を結びつけて、思考してしまうような癖があります。

■ 結論の飛躍

結論の飛躍という認知の歪みがあります。「先回りのしすぎと」か、「心の読みすぎ」と言い換えるとわかりやすいかもしれません。

たとえば、最近ではLINEなどのメッセンジャーサービスを使うのは日常的なことですが、送信して読んでいるはずなのに返事がない。「既読スルー」をしているのは、きっと「怒っているからだ」といったような早計な思い込みによるトラブルも増えてきました。単純にうっかり忘れているだけかもしれませんし、たまたま開いたままにしていて、既読になっただけかもしれません。

相手の感情を先回りして読み取るというのは、コミュニケーションにとって、有利に働くことも多くあります。しかし、そこから短絡的に結論に飛びついてしまうのはよくありません。

■ 感情の理由づけ

「感情の理由づけ」は、感情のみを根拠に、自分の考えが正しいと判断するような認知の歪みのことです。何か「不安」に感じるので、この計画は失敗するに違いない。そういった思考をしてしまうために起こります。

社会において、「あの人のことが嫌い」だから、「あの人は価値のない人間だ」といったような認知の歪みというのは、しばしば発生しています。
「感情の理由づけ」思考の難しいところは、実際には感情的なことを理由に考えていることを、意識的・無意識的に、「正当な理由がある」かのように伝える人が多いことです。ただ嫌いな人を、「目的意識が低い」「生産性が悪い」といったあたかも正当性があるかのような理由づけをして、この種の認知の歪みは表出します。

そんなとき、詳しく話を聞いて解きほぐしていくと、実のところ、その人に不愉快な思いをさせられたので、嫌いだというような単純な話であったりするのです。
「感情の理由づけ」に、「一般化のしすぎ」や、「ゼロイチ思考」「レッテル貼り」のような認知の歪みが重なると、単純な問題が、知らず知らずの間に大きな問題になり、あたかも正当な問題意識からの発言として、現れてきます。たとえば、「営業は、みんな外回りに行って、いつもサボってばかりいる。会社の士気に影響があるから、監視をしたほうがよい」といった意見などを耳にすると、「認知の歪み」を知った今では、「認知の歪み」のオンパレードだなと感じることでしょう。

・営業は、全員がそうであるというのは事実か
・外回りで頻繁にサボっているのは事実か
・会社の士気に影響があるというのは事実か
・監視をしたほうがよいという対策が有効というのは事実か

このように「認知の歪み」を知り、他人だけでなく、自分の言動に起きた「歪み」を知り、客観視することで、そのようなものに左右されて、ネガティブな感情の拡大再生産を食い止めることができます。

認知的不協和

　タバコを吸う人は、タバコが体に悪いということは十分にわかっています。

　体に悪いということを知っていながら、「タバコを吸う」という行動をとっているとき、人は矛盾を感じています。知識と行動が整合性が取れなくなっているのです。そうなると、整合性が取れない状態から回復するために、「タバコは体に悪くない」「他の原因で死ぬ人のほうが多い」などの「タバコを吸う」ことを正当化できる情報を選択的に取り入れ、不整合を避けます。

　逆にタバコを嫌いな人は、タバコの匂いがしただけで健康に悪いと思って、気分が悪くなったり、必要以上にタバコを吸う人を責め立てたりします。このように自分の感情や行動の矛盾（不協和）を解決するために、認知自体を歪めることを認知的不協和の理論といいます。

　よく親子の会話で、親が「勉強しなさい」というのに対して、「勉強しようと思っていたのに、言われたからする気がなくなった」と返すようなことがありますが、それも認知的不協和です。

　タバコにしろ、飲酒にしろ、肥満にしろ、そのこと自体を全く気にしていないという人は、あまり多くありません。むしろ、他の人よりも気にしていて、体に悪い、健康でない状態というのはわかりすぎるほどにわかっていることのほうが多いのです。そこに、上から押し付けるように「健康に悪いよ」と伝えるのは、善意であれ、その人が何かの行動を起こせない理由づくりに加担してしまっています。

扁桃体をコントロールする

　人間が、その感情に飲み込まれるとき、その最たる例は「怒り」です。この怒りとは何でしょうか。なぜ、そもそも人間には怒りという感情が組み込まれているのでしょうか。

　人間をはじめとする動物の脳は、危機を察知し、生命を脅かされることから逃れなければなりません。それを司る脳の機関が「扁桃体」です。

　この恐怖や危機という感情は原初的なものです。それを察知すると、深く考えるよりも先に、「逃げる」ことや、「吠える」こと、「体を戦闘に備える」など、生き残りのために必要な動作を素早く行えるようにできています。

　人間のように高度な脳をもった生き物の場合、未来を予見したり、抽象的な事柄から恐怖や危機を素早く感じ取ったりできます。

　たとえば、何か自分や仲間が脅かされるであるとか、ぞんざいに扱われたと感じる

と、恐怖と危機を司る扁桃体が発火するようにできています。これによって、人間は自分自身を守るために、「怒り」を発生させ、相手に対する攻撃と防御を無意識に起こそうとします。

動物の脳である扁桃体は、危機や恐怖という原初的なトリガーにすぎません。その後、理性や経験などが総動員され、頭に血が上る「怒り」に変わります。知的能力を司る脳が防衛・退避を起こそうとするときに初めて、恐怖は「怒り」になるのです。

怒っている人がよく喋るようになるという経験はありませんか？　怒りは、知的な能力を使って、危機を乗り越えようとしている状態なのです。ですから、怒っている人は、「私は怒っていない。論理的に考えている」と思うのです。これは、半分正解で半分間違いです。頭をフル回転して理屈を練り上げ、言葉にしていることは間違いありません。むしろ、だからこそ「怒っている」ともいえるのです。

これらのことからわかることは、「怒り」が発生しているそのときは「自分」ないし「自分の大切にしているもの」に被害が及びそうだと感じている、ということです。「怒り」を感じたときは、同時に「何が大事なのか」を知るときでもあります。ここでいう「大事なこと」とは、「自分自身の延長線上にあるもの」「自分自身を構成するもの」だと感じている何かでもあります。

自分のアイデンティティの範囲を知る

「自分自身を構成すると思っていること」を、アイデンティティといいます。

人は、自分自身のアイデンティティだと思っている範囲を攻撃されると怒りを感じます。それは、仕事の進め方であったり、チームメンバーであったり、宗教や会社、はたまた国家かもしれません。

自分自身を構成するアイデンティティの範囲が広い人のことを尊大に感じたり、仲間思いであったり、家族思いであったりするように感じるかもしれません。このような人は、怒りを感じる射程範囲が広いので、怒りっぽく感じられることもあります。

逆に、自分自身の範囲が狭い人は、怒りを感じにくいです。それが攻撃だと思わないから、恐怖を覚えないのです。なかなか怒らない人は優しい人であるかもしれないと同時に、何にも関心のない人なのかもしれません。

アイデンティティの範囲が広い	アイデンティティの範囲が狭い
趣味の時間 / 使う言語 / 同僚 / 物事の進め方 / 家族 / 仕事内容 / 宗教 / 他人の行動	趣味の時間 / 使う言語 / 同僚 / 物事の進め方 / 家族 / 仕事内容 / 宗教 / 他人の行動

（左図：「攻撃された！」と感じる人物／右図：範囲が狭く影響を受けない人物）

「怒り」を「悲しみ」として伝える

　では、「怒り」を感じるようなとき、どうすればよいでしょうか。「怒り」を「悲しみ」として表現して伝えることが重要な方法の1つです。

　「怒り」の感情は、攻撃と防御、逃避をするために、頭をフル回転させます。そのような感情の発露を見たときに、相手はどのようになるかというと、同じく「恐怖」を感じ、怒りのトリガーを引きます。このため、怒りの感情が連鎖的に広がり、手がつかないようなパニックやトラブルに発展してしまうのです。このような連鎖反応が起きてしまっては、健全で論理的な問題解決などできるはずがありません。

　他人のアイデンティティを意図して攻撃するといったシチュエーションは、よっぽどの悪感情をすでに抱いている場合を除いて、ほとんどありません。多くの場合、相手の大事にしている部分だと気がつかずに、あるいは全く知らずに、ぞんざいな扱いをしてしまうというミスからはじまります。

　他人は、自分ではありませんので、相手が何を大事にしているかなど知るよしもありません。それは、友人であれ、恋人であれ、長年連れ添った夫婦であれ同じことです。会社の同僚くらいの付き合いであれば、尚更です。怒らせる人は、ついうっかり、「その人の大事にしていることを傷つけるようなことをしてしまった」ということに、気がつかないことのほうが多いのです。「大事にしていることが何か」に気がつかないのであれば、また同じことをしてしまうかもしれません。

もし、あなたが誰かに怒りを感じたときには、「それは自分にとって大事なことで、その発言は大事なものをぞんざいに扱われたようで悲しい」とあなたを怒らせた相手に伝えるほうがよいでしょう。そうすれば、その人があなたを怒らせてしまう機会が減るはずです。なぜなら、その人はただ単にあなたが何を大事にしているか、その発言がそれを攻撃していると気が付かなかっただけだからです。

要するに、「怒り」に変わる感情の、その原初的な思いは、傷つけられたことによる「悲しみ」であって、それを伝えない限り、どんな理屈をこねて、正当化しようとしても相手の行動を変えることはできないのです。

ですので、怒りを感じたときには、「何がどのように傷つけられたのか」を深く捉えることが重要です。それは思いがけない自分自身を知ることでもあります。

問題解決より問題認知のほうが難しい

論理的な思考が正しく機能するためには、人や自分がいつどのように非論理的になるのかを知ることが重要です。感情のない、認知が歪まない人間はいません。自分は論理的に考えることができていると思い込むことこそが、非論理的な思考を生み出す元になるのです。

現実社会における問題では、こういった認知の歪みや、感情的な対立にあたかも論理的な正当性があるかのようなオブラートによって、二重三重に包まれています。

そのため、本当にある問題を正しく認識するためには、このオブラートを剥がし、他人や、自分自身の歪みを取り除くという工程が欠かせません。複雑に入り組んだ問題に見えたことが、実はシンプルな問題にすぎないということがしばしば起こるのは、このためです。

難しいのは、問題を正しく認知することです。人は自分が間違っているかもしれないことを無意識に避けてしまい、正しい情報を認知できません。「自分は間違っているかもしれないが、それに早く気付くほうがよい」と思考のパターンを変える必要があります。

1-5. 経験主義と仮説思考

情報を生み出す思考の2つ目は、「経験主義」と「仮説思考」です。この2つは、考え方として連続的につながっているものなので、1つの項目として説明していきます。

この経験主義（empiricism）という言葉と、仮説思考（hypothesis thinking）と

いう言葉のどちらも、「経験」と「仮説」という日常的に用いる言葉なので、もしかしたら何となく「こんな意味だろう」と文脈から文意を捉えて、深く考えることのない言葉かもしれません。

わからないことは調べるしかない＜＜経験主義＞＞

■ 3枚のトランプのうち、ハートのエースはどれか？

　ここに裏返された3枚のカードがあります。そのうち、1枚はハートのエースであとは別のカードです。このとき、ハートのエースがどれか、どのようにしたら見つけ出すことができるでしょうか。

　こんな問題が、もし学力テストに出題されたなら、どう考えればよいでしょうか。自然と、問題文の中に「どこにハートのエースがあるのか」を示す手がかりがあるのではないかと、問題文を読み直す習慣が付いている人もいることでしょう。

　そして、この問題の答えが、「3枚（少なくとも2枚）ともめくってみる」だったときに、怒り出す人さえいそうです。

　これは、「仕事」あるいはエンジニアリングにおける問題解決と、学力テストにおける問題解決の違いを表しています。わからないことは、調べるしかない。堂々巡りの議論で時間を浪費するくらいなら、同じコストで、可能性を1つでも潰すほうが前に進みます。

　ところが、「わからない」ということが、ネガティブなことではないかと思い込んでしまうと、「考えたらわかるのではないか」という発想に陥ってしまいます。

　どちらのほうが可能性が高いのかを論じることはできますが、絶対に正解にたどり着きません。それは、未来や市場は「不確実性」で満ちているからで、人には決して予測のできないことだからです。

　この「不確実性」を確実なものにするには、未来を現在にすること、つまり、行動して確かめる以外の方法はないのです。そのような立脚点にもとづいた思想、考え方

を経験主義というのです。

■理性主義と経験主義

経験主義の対義語は、「理性主義」あるいは「合理主義」といいます。聖書やアリストテレスといった「前提」から演繹的に世の中を説明しようとする考え方です。新しい知識は、人間の「理性」の中にあるとする考え方です。

それに対して、経験主義は、4つのイドラでも登場したフランシス・ベーコンがまとめ上げ、近世のイギリスで花開いた自然哲学に対する態度です。

経験主義という言葉から連想するイメージは、「頭でっかちな若造よりも経験豊かな老人の経験のほうが正しい」というような敬老精神に近いものを抱く方もいるかもしれません。そうではなくて、知識の源泉を「経験」に求めます。実験を行ったり、行動を行うことでしか、「知識」は得られないという強烈なパラダイムシフトを引き起こしました。近代科学的な思考態度は、ここから生まれました。ベーコンのイドラから人類が抜け出ることで、科学の発展に寄与した重大な転換点だったのです。

近世までのヨーロッパの思考様式は、すべての出発点に「アリストテレスの哲学」や「聖書の記述」がありました。そこからの演繹的な思考によって、導かれる事柄を真実として扱うという考え方が当たり前だったのです。

過去の話から、「過去の人々は愚かだったが、現在はそうではない」といった解釈をするのは早計です。現代においても、そして、エンジニアリングの世界においても「理性主義」的な態度というのは、ここ数年前まで常識的なものとされていました。

実際の経験に基づかずに、理性によって、設計主義的にソフトウェアを組み上げることが可能であるという前提に立ったプロセスが、ウォーターフォールをはじめとする「設計主義的プロセス」でした。

それに対して、近年主流となりつつあるスクラムのようなソフトウェア開発手法を「経験主義的プロセス」と呼ばれています。スクラムの手引き書である『スクラムガイド』には、以下のように経験主義に対して言及があります。

> スクラムは、経験的プロセス制御理論（経験主義）を基本にしている。経験主義とは、実際の経験と既知に基づく判断によって知識が獲得できるというものである。スクラムでは、反復的かつ漸進的な手法を用いて、予測可能性と最

> 適化とリスクの管理を行う。
>
> (『スクラムガイド』ジェフ・サザーランド、ケン・シュエイバー 著、角征典 訳、2016年)

　スクラムにおける経験主義については、第4章で詳細に解説を行います。いずれにしても、現代においても経験主義的な発想というのは、しばしば抜け落ちがちで、「考えれば答えが出る」という学力テスト的な価値観が蔓延しているように思います。

■ **わからないことを行動で突き止める**

　もし何かの問題に直面し、それを解決しようと考え、今ある情報の中から、じっくりと考えてみたものの、答えが出ない。そんなときに理性主義的な発想では、「わからなかった」という事実から、次の行動への一手が浮かび上がってきません。そのため、「わからなかったのは、頭が悪かったからだ」と、何かミスがなかったかと考え、もう一度同じことを繰り返して、思考の袋小路に陥ってしまいます。

　一方で、経験主義的な発想でことに臨めば、「わからなかった」あるいは「正解ではなかった」ということが重大なヒントになり、次の行動を生み出します。

　もし、答えに至るための情報がすべて揃っていて、問題に取り組んでいるのであれば、答えを求めて考えることに意味があります。しかし、学力テストと違って、答えに至るために必要な情報が目の前にないことのほうが多いのです。にもかかわらず答えを探すと、大抵もんもんと考え込むだけで、問題は解決できません。

　それに対して、すべての情報が揃っていないのだから、より問題をはっきりさせるためにはどのような「次の一手」を打てばよいのか考えるのであれば、思い悩むことが少なくなります。なぜなら、「今わからないということ自体が、次の一手への重大なヒント」になるからです。

　今現在解くことのできないような難しい問題は、次の一手である「何がわかればわかるのか」を考え、それを「確かめる」ことに変換されます。それは、少なくとも問題を一発で正解することよりも簡単なことです。経験主義は、わからないを行動に変換し、一歩でも正解にたどり着くための思考の補助線なのです。

不確実性と夏休みの宿題

　子供の頃、夏休みは1月以上もあって、今思い返すと素晴らしい日々だったのですが、唯一憂鬱だったのは、夏休みの宿題があったことです。宿題を気にせずに遊びた

いと思っていた筆者は、できるかぎりはやく宿題を終わらせてしまいたいと考えていました。

　何年か夏休みを経験するにつれて、夏休みの最後のほうに、「自由研究」や「苦手な教科の宿題」「美術の課題」のように、どのくらい時間がかかるのかわからないような宿題が残ってしまって、いつから宿題を気にせずに遊ぶことができるのかが決まらないため、遊んでいても何だか憂鬱だなと思うことがありました。

　その次の年から、少し考え方を変えました。いつも最後に残ってしまうような課題から先に取り組むことにしたのです。それによって、夏休みのいつくらいから、何も気にせず遊べるのかというのが、夏休みが進むごとにはっきりしてきて、鬱々とした思いを抱えずに済むようになったのです。

　これは今考えると、「不確実性」というキーワードで説明をすることができます。

　自由研究や苦手な教科の宿題のように、どのくらいで終わるか読みづらいものは、不確実性の高い宿題といえます。時間が読みづらいものは、実際に「やってみる」とどのくらいで終わるのか見えてきます。実際に行動を取ることで、不確実性が減り、スケジュールの予測の精度が上がるのです。

　逆に、不確実性の低い宿題、たとえば、得意教科のドリルなどを先に手がける場合、不確実性の高い宿題だけが手元に残ります。量は少なくなっているのに、不確実性は高いままなので、いつまでに終わるのか読みにくく、夏休みを楽しむ時間が減ってしまいます。

　私たちは、物事に取り組むときに、つい「どうやるか、どのくらいで終わるか」がわかっているような仕事を優先的に好んで行いがちです。そうすると、最後のほうに「どうやろうか、どのくらいで終わるのか」わからないような不確実性の高い課題ばかり残ってしまい、完了時期がいつまでたってもわからないというような結果になってしまいます。

　これは、プロジェクトマネジメントにおいても同じことがいえます。各タスクの中において、不確実性の高いものこそ優先的に取り組むことができれば、不確実性の高いタスクは、実際にすでに行っているので、時間の読みは正確になります。不確実性の低いタスクは、もともと精度が高く予想できているので、完了予定日時も徐々に確かなものになっていきます。

　これはまさに、経験主義的に不確実性を効率よく下げるという発想に基づいたプロセスであるといえます。ところが、実際には、不確実なものから優先的に取り組むというのは、難易度が高いことだったりします。

それは、不確実なものに直面することは、とても「不安」なことだからです。これを日常的な例でいうのであれば、試験前になると、いつもはそんなにやりたいわけではない部屋の掃除を始めてしまい、不安の大元である試験勉強には身が入らないといった説明をすればわかりやすいでしょうか。

プロフェッショナルの仕事

プロフェッショナルの仕事の仕方と、まだアマチュアな仕事を対比して考えてみましょう。プロは短い時間で一定のクオリティまで上げて、残りの時間でクオリティを作り込んでいきますが、アマチュアは、残り時間が短くなってから、急速にできあがってくるといわれることがあります。

このことは、不確実性の高いものから取り掛かるか、確実なものから取り掛かるかの性質の違いを言い表しているともいえます。仕事の最初期に、不確実なものを確実に仕上げていくと、全体像が早い段階で見えてきます。それに対して、確実なものから仕上げていくと、全体像がなかなか見えず、最終工程でようやく完成形が見えるようになります。

これでは、依頼をした人と意思統一ができていなかった場合に、リカバリーすることが難しくなり、スケジュールの遅延や、満足いかないクオリティのものを公にすることになります。

プロフェッショナルであればあるほど、不確実性を最初期に下げていくことを心がけているのは、そういったためです。

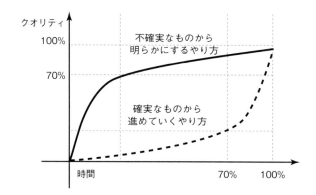

コントロールできるもの／できないもの

　経験主義は、単純に「やってみなければわからない」という論理なのでしょうか。そうではありません。経験主義で重要なことは、「知識」＝「経験」を、行動によって手に入れるということです。そのためには、「行動できることは何か」と「行動の結果起きたことを観察できるか」という2点が重視されます。

　日常的に発生する様々な問題に思いを悩ませているとき、「コントロールできないものをコントロールしようとしている」ため、いつまでたっても、問題の解決の糸口が見つからないということがあります。

　たとえば、雨が降っているとき、あなたはきっと傘を差すでしょう。そのときに、雨が降っていなければなぁと思っても仕方ないので、雨に濡れないように傘を差します。

　他にも、「自分の上司が自分の仕事をあまり評価してくれない」「嫌いな同僚が同じチームにいる」「新入社員が『ゆとり』で全然仕事ができない」など、居酒屋で毎夜繰り広げられているような様々なケースで同じことがいえます。

　上司の評価であれば、何か魔法のような方法で、上司の心の中をマインドコントロールして、自分の評価を上げようなんて思っている人はほどんどいないはずです。ですが、そんな愚痴が漏れるときは大抵、「あいつが悪いからだ」と考えていたりするのです。これは、コントロールできない人の内心や時間、天候などに注目して、何かコントロールする方法があるはずだと思っているという点で全く同じことです。

　では、このような状況になったときに「我慢」することが重要なのでしょうか。それは違います。一度、そのようになってしまったら、口に出さなくてもその思いは心の中を支配して、思考を止めてしまいます。

　そうではなくて、何がコントロールでき何がコントロールできないのか見極めるために書き出してみる必要があります。

　たとえば、「上司が自分の仕事を評価してくれない」というケースであれば、コントロールできないのは

- 上司の自分に対する内心での評価
- 上司の評価基準

です。それに対して、コントロールできるのは

- 上司の評価基準を詳しく聞くという行動
- 上司の評価基準に合わせた自身の行動の変化
- 上司を変えるための異動などの行動
- 自分の仕事を上司に詳しく説明するという行動
- 自分自身の思いを上司に知ってもらうための行動

などです。

「他人の内心」そのものは直接コントロールできません。もし、影響を与えられるとしたら、それは「上司から見えるあなたの行動」です。あるいは、「その人が上司であるという状況」そのものです。

また、「新入社員が『ゆとり』で全然仕事ができない」という例であれば、コントロールできないのは次のようなものです。

- 新入社員の能力
- 新入社員の内心

逆にコントロールできるのは次のようなものでしょう。

- 新入社員への指示の出し方
- 新入社員の行動へのフィードバック

当たり前ですが、念じるだけで他人の能力を上げることができる人間はいません。また、「あいつは、心構えがなっていないから仕事ができないんだ」というような評価も決して直接見ることができない「内心」に注目しているので、「コントロールできない」ものをコントロールしようとしているにすぎません。そうではなくて、「仕事をするときどんな行動をしているだろうか」という観察と、それに対して「次はこうしてみよう」という行動の提案は、あなたがコントロールできます。

このように、何か問題を感じたり、不安を感じたりしたときに、人は知らず知らずのうちに、「コントロールできないもの」をコントロールしようとして、さらに思考が混乱するとか、ストレスに感じてしまいます。何か、問題を解決したかったり、良い結果をもたらしたかったら、何がコントロールできるのか、そして何がコントロールできないのかを冷静に判断する必要があります。

いかに社会が悪いもので、いかに自分を取り巻く人間がよくなかったからといって、残念ながら私たちが操作できるのは、自分の行動や考え方だけです。少しでも良い状態にするために、あるいは少しでも問題をよりよく知るために、どんな行動をとればよいのか。それ以外の答えは、仮に実現できれば、有効であったとしても、実現できないのであれば、役に立ちません。

観測できるもの／できないもの

　例の中で「新入社員の能力」や「上司の内心」はコントロールできないものとしてあげました。ですが、これはまったくコントロールできるわけではないけれども、ちょっとは影響を与えることができそうな気がします。それなのにコントロールできないものだといわれてしまうと、何だか腑に落ちないとお思いの方もいらっしゃるかもしれません。

「コントロールできるもの／できないもの」であげたのは、「あなたの意志」で「直接」コントロールできるのか、できないのかということでした。

「新入社員の能力」はコントロールできないものになります。ですが、影響を与えるための行動をとることはできます。

　このとき重要なのは、本来コントロールできないはずのものをあなたの行動で変化させようと試みるときには、その対象が「観察できる」必要があるということです。なぜなら、「観察できない」ものは、どんなに行動したとしても変わったのか、変わらないのかわからないからです。

　ソフトウェア工学の祖の1人である、トム・デマルコは、「観測できないものは制御できない」という名言を残しました。これに習うならば、変化を「観測」できないものは、間接的にすらコントロールできる可能性がないということです。

「新入社員の能力」や「新入社員の内心」というのは、直接コントロールできないだけでなく、「観察」すらできないものになります。

　いや、彼の「能力」がないことは、見ればわかると考えるかもしれません。ですが、それは「○○ができなかった」という事実があったとしても、「能力」そのものではありません。何かのスキルや能力というのは、観察できる行動の結果として、そのように他人が認知しただけのことであって、直接見ることのできる何かではないのです。

　では、直接はコントロールできないが、「観察」できるものは何でしょうか。それは「新入社員の行動」です。行動であれば、見ることができますし、それがどう変化したのかわかります。ですから、行動を変化させるために、自分自身の行動を変化さ

せるというのが、このような例のシチュエーションで注目すべきことです。

あなたができること

　あなたが、そして私たちが、何か問題に出くわしたときにできることは何でしょうか。それは、今まで見てきたように、「コントロールできるもの」を操作し、そして、「観測できること」を通じて、その結果を知識にすることだけです。

　私たちは、つい、何か問題に出くわすと、「コントロールできないもの」を操作して、「観測できないもの」を改善するという不可能な問題設定を行ってしまいます。加熱した堂々巡りの会議や、無意味な意見対立の背後には、このようなそもそも解くことのできない問題設定があります。

　経験主義は、「やってみなければわからない」だけの論理ではなく、「コントロールできるもの」を操作し、「観測できるもの」の結果をみることでしか、前に進むことができないことを意味しているのです。

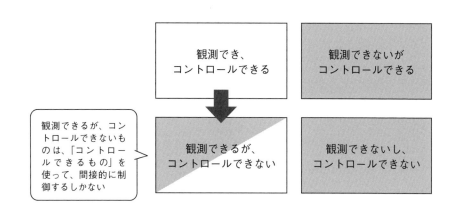

少ない情報で大胆に考える＜＜仮説思考＞＞

　イギリスで花開いた経験主義の系譜は、アメリカの哲学者であり、科学者でもあったチャールズ・パースに引き継がれ、「プラグマティズム」という思想哲学として、20世紀のアメリカの主流な思想となっていきました。

　パースは、人間の推論能力の方法として、従来の演繹法（deduction）、経験主義で重視された帰納法（induction）に加えて、仮説法（abduction）というものがあり、「これこそ、新しい諸観念を導入する唯一の論理的操作である」と述べました。

演繹法		帰納法		仮説法	
ルール	人間は皆死ぬ	事象	このカラスは黒い	事象	2つの大陸の海岸線は似ている
事象	ソクラテスは人間である	事象	あのカラスも黒い	仮説	大陸は移動したのではないか
▼		▼		▼	
結論	ソクラテスは死ぬ	結論	すべてのカラスは黒い	結論	2つの海岸線が1つである証拠を探そう

　演繹法とは、ルールと事象から結論を導く三段論法です。

　また、帰納法は、経験主義のベーコンが重視した推論方法です。観察・実験を通して集めた個々の経験的事実から、それらに共通する普遍的な法則を求めます。

　たとえば、「このカラスは黒い」し、「あのカラスも黒い」から、きっと「すべてのカラスは黒いだろう」と推論するような思考法です。この思考法は、当然のことながら、常に正しいわけではありません。次に見るカラスが白いカラスであれば、今までの結論は正しくなかったことがわかるからです。

　しかし、サンプル数が増えるほど、確からしさは上がっていくとする「確証性の原理」によって、概ねの正しさを得ることができたりしますし、物理の法則なども実験によって、何度も確かめられているため、概ね正しいだろうと予測されます。これは、自然現象の法則が、ずっと変わらないであろうという前提、「自然の斉一性原理」によって支えられています。

　それらに対して、仮説法は、「わずかな痕跡」から、それを説明可能とする大胆な思考展開・モデル化を行い、それを検証するための行動につなげる推論方法です。

　たとえば、「2つの大陸の海岸線の形が似ている」というわずかな痕跡から、一足飛びに「元は1つの大陸で、2つに分かれて移動したのではないか？」と大胆に考え、そうであるならば、何か証拠があるはずだと次の行動につなげていくといった考え方です。

　この推論方法も、常に正しいわけではありません。しかし、わずかな情報から、大胆に推論を行い、証拠を探すといった行動につながり、今までわからなかったことが、一気に説明がつくことがあります。

　ここで重要なことは、「痕跡がわずかであっても」「確かめる行動につながる」というポイントです。日常生活あるいはビジネスにおいて、「仮説」という言葉が溢れて

いますが、ズレた使われ方も蔓延しているように思います。

たとえば、「十分な証拠が揃っていないから、仮説が作れない」と考えてしまったり、「今までの前提から導けないからこの仮説は間違っている」と考えてしまったりと、演繹法・帰納法のような推論で物事をとらえてしまい、次の行動につながらないというような経験はないでしょうか。

仮説思考は、経験主義をさらに生産的な（不確実性を削減する）ものにするための「大胆な跳躍」をもたらします。そして、仮説は、今あるデータからは、演繹的・帰納的には導くことのできないものです。人間的な直感やひらめきによって、今までの情報や様々な偶然が積み重なって生まれる跳躍であって、天下り的な結論や合議による凡庸なアイデアは「仮説」にはなりえないのです。

PDCAサイクル

ビジネスにおいて、「仮説」という言葉が出てくるのは、「仮説検証」や「仮説検証サイクル」というようなときが多いのではないでしょうか。

その中でも有名なものは、日本の戦後復興を支えた統計学者で経営学者のW・エドワーズ・デミングによる、「PDCAサイクル」ではないでしょうか。

「PDCAサイクル」は、英語のPlan（計画）、Do（実行）、Check（検証）、Act（改善行動）の4つの頭文字をとった仮説検証のサイクルです。この言葉は、非常に広く知られていて、現代のビジネスパーソンにとって、教養の1つにもなっています。

この「PDCAサイクル」を仮説とその検証にフォーカスして考えると、次のようなサイクルであることがわかります。

PLAN	現在ある情報から、仮説を推論し定め、それを確かめられるような実行計画を立てる
DO	実行計画に基づいて、実行する
CHECK	仮説が正しかったのか、検証する
ACT	検証結果から改善を行い、次の仮説検証のための計画が立てられるようにする（Planへ）

しかし、現実には「仮説」の定まらないまま、計画が立てられ、その中に何を検証するのかが明らかではないような状態というのが、多く見られます。その結果、仮説は検証されず、何を確かめるための行動だったのかわからないため、改善もできない

といったような悪循環が生まれてしまいます。

仮説検証のサイクルで重要なことは、「何が仮説なのか」を明らかにすることです。そして、それはどのようにしたら、「検証できるのか」というアイデアをもつことです。このどちらかが揃っていないと、PDCAサイクルそのものが何のために行われているかわからなくなってしまいます。

データ駆動な意思決定の誤解

最近では、ビッグデータやデータサイエンティストへの注目が集まるなど、データから重要な情報を引き出して、ビジネスにつなげていくという発想が高まり、大変良い流れだといえます。

一方で、経営において、あるいはビジネスシーンでのデータサイエンスへの注目の高まりから、「データ駆動な意思決定」といったキーワードが流行し、あたかもすべての問題を解決する銀の弾丸であるかのような言説も溢れています。

悲しいかな「データ駆動な意思決定」について、多く誤解があるように思います。大量のデータが存在すれば、そこから次にとるべき正しい行動がわかるとする誤解です。実際は、常にデータは不完全ですし、そこから意思決定は導けません。

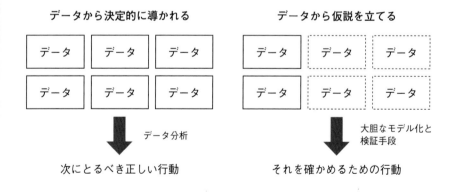

「データ駆動な意思決定」は、

- 「仮説」を推論するために、もっているデータの可視化をする
- 「仮説」が正しかったのか、統計的に検証する

ということにおいて、有効な考え方であって、データから演繹的・帰納的に決定論的に答えが導けるわけではありません。

そのため、数少ないデータから大胆に顧客のインサイトや仮説を推論し、それが正しいのかという不確実性を検証するための行動をとるというのが重要なことです。

リアルオプション戦略と遅延した意思決定

未来は誰にとってもどうなるかわからないことです。ある仮説が正しいのか、間違っているのかは、どんなに考えてもわかるわけではありません。ですから、やってみるしかないのです。この不確実性というものは、エンジニアリングやビジネスをしていく上で、非常に厄介な敵だと考えられています。

しかし、その不確実性の大きさを逆手にとって、メリットに変えていく戦略があります。それが、「リアルオプション戦略」です。

これは、「遅延した意思決定」を行うための戦略ともいわれます。意思決定は、早く迅速にしたほうがよいというのは、もはや常識のようになっています。その中で、「遅延した意思決定」といわれると、何だかすごく悪いことのように聞こえます。

ここでいう「遅延した意思決定」とは、早期に大きな投資判断などの意思決定を行い、大失敗をするよりも、小さく失敗をして、成功しそうなときに大きく投資するというように、成功の確率が上がるまで、巨額の投資判断を行わないという考え方のことです。

たとえば、何か新しいビジネスやシステムの開発を行うとします。将来性はありそうですが、不確かです。このように、不確実性が大きい段階で、大きな予算をつけて大きなプロジェクトを走らせると、失敗した場合にその投資のすべてが無価値になってしまいます。

これでは、不確実なものをやるよりも、確実なものに挑戦したほうがよいという結論になるか、大失敗のリスクを受け入れるかを迫られることになります。このような考え方では、チャレンジングな決定をし難くなってしまいます。

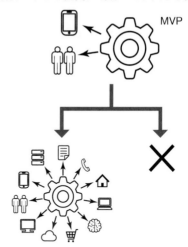

　リアルオプション戦略は、株の購入権をリアルなビジネスで応用する戦略です。株の購入権をオプションといいます。株が上がったらそのときの値段で買い、下がっていれば買いません。
　よく、ベンチャー企業などで、従業員がインセンティブとして受け取るストックオプションもこういった種類のものです。ストックオプションの種類によりますが、基本的には、もらったときの株価で「後から」自社の株式を購入する「権利」として、従業員に配布されます。
　ストックオプションだけでなく、証券市場には、様々な形のオプションが存在します。将来のことを見越した「権利」のみを購入することで、リスクをコントロールしながら、市場の不確実性に臨むことができます。これをプロジェクトの投資判断で行います。
　具体的な数字で見てみましょう。1,000万円かけて、売上が1,800万となると見込まれるプロジェクトがあったとします。しかし、成功確率は、50％です。失敗した場合は、売上が得られず撤退します。

うまくいった場合　　　　　うまくいかなかった場合
初期費用：1,000万円　　　初期費用：1,000万円
売上　　：1,800万円　　　売上　　：0万円

差益　　：800万円　　　　　　差益　　：− 1,000万円

　成功確率はそれぞれ50％ですので、このプロジェクトの期待値は、− 100万円となります。
　それに対して、次のような選択肢が存在した場合はどうでしょうか。100万円で、プロジェクトにおける重要な仮説検証を行うことができるとします。検証結果がよかった場合は、プロジェクトは成功し、悪かった場合はプロジェクトをそれ以上拡大せずに終了します。このような場合の期待値を計算してみると次のようになります。

うまくいった場合　　　　　　うまくいかなかった場合
初期費用：100万円　　　　　　初期費用：100万円
追加費用：1,000万円
売上　　：1,800万円　　　　　売上　　：0万円
差益　　：700万円　　　　　　差益　　：− 100万円

　それぞれが50％なので、プロジェクトの期待値は300万円になります。期待値が0円を超えたので、このプロジェクトは、仮説検証を行うところから始めるべきだという結論になります。
　このように大きな意思決定を行う前に、より少ない費用で仮説検証を行えるような手立てを「オプション」として用意することで、プロジェクトに潜む不確実性を金銭的な価値に変換することができます。うまくオプションを作ることが安全にかつ大胆なチャレンジを生み出すのです。

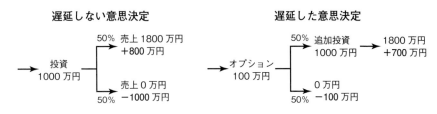

　今回は、円滑な理解のために単純なケースを想定しましたが、プロジェクトが生み

出す利益の変動幅（ヴォラティリティ）がわかれば（厳密にはわからないので、当て推量になりますが）、それを元にどの程度の費用までは、仮説検証に使うことができるのかを計算することができます。

このように、不確実性が大きいもの、つまりプロジェクトが生み出す利益の変動幅が大きい場合、その確からしさを安価に確認する方法（オプション）を生み出すことができれば、プロジェクト全体をリスクに晒す必要がなくなります。

2011年にアメリカの起業家であるエリック・リースは、『リーン・スタートアップ』（井口耕二 訳、伊藤 穰一 解説、日経BP社、2012年）という書籍において、新規事業における小さな仮説検証の重要性を説きました。これは不確実性が高いほど仮説検証の予算を多くつけても割りに合うというリアルオプションの理論に基づいています。

不確実性が高いプロジェクトには、仮説が検証できるまで大きな投資をせずに、大きな意思決定を遅れさせます。

最小限の仮説検証が可能な、実用最小限の製品＝MVP（Minimum Viable Product）を作り、それを市場投入し、仮説が検証されれば、追加で大きな投資をします。検証されなければ、新たな仮説をつくり、再度検証を行います。このように新しい仮説にシフトすることを、バスケットボールの方向転換のテクニックになぞらえて、「ピボット」と呼びました。

仮説の検証の仕方は、ペーパープロトタイプでもユーザーヒアリングでもテストマーケティングでもよく、重要なのは、「意思決定を遅延させるための『権利』を獲得するアイデア」を作ることです。

このように仮説を作り、その仮説を早期に少ない予算で検証するというリアルオプション戦略によって、未来の不確実性をむしろ味方につけて、よりチャレンジングな分野への挑戦を促します。

将来の予測がつかないような世の中だからこそ、率先して不確実性を味方につけなければ、確実なものにしか投資できず、むしろ失敗をしやすくなってしまいます。

期待値で割に合わないから、そのプロジェクトを進めるべきでないという考えは合理的なものですが、そのとき、足りないのはむしろ、最小限の仮説検証というオプションのアイデアなのかもしれません。

問題の解決よりも問題の明晰化のほうが難しい

必要十分な情報が揃っている状態で、問題を解決することはそれほど難しいことではありません。

現在であれば、コンピュータを使って適切な意思決定を行うことができるでしょう。しかし、社会で取り組む問題の多くは、情報が不完全な状態から始まります。

そのため、問題解決よりも先に「どのような問題なのか」をはっきりとさせる経験主義の考え方と仮説思考が重要なのです。

経験主義は、自分のコントロールできるものを通じて、観測できるものを改善する発想です。そして、そこで得られた知見によって、次のステップに向かうための思考様式です。

仮説思考は、限られた情報の中から、大胆にモデルを推論し、そのモデルの確からしさを発見するための行動を促す思考様式です。

これら2つを通じて、「問題を解く」というよりもむしろ、「問題は何なのか」という問いを明晰にしていくことができなければ、同じところをぐるぐると回る不毛な思考にしかなりません。

今、直ちに解くことができない問題であればそれは、きっと、まだ問題が明晰ではないのです。問題をはっきりさせるために仮説を立てて、検証していくというプロセスに思考を切り替えていきましょう。

1-6. 全体論とシステム思考

「システム」という言葉を使うと、何か機械的な情報処理システムのことだと、直感的には考えてしまいます。もし、誰かに「システム思考」が大事だよと言われても、それは情報処理システムやプログラミングについて詳しいほうがよいということに聞こえてしまうかもしれません。

そういった意味で、「システム」という言葉もまた、誤認を引き起こしやすい言葉であるといえます。システムという言葉は、ギリシャ語の「$σύστημα$（スュステーマ）」に語源をもちます。その意味は、「共に」+「立てる」=「組み立てる」ということを示しています。

そこから、「秩序だった複数要素の組み合わせ」「要素に分けても見られない性質をもつ関係性」という意味が生まれます。システムというと、現代においては無機質な機械式の仕組みというような印象があるかもしれませんが、むしろ有機的な生命現象を説明するためにこそ、使われるようになった言葉でした。

一番わかりやすいたとえは、「生態系」（エコシステム）という語ではないでしょうか。個々の生き物の性質、たとえば、害虫だとか、益虫であるとかいった性質に注目

して、害虫だから駆除して減らそうとか、益虫だから増やしていこうというような、個別の最適化が生態系全体に影響を与え、思いもよらないような変化をもたらしてしまうという現象があります。複数要素の関係性がもたらす性質は、要素を分解して、個々の物質の性質を突き止めるというような西洋の自然科学の歴史からは、長年意識されてこなかったことでした。

このような性質を要素同士の関係性に注目し、数学的なモデルとして定義したのが、フォン・ベルタランフィでした。それは、「一般システム理論」と呼ばれ、回路のフィードバック制御から、人口動態、生態系の性質、組織行動、社会集団などの不可思議な現象を説明可能にしました。

ベルタランフィの一般システム理論を背景に、これらをより単純にし、「個別最適化」が全体最適にならない問題を分析し、より本質的な問題解決を支援する「システム思考」というフレームワークが生まれました。

この、要素でなく全体の関係性に注目する新しい発想は、様々な分野で取り入れられ、流行を博しました。経営学の分野では、アメリカの経営学者ピーター・センゲの『最強組織の法則（The Fifth Discipline）』（守部信之 他 訳、徳間書店、1995年）の中で取り上げられ、この書籍がベストセラーになるにつれ、組織経営にとって重要な視点として、広く一般的なものになりました。

現代において、「システム」という言葉は、生命現象と組織経営、そしてテクノロジーをつなぐ、共通の抽象クラスとして、認識されています。たとえば、「創発」や「自己組織化」というフレーズは、生命現象の分析として生まれた語でしたが、組織経営においても頻繁に用いられるフレーズです。

この「システム思考」という考え方や「システム」という概念を取り入れることで、私たちが普段取り組んでいる「システムエンジニアリング」という言葉もまた、違った角度で捉えることができるでしょう。

そして、それがまた、私たちが出くわす様々な問題を、より簡単な問題へと変換させる糸口になると確信しています。

システムとは全体の関係性を捉えること

誤解を恐れない言い方をすれば、古代ギリシャ以来、西洋の自然科学は、「より細かい要素」に分解し、その要素の性質を知ることで、すべての自然現象が説明できると考えていました。このような考え方を「要素還元主義」的な思考といいます。

それに対して、「細かい要素」に注目して、その総和としては、全体の性質がわか

らないだろうとする考え方を全体論（ホーリズム）といいます。

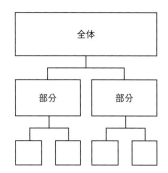
要素還元的思考（要素に注目）

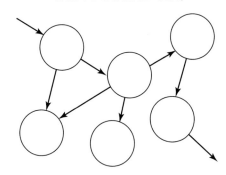
全体論的思考（関係性に注目）

　たとえば、漢方などの東洋医学を「ホリスティック医療」と呼ぶのを聞いたことがあるかもしれません。西洋医学が、患部を取り除いたり、症状を直接的に減らす処方をするのに対して、漢方では、体全体の調和を取り戻すために、個々人の状態に合った薬を調合し、提供するということで、体の自然治癒力を高めて治療するというものです。
　西洋医学が、要素還元主義的な思考に基づいているのに対して、東洋医学は、全体論的な思考に基づいているという説明がしばしばなされます。
　漢方に関しては、処方薬の多くがダブルブラインドチェックなどの科学的（経験主義的）な検証に耐えていますし、現代では西洋医学にも東洋医学にも近い考え方が取り入れられています。ただ、残念なことに、一部の疑似科学的な医療がホリスティック医療を標榜しているために、「ホリスティック」という言葉自体にネガティブなイメージをもっている方もいるかもしれません。
　より、厳密に「要素還元主義」と指摘される領域を定義し、システム理論として定義される考え方を定義するならば、次のようになります。

要素還元主義	システム
・すべての要素はツリー構造になっている ・それらの要素は線形的な関係性（加減乗除）をもっている ・要素の総和として全体の性質がわかる	・すべての要素はネットワーク構造になっている ・それらの要素は非線形な関係性をもっている ・要素の総和では全体の性質はわからない

このように書くと、要素還元主義とシステムの違いもわかりやすくなるでしょう。
たとえば、ロジカルシンキングの一部として利用されるロジックツリーなどが要素還元主義的な発想です。

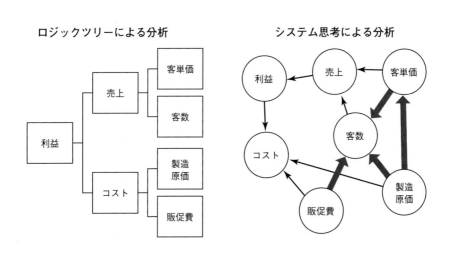

ロジックツリーの分析では、利益は、売上が増えてコストが減れば、増加するはずです。売上はさらに客単価と客数に分解されますから、客単価を上げて、客数を増やせば売上は増えるはずです。コストは、製造原価と販促費があるので、それぞれ減らすことができれば、利益が増えるはずです。

そこで、利益を増やすために販促費を減らしたところ、客数が減少しました。そのため、利益が減ってしまいました。これは、ロジックツリーに記述されていない関係性があったことを意味しています。

システム思考においては、それぞれの要素の関係にはどのような影響があるかを考え、記述していきます。たとえば、販促費をある一定以上下げたら、客数に大きな影

響があるだろうとか、製造原価をある一定以上下げてしまったら、次第にブランド価値が損なわれ、客数や客単価に影響があるだろうと考えます。

販促費と客数の関係は、比例関係（線形）ではありません。10％程度減らしてもほとんど影響がないかもしれませんが、30％減らすと急激に客数が下がったり、また、10％でも半年後や1年後にじわじわと客足が遠のくかもしれません。

製造原価と客単価も直接的な関係はなく、製造原価を下げたところですぐには影響が表れません。ある閾値を超えたり、一定期間以上下げることで、製品品質やブランド価値に影響を与え、急激な下落をするかもしれません。

また、これらの分析には、マーケットの視点がありません。あるところまで客単価を下げたところ、競合製品に対して優位性が生まれ、客単価を下げた以上に客数が伸びるということが、起こり得ます。

このように直接的な関係性のある部分に分解して考えても、全体像を把握できずに、思いもよらない結果を生むことがあります。このように、要素の性質よりむしろ、要素同士の関係性に注目して、問題の構造を解き明かす考え方が「システム思考」なのです。

部分だけしか見ないことで対立が起こる

私たちが日々仕事を進めていくときに、一定の対立が発生するのは、なぜでしょうか。上司と部下、部署と部署、個人と個人など、多くの場合、その対立は、それぞれがそれぞれにとっての「部分」しか認識していないために発生することが多いのではないでしょうか。

このような局所最適解（システム全体の一部分において最適な答え）が、全体にとって最適な答えかどうかの判断がつかないために、局所最適解同士が争うことになります。

■三次元の「U」

ここに、3Dで描かれたアルファベットのUがあるとします。この形を、ある人が「真下から」眺めたら、「1つ」の線があるように見えます。また、ある人が、「真上から」眺めると、「2つ」の線があるように見えます。

これは、どちらも間違っているわけではありません。ところが、この線は「1つだ」という派閥と、「2つだ」という派閥に分かれ、言い争いをしていたら、その姿は、滑稽なものに映るでしょう。

なぜなら、この形を「側面から」眺めてみると、それがアルファベットの「U」の形をしていることが、明らかだからです。
　仕事を進めるときに、その対立自体を忌避して、「2つであったり1つであったりするけど、バランスを取ってみましょうか」というあたりで落とし所が作られたり、「今回のところは2つで行かせてください」とかそんな感じで物事は進んでいったり、逆にご破算になったりします。
　こうして、本質的な問題が見えないまま、問題の「システム」が捉えられないまま、対立自体を温存してしまいます。

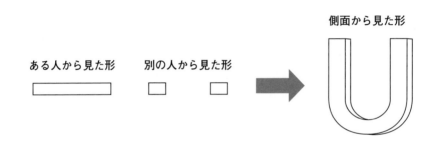

　様々な対立が、物事を「側面から」見ることができずに発生してしまいます。しかし、人々が対象となるものが三次元の「U」の形をしていることに気がついた後は、対立は発生しません。対立そのものに意味がなくなったからです。
　問題解決とは、根本的にはそのようなものです。十分な思考力をもった賢い人々が、不十分な認知範囲をもっているがために、同じ目的をもった集団の中で、不可思議な対立を引き起こします。そして、何かのきっかけで認知範囲が拡大した場合には、その対立そのものが霧散してしまうのです。

■ビジネス施策とシステム
　ここで、少し具体的な例を見てみましょう。とあるスマホアプリを開発している会社の事例です。
　このアプリは、次のようなものだとします。

・5万人ユーザー
・1ユーザあたり売上100円

・月々の退会率5％

そして、次に打つべき手として以下の３つが検討されています。

・施策A：50万円の原資でキャンペーンを打つ。すると500万円の売上増になるだろう
・施策B：50万円の原資でキャンペーンを打つ。すると10％の継続利用ユーザーが増加するだろう
・施策C：50万円の原資で不満の多い機能を改善する。すると１％退会率が減少するだろう

この３つのうち、１つしか実施できないとした場合、どの手が一番有効なのかという点について、チームのメンバーで喧々諤々の議論が行われました。

売上責任をもっている営業担当のXさんは、施策Aが一番有効だろうと強弁しています。他のものでは、売上は上がらないし、効果も少ないと必死にメンバーを説得しています。

それに対して、ユーザー開拓を行うマーケティング担当のYさんは、施策Bが一番有効だと譲りません。

一方、カスタマー対応を行っているZさんは、施策Cをやらないとユーザーが逃げてしまうんだといって、他の施策に否定的です。

このような対立は、何によって引き起こされているのでしょうか。まずは、それぞれの目的意識です。

Xさんは、売上を追っていますので、何とか売上を作っていきたいと考えています。そして、それがアプリのためになると確信しています。

Yさんは、ユーザーを増やすことこそが、アプリにとって一番重要なことだと考えています。

Zさんは、日々接しているユーザーの満足を作ることが、このアプリにとって一番大事なポイントだと考えています。

三者三様、最終的には、アプリを成長させたいと同じように考えていながら、意見が真っ向から食い違ってしまうのです。また、論理的思考の盲点で解説したように、Xさん、Yさん、Zさんにとって、その職業意識におけるアイデンティティと、施策は対応づけられているため、不用意な発言が、感情的応酬を生む結果につながります。

■コストと売上の世界

このような対立を精査していくために、まずは、Xさんの主張するところの、「他の施策は売上につながらない」とはどういう理屈なのかを精査していきましょう。

施策A 50万円の原資でキャンペーンを打った。すると500万円の売上増になった	売上500万円－コスト50万円 ＝利益450万円
施策B 50万円の原資でキャンペーンを打った。すると10%の継続利用ユーザーが増加した	売上(5万人＋10%×100円)－コスト50万円 ＝売上(50万円)－コスト50万円 ＝利益0円
施策C 50万円の原資で不満の多い機能を改善した。すると1%退会率が減少した	売上(5万人×1%×100円)－コスト50万円 ＝売上(5万円)－コスト(50万円) ＝利益▲45万円

彼の見ている世界は、「コストと売上」の世界です。施策Aは、売上が500万でコストは50万なのだから、利益は450万になります。もし、施策Bを行っても、5万人の10%、つまり5,000人が増加した場合、翌月の売上増加は、50万円なので、利益は0円です。また、施策Cを実行した場合、退会しなかったのは、500人にすぎませんから、得られるメリットは、5万円で、コストが50万かかり、45万円の損になってしまいます。

そのため、施策Aが来月の利益を作るために、一番有効な施策だとXさんは主張しています。この理屈には一理あります。しかし、翌月以降の売上の話は勘定されていません。たとえば、来月の売上でプロジェクトの撤退か継続かが決まるとか、資金がショートしてしまうとかであれば、Xさんの主張は最適な選択肢かもしれません。

■ **資産と負債の世界**

　YさんとZさんの主張は、「ユーザー数が大事だ」「ユーザー満足が大事だ」というところで、Xさんの「売上が大事だ」という理屈と対立しています。

　3人は、「比較できないものを比較しようとしている」のです。そうである限り、対立は解消されません。比較できないものを比較している限り、議論は平行線になります。この対立を解消するには、もう1つ、「顧客資産」という観点で、施策を捉えてみる必要があります。

　今現在、5万人のユーザーが、月々100円ずつ売上を残してくれるので、当月の売上は、500万円となります。ところが、何もしなければ、5%の会員が退会し、475万円となります。これを表にしてみると次のようになります。

	ユーザー数	単価	売上
当月	50,000	￥100	￥5,000,000
1月後	47,500	￥100	￥4,750,000
2月後	45,125	￥100	￥4,512,500
3月後	42,869	￥100	￥4,286,875
4月後	40,725	￥100	￥4,072,531
5月後	38,689	￥100	￥3,868,905

　このように何もしなかった場合に、現在いる顧客がアプリを通じて、将来、生み出す利益の総額であるライフタイムバリューを「顧客資産」の価値として、計算して見ましょう。毎月5%ずつ減っていく（95%を掛けていく）、数の総和ですから、高校数学でやった、無限等比級数の和の公式が使えます。

$$1 + p + p^2 + p^3 + p^4 \cdots = 1/(1-p)$$

　ここから、退会率が（$1-p$）なので

$$顧客資産 = 単価 \times （現在の顧客数 ／ 退会率）$$

という公式が導けます。

このような顧客資産の観点から、施策 A、B、C を眺めてみましょう。それぞれの施策で、顧客資産はどれくらい上がるのでしょうか。

施策 A
50万円の原資でキャンペーンを打った。すると500万円の売上増になった

施策後の価値 －施策前の価値
＝0 円

施策 B
50万円の原資でキャンペーンを打った。すると10％の継続利用ユーザーが増加した

施策後の価値－施策前の価値
＝5.5 万人 ×100 円 ×1／0.05－1 億円
＝1,000 万円

施策 C
50万円の原資で不満の多い機能を改善した。すると1％退会率が減少した

施策後の価値－施策前の価値
＝5 万人 ×100 円 ×1／0.04－1 億円
＝2,500 万円

顧客資産の観点では、施策 C が最も有効な施策であるといえます。実際には、顧客資産に対して、サーバーなどの維持コストや資本コストや割引率を決めて、正味現在価値に変換したり、ある程度期間を決めて計算したほうが、より比較しやすい数値になります。

■ バランスシートとP/Lの関係性

ビジネス一般の活動を、資産の額を時系列でプロットした関数だと考えてみましょう。この関数のある時刻 t からある時刻 t＋Δt の差が、利益（あるいは利益に紐づいた資本政策の結果）と呼ばれるものです。

たとえば、現在500万円の資本をもっていて、翌年1,000万円の資本をもっていたら、この差額が、その期間のビジネスの結果です。

このように、「ある期間を区切って、差に注目する」という関係性は、ある期間をどんどん短くしていくと、「微分」という操作になります。

ビジネスは「資産に関する関数」

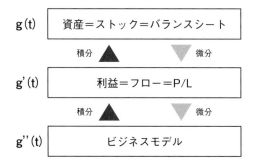

「貸借対照表（B/S＝バランスシート）」と「損益計算書（P/L = Profit & Loss Statement）」は、実のところ微分積分の関係にあるのです。

この関係からさらに、利益を微分してみると、ある期間にどれだけ利益が拡大したのかという「利益加速度」とも呼べるような概念が見つかります。

このようなものを「ビジネスモデル」と考えると、ビジネス全体の関係性は、資産をビジネスモデルに変換し、増加した資産でさらにビジネスモデルに投資するというフィードバックサイクルのシステムと捉えることができます。

ビジネスのフィードバックサイクル

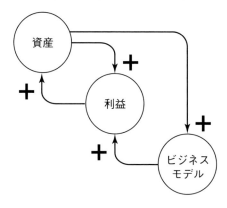

このようにビジネス全体のサイクルは、時間に関する非線形な微積分関係をもったシステムとして捉えることができます。このため、企業内部には、まだ資産や利益に

還元されていない、無形の投資活動が含まれています。たとえば、従業員教育やブランド構築、顧客満足度、研究開発投資などがそれにあたります。

　それらは、事業のP/Lだけを見ていると、「コスト」でしかないため、削減できればできるほど良いものというような単純な見方しかできなくなってしまいます。ビジネス全体のフィードバックサイクルをもったシステムの観点で見なければ、合理的に見える決断が、局所最適解に陥ってしまう可能性があります。

■拡張のフィードバックと抑制のフィードバック
　システム思考において、重要なのは「フィードバックサイクル」という考え方です。フィードバックサイクルとは、ある原因に対する結果が、その原因自体に変化をもたらすという時系列関係のことです。大きく分けると、フィードバックサイクルは、拡張のフィードバックと抑制のフィードバックに分類できます。
　拡張のフィードバックは、ある原因に伴った結果が、原因そのものの量を増やすという関係性です。たとえば、サッカーが好きな少年がいたとしましょう。

原因：彼は、サッカーが好きなので、練習する
結果：上達して、勝利を得たり、褒められる
拡張のフィードバック：そしてサッカーがもっと好きになる

　このように、結果が原因そのものを増やすことで、加速度的にサッカーが上達することになります。
　逆に、抑制のフィードバックと呼ばれるものもあります。たとえば、勉強が嫌いな少年に、親が強制的に勉強をさせたとします。

原因：勉強をしないので、無理やり勉強させられる
結果：あまり成績が伸びない
抑制のフィードバック：そして勉強をやらなくなる

　このように、結果が、原因を減らしていくような関係を抑制のフィードバックといいます。最初は、無理やりやらせた分、勉強量は増えますが、どんどん嫌いになっていくので、成績が頭打ちになってしまいます。

	拡張のフィードバック	抑制のフィードバック
原因	サッカーが好きなので練習する	勉強を無理やりやらされる
結果	勝利を得たり、褒められる	あまり成績が伸びない
フィードバック	サッカーがもっと好きになる	勉強をやらなくなる

　ビジネスにおいても、フィードバックサイクルはそこかしこに存在します。利益の多い企業であれば、その利益を新しい投資に使うことができるために、より競争力が上がり、利益が大きくなります。お金もちは、お金を使って投資を行って、よりお金もちになるでしょう。

　抑制のフィードバックサイクルであれば、価格を上げていけば、一時的に売り上げが上がるかもしれませんが、客が離れていってしまい、売り上げは頭打ちになります。

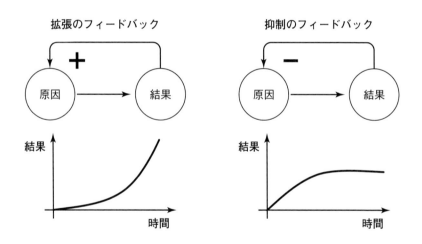

　拡張のフィードバックは良いことばかりではありません。エアコンをたくさん使うので、電気消費量が増えて、地球温暖化が進み、もっとエアコンを使わないとダメになるのは、悪いタイプの拡張のフィードバックです。

　抑制のフィードバックも悪いことばかりではありません。たとえば、エアコンは、室温を検知して、冷房や暖房を強めたり弱めたりするので、結果的に室温を一定に保つことができます。

　仕事において、どのようなフィードバックサイクルが存在するのかを見つけていく

ことが重要な考え方です。利益や顧客が増えるような拡張のフィードバックサイクルを見つけ、そこを加速させることで、ビジネスは指数関数的に増大します。

たとえば、ソーシャルゲームが流行ったときに、一般的であった「招待ボーナス」などがそれにあたります。顧客自体が顧客を呼んでくれることで、マーケティング費用をあまりかけないでも、顧客数が指数関数的に増えます。招待を呼び込むためには、より面白いゲームで、他の人とやったほうがもっと面白くなるという体験をさせることが、重要でした。

逆に、SNSなどで知り合いが増えすぎると、投稿したい内容がなくなってしまい、どんどんとつまらなくなってしまうという現象があります。SNS疲れなどとも呼ばれる現象です。その結果、アクティブユーザーが徐々に増えなくなってくるというような抑制のフィードバックがあります。

■ 全体の関係性が見えれば対立は解消する

顧客満足やユーザー数、そして単月の売上という比較ができないものであっても、もう一階層上から、ビジネスという全体のシステムを捉えてあげることで、比較可能なものに変化していきます。

先ほどのスマホアプリの例であれば、今までの議論から、施策Cが正しいと言っているわけではありません。

同じテーブルに並んだとき、たとえば、実行原資がない場合は、「施策Aを行い利益を作ってから、施策C、施策Bの順番で実行する」であるとか、現在は、当月売上を作りたいタイミングではないから、「施策Cで流血を抑えて、施策Bを継続的に実行し、ユーザー数が増えてから、施策Aで大きく売上を作ろう」といった発展的な議論が行われることを期待しています。

同じ目的をもったチームのメンバーが、局所最適の言い争いを発生させることなく全体最適に向かうことができるように、一次元上の観点から問題を捉えて、システムの全体像を把握していくことで、対立から発展的な議論へと視野が拡大することが、システム思考のメリットです。

Xさんも、Yさんも、Zさんも同じ目的をもっていましたが、役割へのコミット意識によって、全体像を見失ってしまっていました。同じ目的をもった人々は、本来対立するはずがないのです。にもかかわらず、何かの対立が発生したときというのは、その対立の当事者全員が、少しずつ正しく、少しずつ間違っています。

認知範囲とシステム思考

　私たちはつい、自分から見える世界の中に閉じこもって、正しさや合理性を判断してしまいます。しかし、人間が認知している範囲というのは、全体のごく一部にすぎません。

　たとえば、役割やポジション、周囲の環境によって、合理性を判断するための認知の範囲が決まってしまうことがあります。それは、日々追いかけている数字や、大事にしているもの、周囲の意見などによって、形作られます。

　何かが「正しい」と判断したその背後には、必ずその背後に隠れたシステムの外部性を切り捨てることが発生しています。正しく認知できる範囲の広さを「視野の広さ」「視座の高さ」などと表現することがあります。限定された範囲の合理性では本当の問題を解決できません。

■ 視野・視座・視点

　あるとき、後輩から、「良いプログラムをかけるようになりたいので、どうしたらよいか」という質問をされました。良いプログラムを書きたいという意識それ自体、とても素晴らしいことだと思いましたが、少し違和感を感じて、「何をもって良いプログラムだといえるの？」と聞き返したのです。それは、そのときの彼に何をもって「良い」と判断しているのかということについて特段、意識していないのではないかと感じたからです。

　筆者自身も仕事としてプログラミングを行う前までは、何をもって「良い」とするのかといった基準のようなものはもち合わせていませんでした。説明のしにくいもやもやであって、それは美とは何か真とは何かといったような、文化人類学的なあるいは審美的なものだというような意識すらあったのです。

　しかし、これはきっと間違いなのだと、考えるようになりました。

　極論すれば、あらゆる前提から逃れて「良い」プログラムというものはありません。拡張性があるとか、読みやすいだとか、ドキュメントが充実しているといった表面的な要素が、そのまま「良さ」を作るわけではありません。

　そのプログラムがある前提に基づいた問題解決策だから、その前提のもとに「良い」という判断ができるだけで、解決するべき問題の設定、そのモデル化、開発時の状況などによって、問題解決策は束縛されていて、前提とのマッチングによって、それが「良い」だとか「悪い」だとかが決まります。

　とはいえ、良いプログラマ・良いエンジニアというのは、確かに存在します。彼ら

は、確かに「良い」プログラムを書くのです。その彼らの何が「良くない」プログラマと違うのでしょうか。

知識や経験でしょうか。同じような経験を積んでいてもその成長は大きく違います。地頭の良さでしょうか。それも関係はあるのかもしれませんが、抽象的で捉えどころがありません。

筆者が考える決定的な違いは、「良い」プログラマには問題解決のための眼があるということです。眼が経験を有意義にも無為にもします。

眼が状況を判断し、自分がおかれている前提を正しく把握した設計を生み出し、良いプログラムを作り出します。この問題解決のための眼を養うことが、良いプログラマのための条件になるのではないでしょうか。

問題解決のための眼、それは「視野」「視座」「視点」の3つに分類できます。

「視野」とは、あるポイントからその問題を眺めたときに同時に把握できる領域の広さです。ある問題はある大きな問題に包含されていて、さらに大きな問題構造に含まれているといったことを把握できる、広い／狭いで評価するものです。

「視座」とは、どこから眺めるか。高い／低いで評価されるものです。視野がいかに広くても、視座が低ければさらに次元の高い問題を認識できないし、視座が高すぎても抽象論に終始しミクロな解決策が浮かびません。社長が現場感覚を理解しようとしたり、平社員が部長の立場からものを見てみるといったようなことです。組織の階層だけではなく、問題をどのように受け止めるかといった姿勢といえます。

「視点」とは、どの角度から見るか。鋭さ／凡庸さでとらえるものです。問題の構造を把握して、解決策の筋を刺すときに問題の捉え方によってはシンプルになることがあります。普段は見えない角度から本質をえぐり出すのが「視点」の力です。

視座が拡大縮小なら、視点はどの角度にライトを照らすのか、そして、そのライトの照らす広さが視野です。

人間はそもそも、完全な全体像を捉えることができないものです。できることは、自分は全体の一部しか把握していないことを受け入れて、そのうえで、視野、視点、視座を広く、鋭く、高く考えるように鍛えていくことが、大事なことです。

■個人でなく関係性に注目する

私たちは、つい、何か問題が発生するとその原因を個人、とりわけ嫌いな誰かの責任として、押し付け、不毛な言い争いに時間を使ったり、その対立自体を恐れて、問題を温存したままで日々を過ごしてしまいます。

様々な問題は、本当に個人の問題なのでしょうか。もちろん、個人の性質がその問題を大きくしていたり、問題を生み出していることはあるでしょう。

　しかし、そのような性質が育まれてしまった背景には、個人同士の関係性の問題があるのかもしれません。ここでいう関係性は、何かを頼む人と、何かを頼まれる人という関係であったり、何かを求める人と、何かを精査して止める人という関係であったり、何か共通の資源を取り合っている関係であったりと、仕事を進める上で発生するコミュニケーションがどのような性質のものであるかというものです。

　個人の性質そのものを変えるのは難しいかもしれませんが、個人同士の関係性を変えることはそこまで難しいことではありません。システム思考というのは、個々人の性質よりもむしろ、個々人の関係性に問題の構造を見つける考え方です。

問題解決より問題発見のほうが難しい

　与えられた問題を与えられた範囲で解決できるのであれば、それは比較的簡単なことです。しかし、世の中は複雑な相互関係をもっています。そのため、合理的に見える解決策が、もっと別の問題を引き起こしたり、想定していない悪化をもたらす可能性があります。

　たとえば、害獣が現れたのであれば駆除すればよいという解決は簡単です。しかし、それによって益獣までも根絶してしまう可能性があります。

　私たちができることは、対立に見える問題を、対立にならない全体像をあぶりだすことと、その解決を個人の問題にせず、関係性の問題に変換して、本当の問題を発見することです。

　このような本当の問題の発見に、システム思考というのは重要な考え方を提供してくれます。

1-7. 人間の不完全さを受け入れる

　思考のリファクタリングを行うために、そもそもエンジニアリングとは何か、そして、思考を前に進めるための重要な3つの考え方をご紹介してきました。

- ・論理的思考の盲点
- ・経験主義と仮説思考
- ・全体論とシステム思考

これらは、人間が本来もっている不完全さに対して、パッチをあてるような考え方です。
　論理的思考の盲点であれば、「人は正しく事実を認知できない」ので、それを踏まえた上で、自分がどのようなときに認知が歪むのかを知り、自分の歪んだ認知を正すための行動を促すものです。
　経験主義や仮説思考は、「いくら理屈で考えても答えが出ない問題」に時間を浪費してしまう性質が人間にはあるので、それを踏まえた上で、少しでも実験によって知識を獲得し、問題が何であるのかを不確実性の岩の中から削り出していくように考え、そのための行動を促すものです。
　全体論とシステム思考は、「人は、問題を個人の責任にしたり、全体像を見失った局所最適な思考をしてしまう」ので、それが全体像ではないかもしれない、問題は関係性にあるのではないかという視点と問題解決のための目を提供し、行動を促すものでした。
　ソースコードのリファクタリングをする際も重要なのは、ソースコードをしっかり読み、バグを引き起こしやすい部分への洞察力をもって、問題となる箇所を特定することです。それをせずに闇雲に「自分が良いと思ったから」良いコードに書き換える行為は自己満足になってしまいます。
　思考においても同じことがいえます。重要なのは自分の知性に対する絶え間ない疑いと、自分自身への洞察力です。それは、内省する力ともいえます。
「自分は、つい、○○の件になると、こんな風に勘違いしてしまいがちだ」であるとか、「物事を相手の立場で考えていなかった」とかのように、自分自身がどのようなタイミングで、間違った認知をし、間違った意思決定をしてしまうのか知ることが重要です。
　自分自身の認知の歪みをパターンとして記憶することで、自分自身の過ちに気がつきやすくするという習慣をもつことができます。そうすれば、少しずつ改善していくことができます。

コミュニケーションの不確実性

　なぜ、これらの考え方がエンジニアリングにとって、重要なのでしょうか。通常、エンジニアリングは、複数人のチームで何かを実現していく工程です。そのため、1人の人間ではなかなか起こらないはずの不合理な行動が、組織では発生してしまうの

です。

　社会学に、システム埋論を取り入れた社会学者のニクラス・ルーマンは、人間のコミュニケーションの不確実性が3つの不確実性から来ていることを論じました。

・他者理解の不確実性：人は他人や事象を完全には理解できない
・伝達の不確実性：コミュニケーションが到達するとは限らない
・成果の不確実性：仮に理解されたとしても予想されたように行動するとは限らない

　これらの不確実性に依拠して、人間社会には自分は知っているけれど、他人は知らないという情報の偏りが常に存在し、それぞれがそれぞれに別の目的や利害をもって行動しているという状態が生まれます。

　このコミュニケーションが不完全であるというランダム性をもった状態が法律や契約、メディア、宗教、ビジネスといった社会の様々なシステムを生み出す契機になった、とルーマンは論じています。

　これは、要約すると「自分は他人ではない」という当たり前のことです。しかし、この当たり前の事実から立脚して、いかにしてコミュニケーションの不確実性を減らしていくのかというのが、エンジニアリングにとって重要な態度となります。

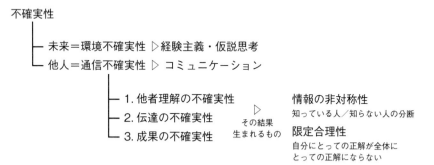

　コミュニケーションの不確実性は、情報の偏りを生み出します。このことを経済学においては「情報の非対称性」といいます。また、限られた範囲の中での合理性しか得られないことを「限定合理性」といいます。複数人の共同作業によって、全体として不合理な行動を取ってしまうのは、このためです。

「情報の非対称性」と「限定合理性」、この2つが、組織における人間の不完全さを加速させ、組織に忍んでいる理不尽の増幅装置となってしまうのです。

■情報の非対称性

情報の非対称性とは、同じ目的をもった集団で、何かの情報を片方の人が知っていて、もう片方の人が知らないという状態です。上司が把握している情報を部下は把握していないとか、その逆に現場が把握している情報を、経営陣は把握していないなどの状態です。

また、人は、正確に自分の考えていることを、他人に伝えることは不可能なので、何か情報を伝達しているつもりであっても、そこの非対称性が生まれます。

情報に非対称性があることは当たり前のことですが、しばしば、人は、自分の抱えている状態を他人も把握しているはずだと勘違いして、あるいは把握していてほしいという願望に基づいて行動してしまいます。

「ハンロンのカミソリ」という言葉があります。それは次のような警句です。

> 無能で十分に説明のつくことを悪意のせいにするな
> （ロバート・J・ハンロン）

この警句が示すように、お互いの情報伝達が不完全で、それゆえに引き起こされた問題であっても、何か害意や悪意をその中に見出してしまいがちなのが人間の性です。

■限定合理性

人間の認知能力には限界があります。すべての情報をすべての人が適切に処理できるわけではありませんし、同じように認知するわけでもありません。こうした認識範囲や能力の限界から、限られた範囲でしか合理的な行動が取れない性質が限定合理性です。個人的に最適な戦略が、全体にとって最適になるとは限らないのです。

たとえば、ソフトウェアの品質や見積り期間を検収する能力のない人が、納期に関しては非常にセンシティブだったとしましょう。そして、稼働時間に基づいて、料金が決まるようなビジネスであったとしましょう。そういった発注者に対して、開発者は納期を守るためだったら、品質を犠牲にして、見積り期間を長く伝えるインセンティ

ブが働きます。

結果的に、高い料金と長い時間、そして、品質の低いソフトウェアをその人は受け取ることになります。次から、彼はより安い料金・短い期間での開発を望むようになります。受注者が同じ会社であった場合でもそうでなくても、より品質を犠牲にして、単価の低い人材で開発を進めると、できあがるものの品質が下がり続け、業界全体の単価が下がり、と抑制のフィードバックが働き続けてしまいます。

しかし、お互いが自分の認識の範囲内で、合理的な行動をとっただけなのです。

カレー作りの寓話

抽象的な話が多くなったので、より具体的なコミュニケーションの不確実性（通信不確実性）がもたらす問題を、寓話として紹介します。

パーティに来るみんなのためにカレーを作りましょう、そう言って、ボブとエバは2人でカレーを作り始めた。

ボブは「どんなカレーにするかは僕が決める。カレーの代金は僕が出すから。エバは料理が得意だから僕が指示するようにカレーを作ってくれよ」と言った。

エバは了解し、材料とレシピが来るのを待った。

ボブはどんなカレーにするか悩んだ。料理が得意ではないのでレシピを書くのに時間がかかった。

エバは、とりあえずライスは必要だろうと考え、お米を炊き始めた。そしてボブがようやく書き上げたレシピを見て、こう言った。「このレシピは正確じゃない。香辛料の分量を決めてもらわないとカレーはできないわ」

ボブは香辛料の分量がどんな味になるのかわからなかったが、パーティは近いので、「適当に決めてくれよ」と言い捨てた。

しばらくして、ボブはパーティの客から「ライスはターメリックライスじゃないと嫌だ」と言われたことを思い出した。

そしてエバに「ライスはターメリックライスにしてくれ」と頼んだ。エバは「もうライスは炊いてしまった。ターメリックライスにするならもっと早く言ってよ」と怒り始めた。

ボブは「ターメリックライスじゃないとダメだ」と言った。

エバはライスが炊きなおしになるが、仕方なくボブの提案を受け入れた。

パーティ目前になってもライスは炊けない。それにカレーはターメリックライスよりも白ご飯に合うように作ったから、味のバランスもめちゃくちゃだ。
　それを知ってボブは激怒し、「パーティに間に合わなければ、カレーを作る意味がないじゃないか！それでも料理人なのか！」と言い捨てた。
　エバはその言葉に怒りを覚えて、「あなたがターメリックライスにしろって言い出したり、レシピを作るのが遅かったから遅れたの」と抗弁した。
　味の整っていないカレーと雰囲気の悪くなった２人を見て、パーティは興ざめに終わった。

　この話において、悪者は誰でしょう。レシピを作れなかったボブでしょうか。それとも先にライスを炊き始めたエバでしょうか。どちらも同じように悪く、どちらも同じように悪くありません。
　一見馬鹿らしい話ですが、これと同じようなことは社会において多く発生しています。これは、第１にボブとエバの情報の非対称性がありました。ボブは、パーティの客の求めているものを知っており、カレーの作り方は知りませんでした。エバは、カレーの作り方は知っているけれど、パーティの客の求めているものは知りませんでした。
　そのため、効率を考えて「役割」を分けました。「役割」が分かれたことで、それぞれにとっての「限定合理性」が生まれたのです。それが解消されないままに物事が進み、意見の対立が起こりました。相手の考えていることがわからないので「不安」になり、ボブは「適当に決めてくれ」と回避的にコミュニケーションしました。
　これによって、エバは料理人として尊重されていないように感じ、攻撃的な思いをボブに抱きます。ボブが、要求を変えたときにエバは自分が尊重されていないという思いから、攻撃的に振る舞います。それぞれが、それぞれのアイデンティティを知らないうちに軽んじ、それが本格的な怒りへとつながっていきます。
　そうして、何か問題が起きたときにそれぞれがそれぞれに「完璧な役割の遂行」を求めるようになり、雰囲気が悪くなりました。
　問題は何だったのでしょうか。最初はお互いパーティの客をもてなしたいという思いで一致していました。にもかかわらず、それぞれがコミュニケーションの不確実性を解消できないまま、物事が進んでしまいました。問題は、まさにそこにあります。コミュニケーションの不確実性は、未来の不確実性の増加として転嫁されてしまうの

です。

■ コミュニケーション能力と透明性

　カレー作りの話は、たった2人の出来事でした。しかし、現実社会では、このような関係が複雑に入り組んで発生してしまいます。組織の人数が増えるにつれて、スケールするはずの情報処理能力が実際には線形に推移せず、徐々にそれよりも悪くなるのは、これら「情報の非対称性」と「限定合理性」が存在するからです。

　社会人に求められる能力として、近年当たり前のように使われている「コミュニケーション能力」という言葉があります。これは、曖昧なもので人によって定義が違います。人と仲良くなったり、特に当たり障りのない会話を楽しんだり、空気を読む力というようにとらえどころがない言葉でもあります。

　今までの議論を踏まえて、真に組織に求められるコミュニケーション能力とは、コミュニケーションの不確実性を減少させる能力のことだといえます。さらには、組織内において連鎖的に発生する不確実性のループを止めることができる能力ともいえます。それによって、集団に発生する「情報の非対称性」と「限定合理性」を極力低減させていくことができます。

　そして、しばしば組織において言及されるのが、「情報の透明性」です。情報の透明性というと、「できる限りの情報を公開すること」だと勘違いされがちですが、それは1つの手段です。公開するだけでは、コミュニケーション不確実性のうち、伝達の不確実性をわずかに下げるにすぎません。

　「情報の透明性」とは、意思決定と意思決定に関わる情報が、組織内に正しく整合性をもって伝達されるように継続して努力し、何かわからない決定があったとしても、それは隠そうとしたわけではなく、抜けてしまったのか、自分が聞き逃したのだから、直接聞いてみようという関係性を作ることです。情報公開が情報の透明性を作るわけではありません。

　「透明性」とは、つまり、継続したコミュニケーションや仕組みを通じて、コミュニケーションの不確実性を低く維持し、情報の非対称性が削減され、限定合理性の働きを弱められている状態のことをいうのです。

不確実性を削減し、秩序を作る

　人間は誰しも完璧ではありません。そのため、「未来」も「他人」のことも完璧に理解することはできません。そのことはすべての出発点です。

わからないものがあったときに、人は「回避」するか「攻撃」するかを迫られる機能が本能的に埋め込まれています。その結果、正しく事実を見ることができずに認知が歪んでしまいます。どんどんと自分のことしか見えなくなり、思い込みが事実であるように考え、全体の関係性を見渡す力がなくなります。他人に完璧を求め、そうでなかったことが、思い込みを強化させていくのです。
　考えていれば、物事は理解できるはずと信じ、完璧を求め合った結果、物事は実現されず、エンジニアリングは失敗に終わるでしょう。
　「エンジニアリング」は、不確実性を下げ、情報を生み出す過程です。自分自身がどのように本能に囚われるのかを知り、仮説と検証を通じて、未来の不確実性を下げていきながら、同じ目的で働いているはずの人々との間にあるコミュニケーションの不確実性も減らしていく必要があります。
　「不確実性を削減し、秩序を作る」ことこそが、エンジニアリングの最も重要なエートス（出発点・性質）なのです。

Chapter 2

メンタリングの技術

2-1. メンタリングで相手の思考をリファクタリング

　メンタリングは、知識のある人がない人に対して、上から押し付けるような教育方法ではありません。対話を通じて、メンタリングする人の思考力を一時的に貸し出し、思考の幅を広げていくことで、その人の歪んだ認知を補正し、次の行動を促し、成長させていく手法です。

　逼迫した問題を抱えた当人は、抱えている問題に揺さぶられて、冷静でいることは難しくなります。感情的になったり、事実に基づかない思考をしてしまったり、大きな不安で押しつぶされてしまったりと、普段の思考力を発揮することが難しくなってしまうものです。

　そこで、第1章で学んだ「思考のリファクタリング」の考え方を使い、対象となる人自体の考え方を少しずつ変えることで、問題解決の力を育みます。メンタリングの「技術」と銘打っているように、これはある種の技術といえるもので、体得すれば、誰もができるようになるものなのです。

メンタリングの歴史

　メンターの由来は、古代ギリシャ神話にまで遡ります。ホメロスの叙事詩『オデュッセイア』（松平千秋 訳、岩波書店、1994 年）に登場する、オデュセウス王の息子を立派な王に育てた賢者として伝承された「メントール」にちなんで、良き指導者、良き支援者を「メンター」と呼ぶようになったのです。

　近年では、ビジネスや教育の現場で「メンター」と呼ばれる年長者を若いメンバー（メンティ）につけ、良き導き手としてサポートするようになりました。

　この際の指導・支援方法を「メンタリング」と呼びます。しかし、この「メンタリング」について、年長者であるというだけでうまくいくはずがありません。成長を促すテクニックが必要です。これは、特殊な技能ではなく意識的に行えば誰もができることだと考えています。

　しかし、現実には、メンタリングのためのテクニックを学ぶ機会を得られないまま、メンターになってしまうケースは多くあるでしょう。そのため、メンター自身もメンティとどのように接したらよいのかわからなくなってしまい、思考の袋小路に陥ってしまうといった事態も起きてしまいます。

メンタリングとエンジニアリングの関係

　エンジニアリング、あるいは技術力というと、知識面が強調されることが多いように思いますが、実際には心理的な課題と技術的な課題は密接に関係しています。プログラミング、ひいてはソフトウェア開発自体が複数人で行われるチームプレイであることもそうですし、個人的な問題解決においても、自分自身との対話によって制御していくものだからです。そして、エンジニアリングが、本質的に「不確実性を削減する」工程であるということ、そして、組織でその力を発揮するためには、「人間の不完全さ」の影響を減らしていくことが必要であるということに深く関係しています。

　ソフトウェア開発を進めていく上で、メンタリングのテクニックが必要になる場面は、多くあります。たとえば、「コードレビュー」や「ペアプログラミング」「障害時ハンドリング」「チームマネジメント」などがそれにあたります。

■コードレビュー

　コードレビューとは、組織内で一方が書いたソースコードを、レビュアーと呼ばれるその領域に知識のある人が、確認・チェックし、問題点を指摘したり、改善を促すという行為です。

プログラミングの良し悪しは、何か1つの正解があるものではないですが、問題に対してより良い考え方というのは存在します。その考え方に気がついて、成長を促すのがコードレビューです。その点で、メンタリングそのものともいえます。

コードレビューにおいては、ツール上でのテキストコミュニケーションが主になることが多いため、非言語的（ノンバーバル）な情報が削ぎ落とされてしまいます。そのため、威圧的に見えてしまったり、独善的に見えてしまうといったことが発生しがちです。また、コードを書いた人は、制約された状況下で精一杯の状態でコードを書いていることが多いため、自分の書いたコードに「アイデンティティ」を広げてしまっていることがあります。つまり、チェックや改善の指摘を自分自身への人格的な指摘だと受け取りやすい状況にあります。

コードレビューにおいては、「なぜ、そのようにしたのか？」ということを問いながら、できれば、その人自身が指摘のポイントに気がついてもらうことを促せるのがベストです。しかし、現実には、それを行う時間も多く取られているわけではないので、「自分はこっちのほうが、こういう理由でよいと思うけど、どう思う？」のように修正案をつけて、相手に考えさせるなどの工夫を行うのが大事なポイントでしょう。

また、必要に応じて直接口頭でコミュニケーションをとりながら、コードを書いた人と会話していくという解決策も、少ない時間でレビューを効率的に行う方法の1つといえます。

■ペアプログラミング

片方がプログラムを書く人（ドライバー）、もう片方がどんな風に書くか考える人（ナビゲーター）に分かれて、ペアでプログラミングを行うのが、ペアプログラミングです。これは、相互に対話的に問題解決を行う実践的なピアメンタリング技法といえます。

業務において、プログラムを書いている時間というのは思いの他短いもので、実際は該当するソースコードを読んだり、調べ物をしたり、設計を考えたり、テストを動かしたりと様々なことを行っています。

また、人間の集中力というのは途切れやすいので、何か課題に対して100%解決に向けて、次の行動をとり続けるというのは、難しいものです。ペアプログラミングは、ナビゲーターとドライバーの2人で役割分担をしながら、問題に取り組むことで、ドライバーはソースコードを書くことに専念でき、ナビゲーターは、次の問題解決のための戦略を立てることに注力できます。

ペアプログラミングがうまくいくと、2人がバラバラでプログラミングを行うよりも高い生産性が出ます。統計的な調査によると、2人バラバラの生産性と同程度のコード量を生産でき、バグ発生率などのクオリティに関するパラメーターが有意に改善されることが確認されています。また、双方がドライバーとナビゲーターを経験することで、ペアプログラミングから離れても、問題解決に対する考え方のレベルが向上するため、成長を促すことができます。

しかし、2人のエンジニアが、長い時間、高い密度で共に働くわけですから、相互の信頼関係や、一定のプライバシーへの配慮、メンタリングのテクニックといった基礎的な条件を構築していかなければ、高い効果は望めません。

■障害時ハンドリング

Webサービスなどを継続的に運用していくと、避けて通ることができないのが、「障害」と「障害時のハンドリング」です。

ある程度の規模の障害が発生したときに、チームメンバー全員がバラバラに原因特定や、ステークホルダーとの連携、復旧作業などを行っていては、混乱の原因となってしまいます。

また、障害の対応の際は、多くの人が目の前の課題に目が向いてしまいがちです。そういったときに必要なのが、障害時のハンドリングを行う司令塔です。

司令塔となった人は、障害の発生状況や、課題の特定、事後対応に関して俯瞰的な目で、情報の整理をしていきます。あわてず情報を整理し、事実と意見とを分け、不確実な状況から順番に障害原因を特定していき、障害を収束させるためにチームを支援していくのが、司令塔の役割となります。

■チームマネジメント

アジャイルなチームマネジメント技法というのが、近年では、ソフトウェア開発の主流になりつつあります。この技法においても、スクラムマスターと呼ばれる役職は、メンタリングやファシリテーションの能力を要求されます。

これについては、第3章、第4章で詳細に触れますが、「1：1」のメンタリングのテクニックが染み付いていなければ、「1：多」でのチームマネジメントをうまく進めていくことは難しくなります。その意味で、スクラムやアジャイルというのは、チーム全体を自発的なものに変える集団メンタリングとも言い換えることができます。

「自ら考える人材を作る」ためのテクニック

　メンタリングは、「自ら考える人材を作る」テクニックです。しばしば、マネジメントをしている人が、「自分の部下は、自分で考えることができない」という嘆きをしているのを見ることがあります。

　そのことが、事実であるか事実でないかはさておいて、その嘆きが表しているのは、「自分には自ら考える人材を作る」マネジメントができないと表明しているだけで、なんら生産的なことではありません。

　また、部下を「自ら考えることができない」と思っている上司は、部下に対して、細かく指示と確認をしないといけないと考えてしまいがちです。

　結果的に自立的な問題解決を要求せずに、細かな指示を繰り返していきます。その結果、マイクロマネジメントと呼ばれる状況を生み出してしまいます。それが、負のフィードバックとなって、より自律的に考えることのできないような組織を生み出してしまうのです。

　かといって、放任主義的に、部下に接するのも考えものです。自由にやらせた結果の責任を放棄してしまったり、部下に押し付けたりするのであれば、最初からお伺いを立てようとか、前例と違ったことをするのはやめておこうと考えるかもしれません。

　最初から、自立して何でもこなせる人ばかりではありません。部下やメンバーの成長を促して、徐々に自立して考えることができる人を育てていくためには、何をすべきかといった問いをもつ必要があるのです。

　では、ここでいう「自立した人材」とはどういう人なのでしょうか。そうでない人材を「依存型人材」、自立した人材を「自立型人材」として定義をしてみましょう。

人材タイプ	特徴
依存型人材	・問題を与えられてから考える ・問題と解決策を渡されてから動ける
自立型人材	・自ら問題を発見し解決することができる ・問題について、自分事として捉えている

　自分の抱えている問題に対して、依存的に振る舞う人は、物事の原因を他人に求め、善悪で判断を行います。その状態にいることを、無意識的には心地よく感じていて、問題に対して取り組むこと自体を無駄なことだと考えがちです。そのため、同僚にネガティブな愚痴をこぼしたり、周囲を敵味方で捉えてしまったり、自分の仕事を限定

的に捉えて、自己防衛的に振る舞います。

　それに対して、自立型人材は、物事の原因を自分に求めます。というよりも、世の中に対して善悪の二元論でものを捉えず、今より良い状態にするために自分がどうしたらよいか？という問いを常に抱えています。そのため、課題に対して正面から向き合うことができ、解決のためには、人間関係のリスクを恐れずに勇気を出して、行動をとることができます。

■境界線はあるのか

「依存型人材」と「自立型人材」の2つに境界線はあるのでしょうか。多くの場合、ある場面では自立的に考えているが、ある場面では依存的に考えてしまうという人のほうが多いのではないでしょうか。

　もし、依存型人材と自立型人材とに分ける要素があるとしたら、何でしょうか。それは、上司と部下という関係における期待値の問題です。上司が「ここまでは自立的に考えてほしい」と考えている期待値と、部下の「ここまでは自立的に考えるのが自分の仕事だ」と考えている期待値の2つが、一致していれば問題はありません。

　しかし、現実には2つの期待値は調整されないまま、上司は、部下を自立的に考えられない人間だと切り捨て、部下は、上司に対して理不尽なことをいう人だと愚痴をこぼすような結果になります。

　人は与えられたと思っている役割に対して、自分の思考を閉じてしまうという習性があります。これは、誰もがもっているものです。このような与えられた役割の中で、自分自身が「心地よく」いられる思考の範囲や行動の範囲を「コンフォートゾーン」といいます。

　人は、自分自身のコンフォートゾーンをなかなか変えることができません。

　たとえば、自社の自部門の売上に対して責任感をもって、自分が何とかできるはずと自立的に考えることができる人がいたとします。このように自分自身で自立的に考える範囲が決まっている人であっても、国や自治体の問題を依存的に考えて、選挙の投票を放棄するといったことは、いくらでもあることでしょう。

　その逆に、会社に対しては自立的に考えることができないと思われている人が、趣味の世界では自発的にコミュニティを運営していて、その中で起こる問題に対して、能動的に解決を行っているかもしれません。

　また、もともとは自立的にいろいろな提案をして熱意に燃えていた人も、繰り返しその提案が無下に却下され続けて、熱意を失ってしまい、何をしても無駄だと考える

ようになった結果、依存型人材になってしまったということも考えられます。

このような負のフィードバックサイクルの結果、生まれてしまった無気力を「学習性無気力（learned helplessness）」といいます。何を提案しても無駄なんだとか、自立的に頑張ってもよい結果にはつながらないと考えるようになってしまうと、人は与えられたものだけをやろうと考えてしまいます。

一方、自分から考えて動いた結果、評価されたとか、周囲からの尊敬を集めたとか、そういったポジティブな結果を手に入れた人は、正のフィードバックサイクルの中に「自立的に動くことは、楽しい」といった回路が組み込まれることになります。

このような感覚を「自己効力感（self-efficacy）」といいます。メンタリングは、自立型人材を作るために、信頼関係の上に期待値を調整して、適切に自己効力感をもてるようなフィードバックループを作り出していきます。

人は誰しも、自分自身の思考の範囲を無意識的に狭めてしまい、その結果、最適な解決策が見つからなくなってしまうことがあります。そして、その中で合理的と思われる選択肢を選ぼうとしてしまいます。

このような閉じた世界の中での合理性、「限定合理性」に人々が縛られてしまうのは、その閉じた世界で考えることが「心地よい」ものだからです。

メンタリングは、対話によって思考の範囲を限定する枠を取り外し、その人に力で問題解決ができるように促していきます。そして、その体験を通じて、自立的な思考を行うことの快感（自己効力感）が、依存的な思考を行う快感（コンフォートゾーン）を上回るようにメンティを導いていく手段です。

効果的なメンター／メンティの関係性

メンターとメンティの関係性を効率的なものにするためには条件があります。その条件が満たされないと、メンターの言葉が、メンティにとって「自分の行動を変えるもの」にならないということが起きてしまい、メンタリングの効果が生まれません。その条件とは、次の3つです。

・謙虚：お互いに弱さを見せられる
・敬意：お互いに敬意をもっている
・信頼：お互いにメンティ（自身）の成長期待をもっている

これらは、Humility（謙虚）、Respect（敬意）、Trust（信頼）の頭文字をとって、HRT

（ハート）と呼ばれます。

　一般的にメンタリングというと、上司部下の関係性よりも直接の指揮系統にないほうがよいとか、年長者で経験豊富な人と若者といった関係性がよいとか、そのように考えられがちです。

　これは一面的には正しいです。というのも、これら3つの条件を上司部下の関係で築くのは難しいものだからです。また、同年代であったりすると、ライバル意識も生まれますし、弱みを見せられないとか、経験者でないことによって言葉が軽くみられてしまうとかいった問題もあります。

　一方で、年長者で経験豊富であるといっても、メンターがメンティに対しての敬意や謙虚さをもつことができないかもしれません。上から「こうするのが正しい」というように押し付けてしまったり、その人の行動の問題点を指摘するばかりでは、メンティの心を閉ざしてしまい、良い部分だけを報告しようとしてしまいます。

　また、メンティ自身の自尊心が高すぎて、自分自身の成長が必要と考えていない場合も難易度が上がります。現状に問題がないと考える人は、それ以上の成長期待をもてません。

　ですが、たとえば「部下が自立的に考えられない」と思っている人の例などであれば、そのように感じたところを掘り下げていって、その問題が自分自身の問題だと自覚するようになれば、少しずつ自分が成長していくために必要なことを考えられるようになっていきます。

　自尊心が高すぎる人のメンタリングは、非常に難しいことです。しかし、自尊心が高いように見せている人でも、愚痴が多く、それに関連した課題を抱えている人というのは多くいます。そのような人は誰かに弱みを見せられないと感じていて、誰かに弱みを見せるということは、それだけで競争上不利になるのではないかという学習をしてしまった人であることが多いです。

　その場合、自己承認への欲求が有り余っていて、誰かに承認されたいと常に思っている人である場合も多く、良い行動への承認と悪い行動の考え方を変えていくことを繰り返しているうちに、自分の弱さを見せられるように変わっていきます。

　また、メンタリングを通じて得たアドバイスによって、何か良い結果が得られたと感じたら、メンターとメンティとの関係は強固になります。

■ **メンターとピアメンター**
　いわゆるメンターには2種類あります。メンターとピアメンターです。メンターは、

メンティにとってのロールモデルとなるような、能力と経験をもった人物です。一定の距離感をもっているため、弱さを見せきれないとか、時間を十分にかけられないなどの難しさもあります。それを乗り越える信頼があると、メンターの言葉はメンティに深く届きます。

ピアメンターは、近年において企業内で数年上の先輩が新入社員をサポートする形でとられる、比較的距離が近い、しかし、ロールモデルとなるほど尊敬されているわけではないという状況から始まるメンター関係です。距離が近い分、悩みを言いやすく、その分、尊敬度や信頼度を勝ち取るのが難しい関係といえます。

しかし、どちらもメンタリングをする上での関係性を構築できるようにトレーニングされていないと、メンター自身のもつネガティブな特性が、メンティに感染してしまったり、「学習性無気力」を作ってしまうというような本末転倒な自体を引き起こしてしまいます。

メンターは、「何か課題を指摘する」ための存在ではありません。課題に一緒に向き合い成長を支援するというコミットが求められます。その意識が仮にあったとしても、それがメンティに伝わらなければ、信頼関係は崩れ、メンター自体が成長を阻害する可能性があるでしょう。

形だけのメンタリング制度が危険な理由は、そこにあります。

■ 階段を上る手助けをする

個人の成長を階段にたとえて、「成長の階段を上る」と表現することがありますが、階段を上るには何が必要でしょうか。階段は階段なのだから、普通に上ればいいだろうと思うでしょう。

メンタリングにおいて、メンティに階段を上らせるためには、次のことをする必要があります。

・階段を認識させる
・壁に梯子をかける
・階段を上りたくさせる

何か課題があっても、当人ではなかなか気がつかないものです。特に上ばかり見ていると足元にある課題になかなか気がつきません。単純に「階段があるよ」と言っても、当人は階段だと気がついていないのですから、その言葉の意味をつまづいてみる

までは気がつかないものです。なので、「階段があるよ」ではなく、「足元は大丈夫？」と問うほうがよほど効果的です。メンタリングでは、見えていない課題に自分から気づかせることを重視します。自分で気がついたことのほうが、積極的に解決することができるからです。

　また、成長の階段は、常に上りやすいものばかりではありません。一段一段上がることができるものではなくて、大きなジャンプをしなければならないこともあります。そして、踊り場にいる最中というのは、階段を上ったという成長への実感が少ないので、正のフィードバックループが途切れてしまいがちです。メンタリングでは、大きめの課題に対しては、梯子をかけます。一歩一歩、梯子を上っている実感を提供して、大きな壁であっても、階段のように上れるようにケアします。当然のことながら、梯子をかけた人に信頼がなければ、その梯子を上って壁を越えることができるのだと思うことができません。

　そして、そもそも階段を上ることが「おもしろくない」ことであれば、誰も階段を登りません。メンタリングをする際に、小さな成長実感だけでなく、大きな目標達成やゴールの認識を合わせていくことが重要です。こうなりたいと思う状態をできる限りリアルに想像して、そのために何をしていくのか考えるように誘導することで、より成長を促していくことができます。

「他者説得」から「自己説得」に

　メンタリングが、直接物事を教えること（ティーチング）に比べて優れているポイントは、気がついたことの応用力が身につく点です。

　この応用力は、他の人から与えられた知識ではなく、自ら獲得した知識だと感じることによって生まれます。

　たとえば、自転車に乗ることを考えてみましょう。はじめて自転車に乗るときに、自転車の構造やジャイロ効果、ブレーキの仕組みやチェーンなどをいくら体系的に学んだとしても、うまく自転車に乗ることはできません。実際に少しずつ自転車に乗って、補助輪などを使いながら、後ろをメンターが支えて、しばらく走り出すと自然と乗れるようになってきます。メンタリングはまさに自転車への乗り方を教えるように新しい考え方を体得させていきます。

　現在は、インターネット上に様々なノウハウや人生訓などが溢れているので、教科書的な答えというのを手に入れるのは難しくありません。何か悩みや課題を抱えている人にとっても、何度となく目にしたことのある知識かもしれません。それをメンター

が、「これが答えだよ」と教えたところで、納得感はあまりないでしょう。
　一方で、ある課題に対して直面し向き合っているときに、ふと立ち寄った本屋で読んでみた書籍に、今まさに思い悩んでいることへの答えのようなものが見つかったという経験をしたことはないでしょうか。そういうとき、人はそのことに対して非常に高い納得感と自己効力感を覚えます。
　このように人から与えられた説得による知識を「他者説得」、自分自身で気がついたことを「自己説得」といいます。メンタリングでは、他者説得よりも自己説得を重視し、その獲得を促します。

■他者説得

　自分以外の他者から、たとえや理屈、学習などを通じて、そのことを説得することを「他者説得」といいます。
「他者説得」の特徴は３点あります。次に述べる自己説得に比べて、効果が持続せず、また、誤解をもって捉えられていることがあるなど弊害も多いです。

・他人が答えを伝える
・体感を伴わない
・理解を確認できない

　後輩を指導する先輩社員が、「繰り返し、繰り返し、同じことを言っても理解できないんだ」というような愚痴を耳にすることがあります。きっとそのとき、後輩は「よくわからないなぁ」とか「それができたら苦労しない」とかそんな風に思っているのだと思います。
　論理的に筋道が通っていて、それに対しての反論はないけれども、いざ自分がやろうと思うと、何をすればよいのかよくわからない。そんなことはたくさんあります。ですが、筋道が通っていれば、反論がないので、その人は納得しているのだろうと思って話を終えてしまい、結局同じ過ちを繰り返しているのを見て、それができないことを責めてしまっているのだと思います。
　何かを伝えるということは、「論破すること」とは違います。そこを履き違えてしまうと、納得が伴わないため、メンティの行動を変容させることができません。目的は、あくまでメンティの行動を変容させ、次のステップに移行させていくことです。

■ 自己説得

周りの状況などから、自ら今までわからなかったことを理解した状況を「自己説得」といいます。

自己説得には次のような特徴があり、これを促すようにサポートするのが、メンタリングによる教育効果といえます。

・他人が質問で促す
・体感を伴う
・行動の変化が発生しやすい

自己説得を生み出すには、答えを言うのではなく、適切な質問の積み重ねが重要です。質問によって、より望ましい解決策を自ら発見できるよう促すことができます。

あるとき、別の会社の後輩から「今やっているプロジェクトは、残業時間が多すぎてダメなんです。プロダクトオーナーはそれを問題と思ってないんです」と相談をされたことがありました。

私は、「プロダクトオーナーは、それを問題と思っていないって、どうして判断したの？」というように問いかけてみました。すると、彼は、不意をつかれた顔をして、「残業が多い状況をそのままにしているからです」と答えました。

さらに私は、「なぜ、そのプロダクトオーナーは残業してまで、今やっていることをしたいと思っているの？」と問いかけました。それに対して、彼は小さく「考えたことがなかったです」と答えました。

そして「その人が何を考えているかわからなければどうしたらいい？」とまで聞くと彼は、「話し合えてなかったですね。そういうことか。何で気がつかなかったんだ」と興奮気味に話していました。

この興奮は、きっとみなさんには伝わりにくいことでしょう。問題も解決策も引いてみると当たり前のことばかりだからです。しかし、その彼にとっては、見えていない／見えなくなっている次の行動がはっきりしたので、悩みが悩みではなくなってしまったのです。

私がしたことは、「事実確認」と「情報の非対称性の解消」に気がつくような質問を投げかけただけです。もし、この場面で、最初から「もっとプロダクトオーナーと話し合いなよ」と答えたら、彼はこの次の行動にコミットできたでしょうか。きっと難しかったでしょう。

「答え」ではなく、質問を通じてメンティにとっての思考回路の盲点となっている部分を外していき、自ら解決策に導くのが自己説得の方法です。そもそも、問題解決するのは、メンターではなく、メンティです。すべてのその人の問題は当人しか解決できないので、解決策を言うこと自体が、相手への敬意を欠いた行為ともいえます。

「悩む」と「考える」の違い

　メンタリングを進めていくにあたって、メンターはメンティが「悩んでいる」のか「考えている」のかを判断することが重要です。この２つは似ているけれども、全く違います。

　「悩んでいる」というのは、頭の中に様々なことが去来し、ぐるぐると思考が巡り続け、もやもやがとれない状態だと考えています。これは非常に苦しい上、生産的ではないので、「頑張っている」ように感じるわりに結果が伴いません。

　この状態になったときには、サポートが必要で、共に考えるための戦略を立てていく必要があります。これは手が動いていない状況が続くことでメンターもメンティも観測できます。

　一方で、「考える」ときには、メモ帳やホワイトボードなどに課題を書き出し、分解したり、抽象化したり、具体化したりといったことや、次に進むために必要な情報を書き出して調査したり、様々な事例や論文を調べたり、数値分析をしたり、関連するアイデアをクリップしたり、本を探しに行ったりと、何かと忙しく行動をとっています。また、答えが出ていなくても次に何をしたらよいかは明確で、手が止まるというようなことはありません。

　私が、この「考える」と「悩む」の違いを意識したのは、ある失敗体験がもととなっています。私は昔、部下や後輩に「１週間後までに〇〇についての解決策を考えてきて」と伝えたのです。自分の中では具体的な指示をしたつもりでいたのですが、期待したアウトプットにはなりませんでした。そのアウトプットをみて、「あまり考えられてないな」と「内心」や「努力」を想像してしまい、「何で考えてこられなかったのか」といらだってしまったりもしました。

　あるとき、ふと彼が「考えている様」を見てはっとしました。腕を組で、モニターを見つめて「うーん」と止まっている姿を見て、「何してるの？」と聞いてみると「考えています」と答えられたときに、私は自分の間違いに気がつきました。

　私にとっての「考える」と彼にとっての「考える」というのは同じ意味ではなかったのです。その姿は「悩んでいる」ように見えました。私がすべきだったことは、「ど

のように考えればよいか」を指し示して、次の行動を促すということだったのです。

　これは、第1章で述べた「経験主義」と「理性主義」との違いでもあります。自分の頭の中だけで延々と思い悩んでも答えは出ません。それはただ苦しいだけのことで、彼に苦しむことを要求してしまったも等しい行為でした。

　メンタリングでは、「次にとるべき行動」がはっきりするように促す必要があります。それが曖昧なままでは「悩み」は継続します。しかし、「次にとるべき行動」がはっきりすれば、「考える」ことはあっても、「悩むこと」は少なくなるでしょう。

　要するに「考える」は行動で、「悩む」は状態なのです。考えているのであれば、それはメンターがその行動を見ることができます。しかし、「悩む」であれば、メンターは心の状態を観察することはできません。

　メンティが「行動できていないとき」に、メンターは、「悩み」を聞き出し、気づきを促して「考える」に変えていく必要があります。

2-2. 傾聴・可視化・リフレーミング

　メンタリングによって、問題解決を促したという事例を人に伝えるのは非常に難しいところがあります。というのも、悩んでいる本人にとってはそのときは整理されていない問題で、整理されてしまった後はとても単純な問題だったりするからです。

　それを後から、理路整然と問題を事例として他の人に説明すると、聞いている人は「当たり前の結論だな」としか感じることができません。モヤモヤしていることをそのまま他の人に伝えることは難しいからです。

　モヤモヤした悩みは、解けてしまえばなんということはないものなのですが、1人でその状況に対応するのは難しいものです。ですので、メンターは、メンティに対して、「問題を解決してあげよう」という意識ではなく、「モヤモヤしていない問題に変換してあげよう」と考えることが重要です。

　「モヤモヤしていない問題」とは何でしょうか。それは、メンティにとって、「答えはまだわからない」が「明確に次にすべき行動がわかる」ような問題です。

解けないパズルを変換する

　往年の名曲に、TM Networkの『Get Wild』があります。世代の関係もあって、非常に好きな曲の1つなのですが、その歌詞の中に次のような一節があります。

> ひとりでは解けない愛のパズルを抱いて
> 　　　　　　　（TM Network 1987 Get Wild 作詞 小室みつ子）

　この歌詞にその意図はないでしょうが、この一節は「悩んでいる」状態にある人の心の内を見事に言い当てているなと思っています。
　なぜ問題が「ひとり」では解けないのかを考えてみましょう。

・「愛のパズル」なので、（感情的に固執していて）解けない
・「パズルを抱いて」いるので、（客観視できずに）解けない
・「解けないパズル」なので、（前提を変えない）と解けない

　メンタリングは、この問題が解けない理由を1つずつなくしていき、抱きかかえている問題を「ひとりでも」解けるパズルに変換することです。
　問題が

・感情的に固執していて解けないので、「傾聴」をする
・客観視できずに解けないので「可視化」をする
・そもそも解けない問題なので前提を変える「リフレーミング」をする

というのが、メンタリングで意識すべき流れになります。

空っぽのコップにしか水は入らない

　何かに困っている人がいると、その解決策を知っていたり、思いついた場合には、どうしても教えてあげたくなってしまいます。しかし、あなたが話を聞いて一瞬で思いつく解決策は、彼自身ももしかしたら思いついているかもしれません。解決策が思いついていても、頭の中が「迷い」「不安」などでいっぱいに埋め尽くされてしまっているので、「悩み」になっているのです。そのような状態では、あなたの言葉はメンティに響くことはなく、受け取られないでしょう。
　これをたとえるのに「水でいっぱいになったコップには水は注げない」と言ったりします。まずは頭の中にいっぱいになった不安や迷いの水を吐き出させてあげること

が重要なのです。

　空っぽになったコップであれば、あなたの「質問」によって「気がついたこと」はスッと入るかもしれません。そこで重要なのが「傾聴」という技術です。これはメンタリングの基本スキルとなるものですが、とても難しいものでもあります。傾聴は、話を聞くだけでなく効率的にコップを「空」にするテクニックなのです。

　よく悩み相談などで、「話しただけでスッキリした」という感想が出るのは、話すことによってコップが空になったためです。何か悩みを話すためには、メンティの頭の中で「話すこと」を整理する必要が出てきます。前述したように「悩み」は状態です。思考が停止してしまっている状態のことですから、他人にそれをそのまま伝えることはできません。だからこそ、不安な状態を明晰な言葉に変換するという行為が必要になります。

　仕事の場面では、そんなに「不安」を感じたり、「感情的」になることはないのではないか、と思われる方もいるかもしれません。人は感情の生き物で、一瞬足りとも感情から逃れることはできません。表情に出して、激昂したり、はっきりと不安だと伝えられないだけで、それを取り繕わないといけないという義務感にかられているだけなのです。

　感情の水門をしっかりと開いて、一度しっかりと水抜きすることは、「思考停止状態」を再び活動的な「思考状態」に変えるのに十分な効果があります。メンティの感情の水門を開くために効果的なテクニックが「傾聴」なのです。

「傾聴」と「ただ話を聞くこと」の違い

　傾聴するというと、長い時間その人の話を聞かないといけないというイメージがあります。慣れないうちは、時間を費やすことで効果を上げることもあります。

　しかし、コツを掴めば、必ずしも長時間を必要とせずに相手のコップを空にすることはできます。そのために意識しなければならないテクニックがあります。

　私たちが、意識せずにただ人の話を聞く場合ときは「自分」の意識を出してしまいがちです。

- 「自分の」意見を言う
- 「自分の」興味のあることを質問する
- 「自分に」興味のないことには興味がなさそうな素ぶりをする

このような状態だと、その人が本当に話をして吐き出したい部分を意識的に探すということができません。そのため、会話の内容は同じことの繰り返しになったり、話を聞いていることにいらだってしまい、結果的に時間がかかってしまいます。
　「傾聴」では、「相手」を中心としながら、「相手の思考が整理され、前向きに考えられるように支援」するように意識して、会話を行います。

・「相手の」感情への共感を言動で表す
・「相手の」話の内容を「可視化」をする
・「相手の」思考の「盲点」を探索しながら質問をする

共感をして話を聞き出す「信号」

　話を聞くのがうまい人は、「相手」の側に立って話を聞いているという真摯さがあるので、話を聞くのがうまいのでしょうか。実際そうかもしれませんし、そうでないかもしれません。これは、人の内面の問題なので観測できないものです。真摯に相手を思いやっているはずなのに、話を聞くのが得意でないという人もいます。この違いは、どこから生まれるのでしょうか。
　話を聞くのがうまい人は、「相手の側に立って話を聞いている」という言外の「信号」を常に送り続けているので、「話を聞くのがうまい」と思われるようになります。たとえ真摯に相手のことを思いやっていても、この「信号」を発信していなければ、相手には伝わりません。コントロールすべきなのは、この言外の「信号」なのです。

■ しぐさ・うなずき・座り方

　自分が誰かに話をしているときに、ずっとスマホを見て何かニヤニヤと操作されたら、どのように思いますか。きっと、話をする気がなくなるでしょう。スマホでなくても、相手が手遊びをしていたり、どこか上の空で時計ばかり見ていたら、きっと同じような気分になります。
　このような態度をとることは、全くその意図がないにしても「あなたの話はつまらないから聞く価値がないよ」という信号を送ってしまっているのと同じだからなのです。
　他にも、話を聞いているときにずっと腕を組んでいたらどうでしょうか。これは、「あなたの話は信じがたい」という信号を送っていることになってしまいます。
　話を聞く仕草として、やってしまいがちなのは「貧乏ゆすり」や「手で机をタップ

する」というような細かい動きです。これは、あなたの話に「いらだっている」という言外の信号になります。早くこの話を終わらせたいのだなと相手に解釈させてしまいます。

　相手の話を聞くときの「うなずき方」にもテクニックがあります。たとえば、ポジティブな話を聞くときは早く細かくうなずき、ネガティブな話や感情への共感を示すときは、ゆっくり深くうなずくといったことです。これによって、「あなたの話に共感している」という信号を送ることができます。

　また、メンティとの座り位置の関係も重要です。共感を引き出すときは、真正面に座ってしまうと、「審査している」ように感じさせてしまうことがあります。特に、上下関係がはっきりとしている場合、メンティは自分自身の弱みを告げられず、しっかりとしたことを言わないといけないと感じてしまいます。そういうときは、横に座って自分の全身が見えるようにして話をすることで、そういった意識をさせないようにできます。

■ 表情

　傾聴を行うときには表情のコントロールも重要です。よく人と話をするときは、「じっくり相手の目を見据えて」話すとよいといわれますが、それはケースバイケースなところがあります。真正面で、自分のことをしっかりと見ている人がいたら、「睨まれている」「監視されている」とか「自尊心が強い」とかそのように解釈されてしまう場合もあります。

　メンティに緊張感があるようであれば、眉を下げ、力を抜いてリラックスした表情をし、ゆっくりと低いトーンで話をすることで、緊張感を取り除くことができます。

　また、相手の話が進むにつれて、そのときの相手の感情に呼応して、苦しいときは苦しそうな表情をし、嬉しそうなときは嬉しい表情をするといったように、同じような感情を表現するテクニックがあります。これを「ミラーリング」といいます。ミラーリングは、その状況に応じて、メンティよりも大げさに表現したりすることで、話をより引き出しやすくなります。

■ あいづち

　あいづちの打ち方も重要です。あいづちがなければ、「話を聞いていない」という信号を送ってしまったも同然です。メンティの話の中から、事実関係が重要な場合には、「Aさんが、〜したんですね」というように主語と述語を抜き出して、メンティ

の話を要約した形であいづちを打ちます。

　メンティが悩んでいるときには、話の前後関係が錯綜したり、同じことを繰り返してしまったりします。このようなあいづちを打っていくことで、メンティは話した内容が伝わっているんだなと安心して、次の話に進むことができます。

　メンティが何かに対して、感情的な表現を行った場合、たとえば、「〜〜が○○で許せないんです！」というような話をした場合、「許せないんですね」「それは不安ですね」「それはイライラしますね」といったように、感情に関わる箇所のみを抜き出してリピートします。それによって、メンティは感情も吐き出しやすくなります。感情的な部分は、「感情的な共感をしたよ」「受け入れたよ」という信号をしっかりと送らないと、まだ伝わっていないと思われるので、何度も同じ話をさせてしまいます。

■気がつかない信号を指摘してもらう

　人はなかなか自分が発信している言外の信号に気がつかないものです。しかし、自分の周囲の人は気がついています。たとえば、最近ではノートパソコンを常にもち歩いて、会議に臨むことが多くなってきています。ノートパソコンの中身はわからないので、会話内容を記録しておこうと思って、議事録を取っているだけなのに、もしかしたら「内職」をしているんじゃないかと勘違いされてしまうこともあります。

　一言、「会話内容をメモしておきたいので、パソコン開くけどごめんね」と伝えておくと、それだけで相手の心象は大きく変わります。相手に伝わる情報というのは、「自分がそう思っているから」とか「そんなつもりはない」とかいう言い訳は通用しません。

　ですので、メンティに対しても周囲の人に対しても「自分はあまりそういうつもりはないけど、もしそんな風に感じるところがあったら教えて」というようにあらかじめ伝えておくことで、自分自身の手癖や表情の癖のようなものを知ることができます。

　また、必要に応じてそういうシーンの動画を撮影して、自分自身で見てみるというのも1つの方法です。思いの外多くの信号を話をしているときに出してしまっていることに気がつくでしょう。

■共感と同感

　傾聴においては、「共感」を伝えることが大事だとこれまで解説してきましたが、その「共感」とは一体何でしょうか。共感という言葉の意味は、「相手がそのような気持ちになった理由を理解する」ことです。それに対して、「自分が相手と同じ気持

ちになる」ことを同感といいます。傾聴において示すべきことは、「共感」であって、「同感」ではありません。

　たとえば、あなたが犬が好きだったとしましょう。それに対して、相手が猫が好きだという話をしたとすると、あなたは相手と同じ気持ちにはなれません。猫よりも犬のほうが好きだからです。そこを偽って、「自分も猫が好きだよ」というのは、単なる嘘です。共感を示すというのは、相手が猫が好きになったのは、小さい頃飼っていたからとか、猫のキャラクターが昔から好きだったことなどを知り、その理解を伝えることです。

　感情というものは、完全に個人的なものであって、誰か他の人のものではありません。ですから、話を聞いて全く同じ感情になる必要はないですし、それを目指す必要もありません。その個人的な感情に関して、その根源、事情、価値観などを理解して、「なるほど、だからあなたは今そのような感情なのですね」というように相手を理解することが共感です。

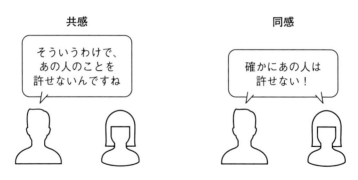

　話を聞いているうちに、相手と同じように怒りを感じたり、相手と同じように不安になっては、メンタリングは成立しません。また、相手の感情や判断をすべて「同感」し、肯定しなければならないというのであれば、嘘になってしまいます。ましてや、自分の感情と違うからといって、「自分はそうは思わない（だから、あなたは間違っている）」というように相手の感情を否定するような発言をしてはいけません。相手がそのように感じていることはまぎれもない事実であって、否定できるような事柄ではないはずです。

　もし、相手の話を聞いていて、その感情に至った理由がわからないときは、無理に同感をする必要はありません。なぜそうなのかをしっかりと聞いていけば、そのように思うに至った背景が見えてきて、より深い話を聞いていくことができるはずです。

問題の「可視化」と「明晰化」

「傾聴」によって、メンティの不安の源泉となる感情に対して、共感を十分に伝えられると、少しずつメンティが抱える問題の「形」が見えてくるようになります。

メンティの感情を受け止める「傾聴」のフェーズにおいては、相手の話を聞いているという信号をはっきりと伝えるためにも、相手の目を見たり、相手にも自分がはっきりと見えるように視線を運ばせる必要があります。

徐々にメンティが「自分の感情がメンターに伝わったな」と感じられたら、次のフェーズに移行していきます。それは、自分の感情が入り混じった状態にあった問題を徐々に切り離し、客観的な問題へと変換する工程です。

そのためには、メンティの視線を、メンターではなく、「問題」へと向ける必要があります。メンティの抱えている問題の形をメンティもメンターも見ることができるものとして、ホワイトボードやノートなどに書き出してみましょう。物理的に視線を変えて、「問題と私たち」という構図にします。それによって、メンティは自分が抱えている問題を、客観的な問題として捉えることができるようになっていきます。

これを問題の「可視化」といいます。ホワイトボードや紙があれば、それに状況を書きながら話すのが最も簡単なのですが、たとえば、カフェなどでメンタリングを行っていて、書くようなものが何もないというときもあります。そういったときは、登場人物や構図をグラスや灰皿、スマートフォンみたいなもので可視化していくのも1つの手です。これによって、互いに目を見ながら話しているという状態から、手元のグラスの配置に目線が移動します。これによりメンティは第三者的に問題を眺めることができます。

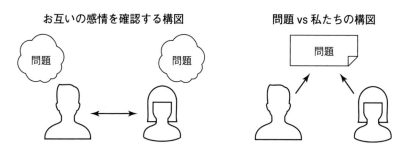

また、可視化をしていく工程で、「感情的に固執してしまっている要素」を引き剥がして、問題が何であるかをはっきりとさせていきます。この工程を問題の「明晰化」といいます。

たとえば、「あの人はいつも仕事が雑で、あのときもこのときもそうだった」といった発言をメンティがしたときに、過去の行動と現在の問題が感情によって分かれがたく癒着している状態になっていて、問題が明晰ではないため、問題解決に向かわないといった状態があったとします。

　このようなときに、「何が一番イヤで直してもらいたいポイントはどこなんでしょうか？」というように具体的な事例に問い直してみます。すると、「ある業務で、その人の上長に確認済みでない案件を作業として依頼されたが、あとからそれが無駄になった」のがイヤだったというように具体的な状況が出てきます。そうして、「未確認の依頼をしないようにさせたい」というようにまとめ直して、ホワイトボードに書くなど可視化します。

　そして、「他にありますか？」というように問題となった具体的事例に関して聞いていくと、感情と癒着してしまった別の事例は、すでに解決済みであったり、あまり関係のないことだとメンティは気がつき、問題のポイントが絞られていきます。

　感情的に癒着した問題は、「一般化」する傾向があります。友人や家族と喧嘩したときなどに、「あのときもそうだった」というように現在の具体的な出来事ではなく、過去のすでに解決していたはずのことまで引き合いに出されて、「思いやりが足りない」とか「自分を見てくれてない」といった、一般化した抽象的な問題を責められた経験はないでしょうか。

　仕事においても同様で、「ビジョンがない」「ゴールが見えない」「戦略が不明確」「あの部署はエンジニアを大事にしない」といった、抽象度が高く、具体的事例ではないような愚痴をこぼす人というのを多々目にします。これらは「不安」や「孤独感」「疎外感」の表れとして、様々な具体的事象を１つの原因であるかのように捉えた「認知の歪み」です。

　当然、仕事を進めるにあたって、共有されたビジョンというのは非常に重要な力強さをチームに与えてくれます。しかし、もし共有されたビジョンの価値を真に理解して、必要としている人は「ビジョンを作っていこう」と行動するはずです。そうではなく、今自分が思い切り仕事に望めない理由が他者にあり、それが成立するまでは自分の問題は留保されると認識している場合には、コンフォートゾーンから抜け出したくないという不安や、自分が承認されていないという自己効力感の不足によるものです。

　このように問題の根本となるものは、非常に個人的な問題です。個人的な問題であるからこそ、メンターは、メンティの問題を直接解くことはできません。メンターが

できることは、問題を「簡単な問題に変換する」ことだけです。
　問題の「可視化」と「明晰化」は、メンターとメンティの対話を通じて、「簡単な問題に変換する」ためのテクニックです。メンティが自ら問題を解くことが重要であって、メンターの解答が重要なわけではないのです。そこを決して履き違えてはいけません。
　「明晰化」されていないことを「可視化」しても問題は解けないので、「可視化」と「明晰化」は同時に行っていく必要があります。そのためのテクニックを紹介します。

■ 事実と意見を分ける

　強い感情は、「自らがおびやかされるのではないか」と感じたときに発生します。不安の根本となるものはこれです。その結果、対話を通じて「事実でないもの」が多く会話に表れます。
　強い感情が表れたときは、「傾聴」のモードに切り替え、感情に共感を示す必要がありますが、可視化することはあくまで、事実関係です。事実として起きたこと、邪推していることは分けていき、第三者的な課題を可視化します。
「誰々がこのように言った」「こんな噂がある」「きっとそう思っているに違いない」など、感情と癒着した問題には、事実がはっきりしない表現が多々出てきます。
　それに対して、「それは直接そう言われたんですか？」「何かそう思う事実があったんですか？」というように質問をし、事実関係を切り出していきます。わからないことにははっきりと「わからない」とか「？」とかを書き出して、事実確認が取れていないことがわかるように可視化を進めていきましょう。
　もし、事実関係のみを書いても繰り返し同じ感情を発言する場合には、メンターにそのことが十分伝わっていないのではないかと、メンティが不安になっているときです。そういったときは、ホワイトボードのはずれに「○○と思っていて不安」というように、感情を大きく書き出して、発言するたびにそこにフォーカスを当てながら、共感を示していくとよいでしょう。
　これによって、メンティが不安になるたびに、ホワイトボードのその文字を確認することで、「自分の言いたいことがすでに書かれている」と安心させることができます。

■ フォーカスポイントを作る

　私は暗算があまり得意ではないので、3桁同士のかけ算をする場合、筆算をしないと解くことができません。私以外にもそういう方は多いのではないでしょうか。別に

かけ算でなくてもよいのですが、私たちは、少し難しい問題になると、紙に書き出して、小さな問題に分解しながら考えることが多くあります。

ところが、仕事や人生の問題といった「かけ算」より明らかに難しい問題で、しばしば筆算せずに解答を探してしまいます。その筆算にあたることを手伝うのが、メンターの役割です。

ですので、「解きたい問題は何か」「その答えの範囲はどこからどこまでか」ということのフォーカス（焦点）をはっきりさせていくことが重要です。筆算でも同じで、かけ算の筆算は、何桁の問題であっても1桁のかけ算と1桁の足し算に問題を分解し、1つひとつにフォーカスすることで解いていきます。

いろんな不安や悩みを一足飛びに全部解消することはできないので、問題の範囲を適切に限定していくことが重要です。

たとえば、メンティに「今やっている仕事のゴールがわからない」という話をされたとします。メンターは、この話を分解して、分解された要素の曖昧なところを順番に確認していきます。

- 「今やっている仕事」とは何ですか？
- 「ゴール」とはたとえば、どういうものですか？
- 「わからない」というのはどういう意味ですか？

これによって、メンティは自分の中にあるモヤモヤとした何かを順番に焦点を当てて、会話をしていく中で自分が何を問題視していたのかということがはっきりとしていきます。

このときに、相手のペースを観察し、じっくりと答えるのを待つことが重要です。メンターが自分のペースで質問をしてしまうと、メンティは何か責められているのではないかと感じて、防衛的に振る舞ってしまいます。

このように曖昧なところを順番にはっきりとさせて、問題の全体像を掴むような思考の運び方は、プログラミングでバグを発見したときにどのように直していくのかという工程に似ています。

ある箇所で発生したバグが、実際はもっと離れたところのちょっとしたタイプミスだったというときなど、順番に流れを追って、デバッガーなどで追跡していくのと同じです。

あせっているときほど、基本的な確認を忘れて、同じ箇所ばかり眺めてしまったり、

何か見当違いな対策を当てずっぽうでやってみたりしてしまいます。いわゆる「ハマっている」状態です。

　メンタリングにおいても、考え方は全く同じです。「ハマっている」状態のメンティに対して、メンターは「問題をはっきりさせる」ための戦略を考えて、順番にメンティに確認をしていきます。曖昧な言葉から、はっきりとした言葉に変わっていくことで、問題は具体的で、対応策の見えやすいものに変換されていきます。

　あるところまで問題をはっきりとさせると、メンティは自然と問題解決策にたどり着きます。繰り返しになりますが、メンターは自分で解決策を思いついても、それを押し付けてはいけません。メンティが気づけるように慎重にフォーカスポイントを作っていくことが、メンターの仕事です。

■衝突から比較可能への変換

　問題の「可視化」を行うには、問題の構造をいち早く捉えることが重要です。「悩んでいる」ということを言い換えると、究極的には「いくつかの選択肢を比べることができない」ということでもあると思います。

　もし、選択肢がすでにはっきりと浮かんでいて、それを比較検討できる手段があるのであれば、「悩み」ではありません。その手段を実行すればよいだけです。「次にすべき行動」がはっきりしている状態で「悩み」が発生することはないのです。
「悩んでいる」からには、

- 「選択肢」が不明確
- 「比較軸」が不明確
- 「評価方法」が不明確

のいずれか、またはすべてが満たされていない状態といえます。

　問題をはっきりとさせることができたら、解決策の選択肢をメンティに確認しながら、リストアップしていきます。

　このとき、メンティがリストアップした中で、メンターが想定しているものが出てこなかった場合には、メンターは「こんな選択肢はありうるの？」というように提案しても構いません。あくまでフラットに解決策のオプションとして提示するのであれば、意見を押し付けるようには感じないからです。

　次にこの選択肢から１つを選ぶことができれば、問題は解決へと動きます。しかし、

それがすぐにできないケースもあります。選択肢を比べることができないとメンティが感じているため、悩みになっているようなケースです。

比べることができないというのは、それを「同じ軸」で「評価する」ことができないことを意味しています。「1つのりんごと2つのみかんを比べてください」と言われたときに、「重さ」で比較するのであれば、それぞれを計量すれば比較できます。「体積」で比較するのであれば、それぞれの体積を測れば比較が可能です。

しかし、何で比べるのかがわからなければ、比較することができません。比較する軸は、ビタミンCの含有量かもしれませんし、色の明度かもしれません。このように比べる軸がはっきりしないため、選択肢を選ぶことができない状態を「衝突（コンフリクト）」しているといいます。

比較する軸がわかったら、「評価する方法」を見つけるという問題に変わります。りんごとみかんの重さであれば、「天秤」で比較できます。これによって、問題は「比較可能」なものに変わります。もし、「天秤」が手元になければ、「天秤」を探すというのが次の行動になります。

メンタリングをしていると、メンティの事情ごとに様々な種類の問題が発生します。それらすべてに、「自分の経験だとこうだ」という回答をしても、「あなたの事情と私の事情は違う」で終わってしまうでしょう。

メンターの役割は、メンティがもつ「解けないパズル」を一緒になって解くことではありません。なぜ、そのパズルが解けないのかの構造を明らかにして、解けるパズルに変換するための戦略を与え導くことです。

認知フレームとリフレーミング

■人はありのままに物事を見られない

出かける前に、ふと気がつくと家の鍵がない。そんな経験はないでしょうか。実は目の前にあるにもかかわらず、焦って探し回り、家の鍵が視界に入りません。

これは、私たちが物事を「認知する枠組み」をもっていて、その枠組みの中でしか情報を処理することができないということを意味しています。このような認知の枠組みのことを「認知フレーム」といいます。そして、この認知フレームの外側は「心理的な盲点」と呼ばれることもあります。

このように私たちは、物事をありのままに見ることができません。これは、「不安」や「焦り」「優先順位」といったことで変わってきます。そして、ちょっとした発言で、

この「認知フレーム」は変更することができます。

たとえば、「今、あなたの周囲にある緑色のものを探してください」と言えば、さっきまで気にかけることもなかった緑色のものが複数見つかるはずです。

このように対話によって、認知フレームを変えることを「リフレーミング」といいます。メンタリングにおいては、この「リフレーミング」のテクニックを使って、メンティが囚われている認知フレームを別のフレームに変えていくことで、「解けない問題」を「解ける問題」に変えていきます。

■ 認知フレームを発見する「キーワード」

その人が、物事をどうやって認知しているのかを直接見ることはできません。そのため、直接見ることができないことは直しようがないように思われます。しかし、発言の中のわずかな痕跡から、メンティのもっている認知フレームを発見することができます。

統系	表現例	隠れた認知フレーム
こちら系	「この会社」 「この人は」 「この部署は」 「ここでは」	同じ側にいるように思われているが、自分は同じではないと感じているときに使われる。一体感をもっていない
あちら系	「あの部署は」 「あの人は」 「あそこは」 「あいつは」 「彼らは」	自分たちと大きく同じくくりにいるはずなのに、自分たちとは明確に違う目的で動いている。線引きの向こう側の存在として考えている
極端系	「いつも」 「すべて」 「絶対に」 「無駄／無意味」	ゼロかイチで、グラデーションがない状態で物事を認知している
すべき系	「常識的に」 「普通」 「〜すべき」 「〜しないと」	「〜すべき」という思考の枠組みがあって、その中に限定して考えようとしている
決めつけ系	「どうせ」 「〜に違いない」	感情的に決めつけて、事実を確認せずに推論している

たとえば、「この会社はどうせプログラマのことは大事に思っていないに決まってる。

いつもあの部署が全部決めてるんだ」というような発言は、「認知の歪み」が思考全体を支配していると同時に、それにもかかわらず自分を他の人とは違うと線引きをしている「認知フレーム」のオンパレードです。

このような発言は、何か嫌なことがあったり、不安なことがあったときに、自分の状況を安心できる、居心地の良い空間（コンフォートゾーン）に置いて、それ以上に踏み込んで考えないようにするための心の防衛装置が働いているために現れます。「自分とは関係ないこと」として患部を切断処理しているわけです。

そのように思ってしまっても仕方ない状況があるにしろ、ないにしろ、そのまま思考停止してしまうのは非常に危険です。

当然のことですが、このような表にある言葉が出てきたからといって、必ずその人が特定の認知フレームに囚われているとは限りませんが、その可能性を示唆していることは間違いありません。

もし、このようなキーワードが表れたら、それに合わせて質問をしていき、認知フレームを取り外すことを試みて、問題解決を促します。

紹介した他にも様々な形で、「認知フレーム」を示唆するようなキーワードがあります。また、言葉以外にも特定の話題に言い淀んだり、目線をそらしたりと言外の信号の形で表れることもあります。メンターの熟練度が上がると、本人が気がつかない無意識の痕跡から、悩みの原因となっていた「認知フレーム」が外されます。そのため、メンティに対して、まるで魔法にかかったみたいに問題が解消されるという経験を提供することができます。

■ 前提の「確認」と「取り外し」

認知フレームを示唆するキーワードが見つからない場合においても、直接的にその存在を明らかにすることができます。それは、「前提を問う」ような質問をすることです。

たとえば、「〜が問題なのは、そもそも何でででしたっけ？」とか「〜がないと具体的に何が困るんでしたっけ？」のように問題視している点を具体的に聞いていく質問や、「どうなったら解決されたといえるんでしたっけ？」「よい解決策の条件は何でしたっけ？」というように解決策についての束縛条件を聞いていくような質問をしていくと、メンティが前提としている思考の枠組みが徐々に可視化されていきます。

このようにして、確認された前提を「一旦、この前提がなかったらどうなりますか？」というように外して考えるようにすることで、リフレーミングを促すことができます。

また、この中で「一番重要だと思うものは何ですか？」というように前提の優先順位を問うこともリフレーミングを促します。気になって仕方なかったことが、実はあまり重要ではないかもしれないと気がつく契機になります。
　前提を書き出していく中で、「明らかに前提においている」のに、なかなか言葉にすることができないものが見つかることがあります。それが、メンティの中にある「常識」や「普通はこうする」という認知フレームです。
　このようなものが見つかったとき、「これは必ず必要なんでしたっけ？」「何でこれが普通になっているんでしたっけ？」というようにメンティが常識だと思っているものの背後にある本質的な目的に目を向けさせます。すると、その本質的な目的のためには、今抱えている前提はとり外してもよいのだと気がつき、解決が導かれることがあります。

■ **情報の非対称性の解消**
　情報の非対称性とは、次のようなシチュエーションをいいます。

・自分は「わかっている」けど、相手はわかっていない
・相手は「わかっている」かもしれないけれど、自分はわかっていない

　このような状況では、双方にとって最適な解決策というのは生まれてきません。それぞれが自分のもっている情報のみで最適な答えを探すからです。それぞれの判断のもととなる情報が偏っている場合、結論は異なるものになり、意見が対立してしまいます。
「情報の非対称性」を解消するには、

・自分の情報を相手に伝える
・相手の情報を自分が聞く

という行動をとればよいのですが、この当たり前のことができなくなってしまうケースがあります。
　それは、「相手の思考は○○に違いない」「自分の思考は伝わっているに違いない」という認知フレームがある場合です。
　何か理不尽に見える指示が上司から部下になされたとき、上司はその理由が「伝わっ

ている」と思い込み、部下はその理由が「自分をぞんざいに扱っているからだ」と思い込んでしまい、双方にその認識の差を埋めるコミュニケーションがなされないまま、関係性を悪化させていきます。

　当然、上司と部下の間に課題があるのであれば、それは上司の責任はあるのですが、だからといって、部下がその状況を放置することによるメリットは何もありません。ましてや、納得のないまま理不尽な意思決定で、従うしかないものだと放置してしまっては、メンティはいつまでたっても自立的な問題解決を行えないでしょう。

　メンターは、メンティがこの上司であれば、「あなたの指示やその意図は、本当に部下に伝わっていますか？」と問いかけ、部下とのコミュニケーションを促すでしょうし、メンティがこの部下であれば、「わからないことを知っている人がいるのであれば、聞いてみたらよいのでは？」「あなたが納得できてないことを上司は把握しているのでしょうか？」と上司とのコミュニケーションを促すような質問を投げかけるでしょう。

　「誰が悪いか」という問題解決にとって「どうでもいいこと」にこだわるのは、自分ではない誰かに責任を求めて思考停止することで、自分自身をコンフォートゾーンの中で安心させるための防衛装置が働いているからです。

　複雑でどうしようもないように思えた問題も、一歩踏み込んで、「話し合えば」解決することが多いのは、ただお互いに知らないことがあるだけで、それがわかったら問題は問題ではなくなってしまうからです。

■ 課題の分離

　不安や悩みを抱えると、それは坂道を転がる雪だるまのように、どんどんと周りの課題を巻き込んで、1つの大きな手の施しようのない大問題を頭の中で作り出してしまうことがあります。このようなときに行うのが「課題の分離」です。

　課題の分離では、次のような質問を通じて、メンティ自身にとって本当の課題を抽出していきます。

- 「あなたにとって具体的に何が問題か」
- 「あなたがコントロールできるものは何か」
- 「どうなればその具体的な問題は解消されたといえるのか」

　これは、「前提の取り外し」とは逆に、思考の範囲をクリアに限定してあげる方法

です。複数の問題を一挙に解決できれば、その解決策は素晴らしいアイデアになります。しかし、複雑に絡み合いすぎて、複数の課題が「感情的に」癒着し、1つの問題に見えてしまっているときには、一度分離して考えてみる必要があるでしょう。

そもそも問題は、「その人が困る」から問題なのです。もし、その人自身が困っていないのであれば、問題ですらないのかもしれません。

たとえば、別の部署の仲のよい同僚が言ったある人の愚痴を聞いて、「それは確かに問題だ」とか「そういえば、他にも似たようなことを聞いたぞ」と1つの問題にくっつけ、「みんな困っている」というような一般化をして上申し、余計に大問題になってしまうといったケースを考えてみましょう。

メンティにとって、このケースでは、実は直接的には何も困っていません。あえて言うのであれば、「仲のよい同僚の愚痴を聞いて、何もしないやつだと思われたくない」という課題に対して、困っているにすぎないのです。

愚痴をこぼした「仲のよい同僚」にとっては、課題ではあるものの、メンティにとっては課題ではありません。メンティは、その同僚に対して、問題解決を促すように支援してあげればよいだけです。同僚に変わって介入し、問題を解決しようとするのは、早計な判断になってしまいます。せめて、同僚に対して「自分にして欲しいことはあるか」と聞く必要があるでしょう。

社会人にとって、問題を解決するというのは最重要課題で、何か問題があって何もしないというのは、よくないのではないかという意識があります。ですが、人は他人から感情が伝染する生き物です。義憤のように吹き上がった感情が、「他人の課題」を「自分の課題」であると認識し、膨れ上がっていくことで、小さく具体的な問題は、しばしば大きな抽象的な問題になって、組織全体にとって不合理をもたらすことがあります。

これは、メンター役になる人に対しても重要な警句です。メンターは、メンティの問題を「自分の課題」として捉えてはいけません。メンターにとっての課題は「メンティを自立的な問題解決」に導くことであって、「メンティの課題を解決すること」ではないのです。

2-3. 心理的安全性の作り方

近年、にわかに注目をあびている用語に「心理的安全性（psycological safety）」というものがあります。Googleが2012年に行った同社の労働改革プロジェクトにお

いて、チームの生産性と最も強い関係性のある要因として「心理的安全性」があると発表されました。

「心理的安全性」とは、「対人リスクを取っても問題ないという信念がチームで共有されている状態」であるとか、「自分のキャリアやステータス、セルフイメージにネガティブな影響を与える恐れのなく、自分を表現し働くことができること」というような定義がなされています。

メンタリングを行うにあたっても、メンターとメンティの間で「心理的安全性」は極めて重要です。心理的安全性とは何で、どのように構築していけばよいのでしょうか。

「アットホームな会社」は心理的安全性が高いか

心理的安全性という言葉はともすれば、ただ快適で居心地のよい職場という意味にも聞こえます。そのため、ぬるま湯で緊張感のない関係性のことを「心理的安全性が高い」というのではないかと考えても不思議はありません。

そのため、友人関係のようにプライベートの時間を長く共有する関係になることが、心理的安全性が高いのだろうと考え、飲み会やバーベキュー、慰安旅行などを企画してみたりとプライベートでも遊ぶ機会を増やそうと考える人もいるでしょう。

いわゆる「アットホームな会社です」とアルバイトの求人記事に書かれているような状態です。こういった求人内容を見たときに、筆者のようにちょっとひねくれた人は、なんだか不穏な気配がして、そこに申し込むのはやめておこうかなと考えたりします。

プライベートで仲がよいような状態でも、「対人リスク」を感じることや「自分の地位」を脅かされるような怖さはないかもしれません。ある意味で、間違いなく「心理的安全性」が高いのだといえます。

しかし、その状態は「高い生産性」と本当に関係するのでしょうか。高い生産性につながるような「心理的安全性」と、緊張感のないぬるま湯的な「心理的安全性」にはどのような違いがあるのでしょうか。

■ 影響から考える心理的安全性

チームの創造性や、成長と学習に至るような「心理的安全性」を捉えるにあたって、それがどのような影響をもたらすのかを考えることで、より明晰にこの概念を理解していきたいと思います。

『チームが機能するとはどういうことか』(英治出版、2014/5) の中で、著者のエイミー・エドモンドソンは「心理的安全性」を高めることで次のような影響がチームに現れると解説しています。

影響	解説
率直に話すようになる	課題について他の人がどう思うかをそれほど気にしないでも発言することができる
考えが明晰になる	不安が少ないため、認知の歪みが少なく、考えを明晰に表現できる
意義ある対立が後押しされる	関係性の悪化に伴った対立ではなく、より本質的な対立を健全に議論できる
失敗が緩和される	失敗を報告しやすくなり、ミスについて話し合う機会が増え、学習を行える
イノベーションが促される	今までの前提を取り払って、思考することができるようになり、創造的な意見が出る
組織内の障害でなく目標に集中できるようになる	目標に対して、ストレートに向き合えている。組織内の理不尽を取り除くことに力をかけないでも済む状態にある
責任感が向上する	対人リスクをとっても、目標に対して自立的に行動できるようになる

※解説は筆者による

　これは、友人関係にたとえて考えればわかりやすいかもしれません。本当の友人であれば、その人のダメなところもちゃんと指摘できるし、自分のダメなところも見せられるものです。ただ一緒にいると、馬鹿騒ぎできるから楽しい。そういった関係では、いざ自分自身が悩んだときに相談することができないし、友人が何か悪いことをしていても、それを止めることができなかったりします。

　この友達にであれば、何を指摘したとしても、自分がどんなダメなことをしたとしても、人間関係が終わるようなことはないだろうと考えるように、職場においても、自分の弱さやミス、相手との意見の違いや直したほうがよいところを、率直に飾らずに話せるかどうかというのが、「心理的安全性」という概念の重要な視点です。

　このような、「問題点の指摘」や「自分の弱みの開示」「失敗の報告」といった行為には、通常「対人リスク」が伴います。「心理的安全性」が高い状態とは、突き詰めると、このような「対人リスク」を伴う行動が増えている状態のことだといえます。

「対人リスク」は、個々人の関係性が損なわれる可能性のある行動のことです。「対人リスクをとることができる」というのは、相手との関係性が損なわれてもいいと本気で思っているときか、相手との関係性は決して崩れることはないだろうという確信がもてる状態のときです。

前者においての対人リスクをとることは、実際に関係性が損なわれてしまうので、生産的ではありません。一方で、後者の場合は、関係性が損なわれないという確信があるので、良い点も悪い点も指摘できる状態になります。

「仲がよい」とか「心配がない」という表現では、焦点がぼやけてしまい、その概念が何を指しているのか理解するのが難しくなりますが、このように「どのような行動が増えるのか」という点に注目すると、はっきりと観測できるものであるため、間違った方向に向かっているのか、正しい方向に向かっているのかを判別することができるようになります。

■ 心理的安全性と責任

正しく機能している心理的安全性は、「問題に対して向き合う状況」を生み出します。この「問題に対して向き合う状況」のことを責任という指標だとすると、心理的安全性と責任は次のようなマトリックスを形作ります。

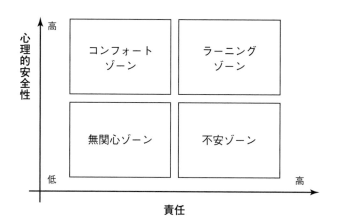

問題に対して、責任感を感じていないし、周囲と対人リスクも取れない状況を「無関心ゾーン」といいます。この状態では生産性の高い議論をすることが全くできません。

心理的安全性が高いものの問題には向き合えていない状態、対人リスクをとることができるが実際にはとらないような状況というのは、居心地はよいけれども成長がなく、発展的議論のできない「コンフォートゾーン」になります。
　逆に、心理的安全性が低いのに、問題に対して強い意識をもっていると「不安ゾーン」に入ってしまいます。この状態では、感情が問題と癒着しやすく、課題解決を行うことができません。
　メンタリングが機能する、つまり、問題解決が生まれるときというのは、対人リスクを適切に取り合って、問題と自分たちという構図が生まれているときです。このような状態を「ラーニングゾーン」といいます。
　メンターは、メンティを「ラーニングゾーン」に導くことによって、初めて成長を促すことができます。

■ 自己主張と同調圧力

　アメリカ、特に西海岸においては、雇用規制もゆるく、日本の大企業と異なり、終身雇用のようなものはありません。そのため、上司の評価が自分自身の生活にストレートに直撃する可能性があります。
　また、初等教育から自己主張をしっかりすることを奨励されていますので、自分の考えをしっかりと話すという習慣は身についています。そのため、自らが脅かされる危険性なく、「対人リスク」を「取れる」のであれば、しっかりとした自己主張をすることに対して、それほどの障害はありません。
　しかし、日本国内においては、周囲からどのような目で見られるかを気にして「対人リスク」をできるだけ避けるような風土が、残念ながら存在しています。このように「対人リスク」を避け、周囲とできる限り同調するようにして、コミュニケーションするような環境や集団心理のことを「同調圧力」あるいは「空気による支配」と呼びます。
　この「同調圧力」は、ぬるま湯的な思考の枠組みである「コンフォートゾーン」から抜け出ようとする人に強く働き、チーム全体をコンフォートゾーンの中に閉じ込めようとしてしまいます。それは、まるで生命現象に表れる「恒常性（ホメオスタシス）」のように、変化を拒もうとする性質です。
　「心理的安全性」のポジティブな影響を享受しようとするのであれば、明確に「対人リスクを取る」ことを促していく必要があります。特に議論の場で、意見が対立することを「仲が悪い」と考えてしまうような風土があると、「みんなの心理的安全性」

を脅かさないために、嫌われないために「意見を殺そう」というように考えるようになります。
「うちはアットホームで仲がよいので心理的安全性が高い」と考えている場合でも、実際には、お互いにお互いの過度に心を読み合って、指摘すべき点も指摘できないような、「うわべ」だけの関係になっている可能性もあります。このような状況では、問題はむしろ隠蔽されてしまい、生産性が上がるどころか、下がってしまう可能性すらあります。

■ メンタリングにおける心理的安全性

メンターとメンティは、「心理的安全性が高い」状態を構築していく必要があります。心理的安全性が高いとは、お互いに「対人リスク」を積極的に取れる状態を構築することを意味していました。

つまり、メンタリングを効果的にするためには、

・メンティの弱さ・メンティの失敗を開示してもらう
・自分の弱さ・自分の失敗を開示する

という状況を作りあげていく必要があります。

メンタリングを進めるにあたって、メンティ自身の課題をはっきりとさせるためにも、「彼の抱える弱さ・失敗・不安」などを開示してもらう必要があります。

そのためには、メンターに対して、「どんなダメなところを見せても、関係性が破綻することはないという確信」をメンティに抱いてもらう必要があります。

「関係性が破綻することはないという確信」を相手に抱いてもらうというのは、難しいものです。それを構築するには、長い年月が必要に思えます。確かにそうなのですが、その期間を短くするためにも「メンティ自身の存在を認めている」というメッセージを発し続ける必要があります。このようなテクニックを「アクノレッジメント（承認）」といいます。

また、メンターは、「自分の弱さ・失敗」をメンティに伝えていくことも必要になります。メンターという役割になると、「自分の弱さ」や「自分の失敗」を開示することは、なんだか立場の上下が崩れそうで、むしろそういったものを隠していきたいと考えるのが、自然なことに思えます。

しかし、メンティの立場になると、完璧ぶった人間の、正解だと主張している行動

を見て、何か得るものはあるのでしょうか。むしろ、自分とは関係のないことだと、メンティの意見に同調しつつも、内心は、行動に移せずに悶々とするばかりで、成長が止まってしまう可能性があります。

だからといって、本当にダメなところばかり見せても、メンターのことを尊敬することができずに、話を聞いても意味がないと思われるかもしれません。

だからこそメンターは、「ダメで失敗もしたけれど、そこからこういうことを学んで、こんな風にしたら、うまくいって成長できた」という物語として、自分の弱さを開示していく必要が出てきます。このような技法を「ストーリーテリング」といいます。

アクノレッジメントとストーリーテリング

アクノレッジメントは「承認」を意味します。メンターはメンティの存在に対して「承認」しているというメッセージを発し続ける必要があります。

これは「褒めること」と同一視されがちですが、「よかった結果を褒めること」とは違います。アクノレッジメントは、認めることです。それは一人前だと認めるとか、メンバーとして実力を発揮できていて認めるということではなく、メンティが存在することに対して、メンティがした行動に対して、理解をし、受け入れ、感謝を伝えることです。

ストーリーテリングは、メンターからメンティーに対しての自己開示です。メンター自身の経験から、迷いや不安がどう乗り越えられてきたのか、どのように考えてきたのかなどを「自分を大きく見せる」ことなく伝えることで、メンティー自身も乗り越えられると感じ、メンターからも自分と同じ人間であるという理解を獲得することができます。

■アクノレッジメントには3つの段階がある

「傾聴」のときと同じで、「俺はあいつのことを認めている」と思っていても、それが具体的行動を通じて、相手に伝わっていなければ、アクノレッジメントは成立していません。

相手に対して、興味関心をもち、変化にいち早く気がつき、時間を費やして、言葉や行動を通して伝えることがアクノレッジメントの基本なのです。

この「認める」というのは、意見や行動を全肯定することではありません。また、それは褒めるという狭い範疇のことではありません。「褒めて伸ばそうと思っているけど、褒めるところがない」というような言説は、アクノレッジメントを狭い範疇で

捉えてしまっている証拠です。

大きく分けて、アクノレッジメントには、3つの段階があります。

承認段階	解説
存在承認	存在承認とは、相手が今ここにいてくれてありがたいというメッセージ。たとえば、挨拶をするといったことが挙げられる。会ったときに笑顔であることなども重要。前に行っていたことを覚えているとか、頑張っている様子を見て肩を叩いて励ますといったことも存在承認の1つ
行動承認	「結論から話すようになった」とか「前よりよく調べてある」とか「時間通りに来ているね」などポジティブな行動をとったときに、褒めるでもなく、その行動を言葉に出して伝える。これによって、この行動は承認されているのだと相手が感じることがある
結果承認	「〜〜はすごい成果だね」とか「〜〜はうまくできているね」「〜〜がよく助かったよ」といったようにできあがったものに対して、それを主観を込めて伝える。「ほめる」に近いが、「ほめる」ことも承認の一部なので、より広い範囲で承認を捉えることが重要

このように、何かフィードバックを通じて「アクノレッジメント」を提供したいと思っていても、認めるべき成果が出ていなかったら伝えられないのではないかというのは、アクノレッジメントに関する誤解です。

必要なのは、結果ではなく行動、行動だけでなく存在への承認です。たとえば、子育てについて考えてみましょう。テストで子供が良い点数をとったときにしか関心を示さない親では、子供はテストを頑張ろうとは思えなくなってしまいます。テストがあってもなくても、子供の知的好奇心に関心をもって、それを広げてくれる親であれば、子供は自立的に勉強をしていくようになります。

■ 言葉以外のアクノレッジメントの表し方

話を注意深く聞き、その人の話を引き出すことは、それ自体がその人への「承認」です。逆に、話の途中で「わかった」と切り上げたり、意見を押し付けたりすることは承認されているという意識を阻害します。ですので、「傾聴」もアクノレッジメントの効果があります。

また、承認を示す一番わかりやすいものは言葉をかけることです。挨拶であれ、「元気？」といった言葉であれ、言葉をかけることはすなわち承認を与える行為です。

なかなかしづらいのが、「感謝を伝える」ということです。関わる中で、あるいは関係性の中で当然と思うようなことが出てきても、それに対して相手に感謝を伝えましょう。

何かをしてもらって、感謝すら伝えることができないのは、存在を認めていないのも同じです。上司部下の関係であれば、たとえば、権限の委譲や、給与や役職を上げるといったことも承認の1つになります。

■ YouメッセージとIメッセージ

メッセージの中で、主語が「あなた」になっているものを「Youメッセージ」といいます。「あなたは○○だね」という承認の形もありますが、場合によっては思っていることや効果が薄い場合があります。

逆に、主語が「あなた」になっているために真意が伝わりにくく、攻めているようなニュアンスになってしまうことがあります。アクノレッジメントは、人に注意する場合にでも伝えることができるものです。

たとえば、「なんで、(あなたは)遅れたの?」と伝えたときに、言外に「なんで、説明もなく遅れてきたのか」と責めるようなニュアンスが伝わってしまうことがあります。これを、私を主語にした「Iメッセージ」に変えることで、ニュアンスを変えることができ、よりアクノレッジメントを伝えやすくなります。

先ほどの「なんで、(あなたは)遅れたの?」であれば、「連絡がなかったから、(私は)心配したよ」と伝えれば、責めるようなニュアンスは減り、存在を承認しているという明確なアクノレッジメントに変化させることができます。

これによって、「心配させてしまったな」と考えるようになり、メンティは自分が承認されていると同時に、相手に心配をさせてしまったのだと捉えるようになります。

■ 怒りと悲しみの変換

人間の脳は、何か自分や仲間が脅かされるであるとか、ぞんざいに扱われたと感じると、恐怖と感情を司る扁桃体が発火します。これによって、人間は自分自身を守るために、「怒り」を発生させ、相手に対する攻撃と防御を無意識に起こそうとします。これが、誤解を招く「Youメッセージ」の発生源です。

「Iメッセージ」は自分の中に起きたことを説明することを意味しています。つまり、自分が脅かされたのかと心配した、であるとか、相手に何かあったのではないかと心配したというようにです。これは、ごく小さなレベルでも発生します。そのことを意

識して、メッセージを変換していくと、メンターにとってメンティは大切な存在だという承認を相手に与えることができます。

■フィードバックを求める

メンティの悩みをメンターが聞くだけではなくて、逆にメンターがメンティに相談して意見を求めるというのも「アクノレッジメント」の1つです。

頼られるという体験は、強烈な自己承認と自己効力感を生み出します。小さなものでも構いません。たとえば、「最近の音楽に疎いんだけど、どんな音楽が最近いいの？○○センスよさそうだから教えてよ」というような些細なことから、「自分にできてないと思うところがあったら、いつでも教えて」といったように、メンター自身がメンティに対して、強みや存在を認めて、フィードバックを求めることがメンティに対しての「アクノレッジメント」を構成します。

■当たり前のことを意識してやる

アクノレッジメントは、

- ちゃんと挨拶する
- 無視しないで話を聞く
- 相手に感謝を伝える
- 気にかけて話しかける
- 自分本位でなく相手本位で話をする

という、小学校で習うような当たり前のことばかりです。しかし、マネジメントやメンタリングをするような立場の人が、時折忘れてしまうことでもあります。

日々の忙しい実務の中で、このような当たり前のことを忘れてしまわないようにするには、明確にアクノレッジメントをするという意識をして生活することが重要です。「ついうっかり、忘れてしまった」「いらいらしてて、無視してしまった」など、アクノレッジメントを提供できる場面で、それができないことというのは、いくらでもあると思います。

しかし、「できなかった」と意識できれば、後からメールやメッセージで、「さっきごめんね」と伝えることもできるはずです。このようなフォローアップを行うだけで、より深くアクノレッジメントを提供できることもあります。

重要なことは、常に100点の行動を取り続けることではなくて、失敗したらそれに気がつき、改善していくことです。最も悪いのは、それを全く意識しないで、失敗にも気がつかないことです。

ストーリーテリングの重要性

ストーリーテリングとは、抽象的な「伝えたいこと」をわかりやすく理解してもらうために、実際にあった経験を物語として、相手に追体験させ、理解を深めてもらうために「語る」手法です。

私は、長らくこの「ストーリーテリング」が苦手でした。自分のエピソードを話すというのは、気恥ずかしいもので、また自分の弱さをさらけ出すことのように感じていたからです。何かを伝えたいという思いは悶々ともっていたものの、それを自分の話として話すと自分の「一貫性」が崩れるのではないかであるとか、「バカにされる」のではないかというように感じていたのもあります。

あるとき、後輩の悩みを聞いているときに、強く自分の意見を押し付けるような言い方をしてしまって、今でも後悔をしていることがあります。そのとき、自分が伝えたかったことは、「しっかりとゴールに向き合えれば、自分がすべきことはわかる」ということだったのですが、悩みを抱えている彼にとっては、届かない言葉でした。

この失敗の体験を何度も反芻すると、語気を荒くしてそのことを伝えてしまった理由がわかってきました。それは自分の若い頃の挫折体験からくるものでした。その挫折体験は、他人からするととるに足らない受験や恋愛の挫折だったのですが、若かった私にとっては自分を振り返るには十分なことで、そこから自分はしっかりとゴールを見据えて、学習し、行動することを学んだのです。

別の機会に、他のメンティに似たようなことを伝えることがありました。そのときに、気恥ずかしいと思いながらも、自分の挫折体験から、後輩へ話すときの失敗談、どういう思いを抱えていたかを順を追って話すようにすると、そのメンティに対してはしっかりと思いが伝わり、彼の悩みや行動も変化していくようになりました。

この2つの事例の結果を分けた違いがストーリーテリングです。そこから、気恥ずかしさが残りながらも、意識的にストーリーテリングを行うようになって、メンタリングの質が向上していきました。

ストーリーテリングは、ともすると「自慢話」になってしまいます。自分語りをして、気持ちいいのは当たり前で、それをメンティが聞いても変化を引き起こすことや悩みを解消することはできません。メンターにとって、言うのがはばかられるような

悩みと、それが解消されていくまでの過程を赤裸々に伝えていくことが重要です。

■ 自己開示

　ストーリーテリングで重要なことは、「自己開示」です。メンティにメンターの人となりや人間性のようなものが伝わるように、包み隠さず、苦労や思いを伝えることが重要です。それによって、信頼を獲得し、メンティ自身にも同じような問題を乗り越えられるのだという感覚を得てもらうことが重要です。

■ 感情の共有

　自己開示を強化するために、「感情の共有」が不可欠です。そのときは、「辛い」と思っていたとか「憎い」と思っていたといった感情を説明することで、メンティにとってもその話を自分ごととして理解することができ、話を深く聞こうとする姿勢を取ることができます。

■ 価値観の共有

　物語全体を通じて、「伝えたい価値観」をはっきりさせておくことが重要です。そして、それによってうまくいったという実体験によってメンティは、同じような価値観をもつことの重要性を理解し、現在の自身の問題に当てはめて、考えるようになります。

■ 返報性の原理

　心理学の用語に「返報性の原理」という言葉があります。これは、人から何か施しをもらったら、それに対して、自分も何かお返しをしなければならないと感じる心理のことです。

　ストーリーテリングで「自己開示」を行ったメンターに対して、メンティはそのお返しをしたいと感じるようになります。自己開示を提供することで、メンティ自身の「自己開示」を引き出すことができるのです。

ジョハリの窓と心理的安全性

　心理学者ジョセフ・ルフトとハリ・インガムは1955年に「対人関係における気づきのグラフモデル」として、後に2人の名前をくっつけて、「ジョハリの窓」と呼ばれることになる四象限の自己モデルを発表しました。

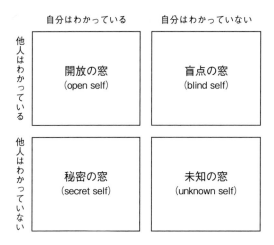

　このジョハリの窓は、このように4つの自分がいるということだけではなく、いかにして「開放の窓」を広げて、コミュニケーションの中で成長を促すのかを伝えています。

　他人はわかっているが、自分にはわかっていない部分を「自分はわかっている」に変化させるには、「フィードバック」が必要です。他人からのフィードバックを受けて初めて、人は、自分が知らない自分を知ることができます。これによって、盲点の窓は「開放の窓」へとスライドすることができます。

　また、自分はわかっているが、他人はわかっていない「秘密の窓」を「開放の窓」にするためには、「自己開示」が必要です。自分しか知らないものは、話して伝えるしかないので、これが「ストーリーテリング」にあたります。

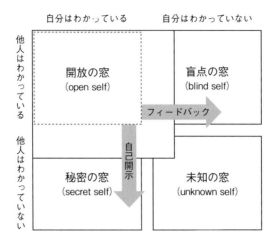

　ジョハリの窓は、「自己開示」と「フィードバック」を受けることができる状態を作って初めて、開放の窓が広がることを意味しています。開放の窓が広がることで、自分にも他人にもわかっていない「未知の窓」が開かれていきます。この状態が「成長」を引き起こすのです。

　メンタリングにおいては、メンティの「開放の窓」を広げ、「未知の窓」に到達することを目指します。しかし、自己開示もフィードバックも「対人リスク」を伴う行動です。ですので、メンティはメンターに対して、フィードバックを受けることも、自己開示を行うことにも躊躇してしまいます。

　それに対して、メンターは意識的に「ストーリーテリング」と「アクノレッジメント」「傾聴」「リフレーミング」などを通じて、フィードバックを受けやすく、自己開示された状態へと導きます。

　通常の対人関係であれば、お互いの「開放の窓」を広げるきっかけが掴みにくいものです。メンタリングでは、そのきっかけの勇気ある一歩をメンターが受けもちます。それによって、お互いの開放の窓が開かれた状況に変化していき、その間柄の「対人リスク」は減少します。これが、「心理的安全性」を作り出し、生産的な関係を構築することにつながるのです。

2-4. 内心でなく行動に注目する

内心は見ることができないが、行動は見ることができる

　誰かを指導しようと思うと、つい相手の怠け心や心構えといった部分が気になってしまい、繰り返し繰り返し同じような叱責を重ねてしまうということがあります。たとえば、できない人に「何でできないんだ！」と言ってみたり、寝坊をしてきた人に「心構えが足りない！」と言うようなことです。

　このような叱責を受けるほうは、「何でできないんだ！」という問いに対して、真正面から考えても、そんなことわかったら、できるようになってるのになぁとふてくされて考えてしまうか、早くこの時間がすぎないかと心を無にして聞き流してしまうでしょう。

　メンタリングの最終工程は、「これからどうするか」を話し合い、合意し、次回に振り返ることを約束することです。心理的安全性のある関係性の土台を作り、傾聴と可視化、リフレーミングを通じて問題の変換を行った後に、メンティとメンターは「次の行動」を決めていきます。

　このときに、避けるべきなのは先ほどの例のように「心構え」や「力不足」といったメンター自身が本来、コントロールできないところに注目して、指導をする方法です。

　人の内心は、直接、変えることができませんし、観測することができません。たとえば、メンターが「仕事に対する考えが甘い！」と叱責したとき、メンティが「これからは心を入れ替えてしっかりやります！」と言ったとします。

　果たしてこのとき、何か状況が変化したでしょうか。メンティは心を入れ替えたかもしれないし、入れ替えていないのに表面上嘘をついたかもしれません。つまりメンターはメンティの返答から何も情報が得られていないのです。

　人は、他人の内心に踏み入れることができません。そして、直接的にコントロールすることもできません。「コントロールできないもの」を操作しようとして、コミュニケーションをとったところで、無駄に終わります。そして、変化を観測できないことを問題の対象にするのは愚かな行為です。この愚かな行為をマネジメントする立場の人や指導者が行ってしまうのはなぜでしょうか。それは、メンティの成長を考えておらず、「相手の問題をあげつらう」という興奮・享楽に身をやつしているからにすぎません。

　では、メンタリングにおいて、どのようにしてメンティの成長を促すように指導し

ていけばよいのでしょうか。それは、「内心」ではなく「行動」に注目することです。「行動」というのは、メンターもメンティも見ることができます。したがって、メンティ自身がその行動を行ったか、行っていないかということを自覚することができます。また、「内心」と違って、行動を起こすというのはメンティ自身がコントロールできるものです。

一方、「仕事に対する甘さ」は、メンティの「内心」であり観測できません。「仕事に対する考え方が甘い」と言われて、より頑張って（苦しんで）何かに取り組んでみたあとに、同じようなミスをしてしまって、再び「仕事に対する考え方が甘い」と言われてしまったら、メンティはどのように思うでしょうか。

「自分なりに努力してみたのに、それは報われず、再び同じように怒られてしまった。これ以上努力しようにもやり方がわからない。一体どうしたらいいんだろう」と考えることでしょう。

メンティは、指摘を受けて、努力しようとしました。行動を起こそうとしたのです。しかし、具体的に何をすればよいのかは理解していません。わからないまま行動し、そのフィードバックも得られないまま、また同じことを繰り返してしまいます。このときのメンターは、メンティの成長を阻害してしまいました。これでは本末転倒です。

このとき、メンターはなぜ、「メンティの内心」の問題を疑ったのでしょうか。内心はエスパーでもない限り、観測できないので、メンティの具体的「行動」から「内心」を類推したはずです。

それによって、たとえば「手の止まっている時間が長い」とか「リリース前の確認を怠った」といった具体的行動をもとに、過剰に空気を読んでしまい、「仕事に対する甘さ」という抽象的で、捉えどころのない問題に変換してしまったのです。これは、指導するはずの立場に起きた「認知の歪み」です。

もし、このメンターが「手が止まっている時間が長い」ように感じたのであれば、変に脚色せずに、「手が止まっている時間があるように感じた」と伝え、それはどうしてなのか？というのを聞くところから始めるのがよいでしょう。

そして、メンティが何をすればよいか悩んでしまっている場合には、たとえば、「5分以上手が止まってしまうときは、解決に焦ってしまっているかもしれないので、まずは、今やろうとしていることを文書に書いて、落ち着いて考えて見るか、そのメモを元に同僚に相談する」という行動を提案し、合意をしていくことが有効な解決策になります。

その上で、次のメンタリングを行う際に、何回同僚に相談できたか、それで気がつ

いたことは何か、それでも相談できなかったときはどういうときだったか、ということを確認すると伝えておくのがよいでしょう。

　もしかしたら、メンティは相談すること自体が悪いことだと思ってしまっている可能性があります。それによって、迷っても悩んでも1人で延々と立ち止まっているのかもしれません。それにもかかわらず、仕事に対する姿勢の甘さなどという意味のわからない叱責を受けたら、余計に相談できなくなってしまい、問題は積み上がっていきます。

SMARTな行動

　上司にしろ、メンターにしろ、何か指摘やフィードバック、指示といったことを行う中で、最も危険な前提が、「自分の言葉は自分の思ったように相手に伝わっているはずだ」という前提です。

　これは当たり前のことですが、自分の考えを言葉に落とすという非可逆な圧縮をかけて、さらにプロトコルの異なる相手に対して伝送しているのですから、正しく情報が伝わるわけがありません。

　「言葉は決して正しく伝わらない」という前提のもと、少しでも解釈の差を減らしていくための原則として、「SMART」というフレームワークがあります。メンターとメンティで、次の行動を合意するときは、このSMARTの原則を意識することが必要不可欠です。

	意味	解説
S	Specific（具体的な）	抽象的でない行動で、何をするのか解釈にブレの少ない言葉である必要がある
M	Measurable（測定可能な）	その行動が行われたことを、どのようにして計測するのかを合意する必要がある
A	Achievable（到達可能な）	精神論的で、過剰な数の行動ではなく、達成が可能な行動として合意する必要がある。メンティに十分コントロール可能である
R	Related（関連した）	メンティの課題とどのようにこの行動が関連しているのか十分にメンティ自身が「説明できる」ような行動である必要がある
T	Time-Bound（時間制限のある）	いつまでに行われるのか、いつまで測定されるのかということが具体的に決まっている必要がある

何か「次の行動」をメンターとメンティとの間で合意するときは、SMARTの各項目について、解釈にブレがないか文章に書き出して互いに確認します。解釈にブレがないのであれば、次のときに「その行動がとれたか」「とれなかったか」を振り返ることができるようになります。

　メンターの考えとメンティの実際にとった行動に違いがあった場合、それをまた具体的なものに落として、合意していくという工程を踏みます。同じものを見て、片方ができていると言い、片方ができていないと言うようなものはSMART化されていない行動です。

　その場合、何が「認識のズレ」を生み出したのかが問題であって、その行動自体を責めてはいけません。正しく考えを伝達できなかったのはお互いの関係性の課題で、特にメンティの成長にコミットしているはずのメンターの課題だからです。

　考えていることを正しく伝えるというのは、極めて難しいことです。というより、ほとんど不可能なことです。だからこそ、メンタリングでは、「次にどんな行動をするか」以外の観測不可能な合意をとることはしません。

「わかった？」は意味のない言葉

　何かを説明したときに「わかった？」と聞くのは当たり前のことである気がします。私も昔は、よく「わかった？」と人に確認をしていました。しかし、これが全く意味のない行動だったと悟り、意図的に減らしていくようにしました。

　たとえば、何かを説明して「わかった？」と聞きます。そのときに、メンティは「わかりました」または「わかりませんでした」と答えるとします。どちらにしても、わかったかわからないかは、メンティの頭の中にしかなく、必要な情報は得られません。

　それは「メンターにとってのわかった」と「メンティにとってのわかった」に違いがあるためです。たとえば、メンターは「わかった」のであれば、このようなことができるはずと考えているかもしれませんし、メンティは、説明されている理屈はわかったという段階で「わかった」と表現するかもしれません。この違いを埋めるためには、観測可能で具体的な行動を通じて行うしかありません。

　観測可能な行動を通じて、理解を確認するには、たとえば、「試しに1人でこれをやってみて」であるとか「代わりに自分の言葉で説明してみて」と行動をうながすような方法があります。

　もしも、「わかっている場合」はその行動をうまく行うことができますし、「わかっていない場合」は、その行動をうまく行うことができません。

このように「わかる」の定義を「具体的行動を行うことができる」に変換してしまえば、その行動を通じて、「わかった」状態を確認できますし、「わからない」ポイントもより明確になるでしょう。

能力は習慣の積分、習慣は行動の積分

私たちは、指導する立場になるとつい、自分がかつて辿ってきた成長の過程を忘れて、「成果」が伴わない相手に対して、「成果」を求めて叱責してしまいます。ですが、他人のアウトプットも直接的にはコントロールできないものです。それに対して、一足飛びに成長を期待しても、その期待値が高ければ高いほど、強く非難をしてしまうかもしれません。

私がよく使う言葉として、「能力は習慣の積分だ」というものがあります。「習慣」とは「行動」が染みついたものです。そのため、「行動」や「習慣」は外からでも、メンタリングの方法論を用いて成長を促すことができます。

一方、能力や成果といったものを直接的に干渉することはできません。人の成長のサイクルは、行動・習慣・能力・成果の4つの事柄のループなのだと思います。習慣が能力に変われば、成果につながり、成果は自信となって次の行動を強化してくれます。

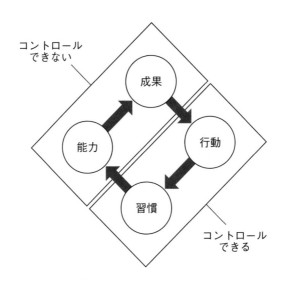

行動の積み重ね、そしてその習慣化という支援以外に私たちができることはないのです。たとえば、プログラミングが得意でない人に「プログラミングができるようになれ！」と言ったところで、威圧以外のメッセージは伝わりません。

　成長は一足飛びにはできません。できる人もはじめはサンプルコードを動かして、自分で簡単なロジックを組み、楽しみを感じ、より勉強する習慣が身につくことで、徐々に業務に耐えられるレベルのプログラミングができるようになったのではないでしょうか。そして、仕事をこなすことができるようになって、学習するという行動が自己承認と自己効力感を生み出すことがわかってはじめて、より自発的に行動できるようになるのです。

　この経路は誰もが成長の階段を上るときに、辿ってきたものです。にもかかわらず、他人には階段をジャンプしろと要求するのは理不尽以外の何物でもありません。

　他人ができることは、次の小さな階段を見せて、それがちゃんと上れるようにサポートし、階段を自力で上るということが当たり前の習慣になるまで、サポートし続けることだけです。

なぜ行動を起こせないのか？

　これまで述べたように、メンターはメンティの「行動変化」を促すことでしか成長へと導くことができません。内心を直接的に変化させることはできないからです。ですので、メンターはメンティの行動変化に対して、深く観察をする必要があります。

　メンティが「行動変化」を起こすことができないとき、そこには何らかの理由があります。メンターはその理由を「フォース」という概念でとらえます。「フォース」は力という意味です。何か行動を起こすときに、その行動を「阻害する力」と「促進する力」が働きあって、そのバランスによって、行動が行われたり、行われなかったりするのです。

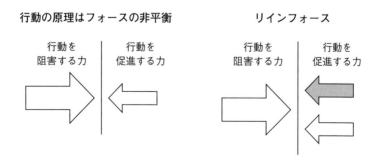

ある行動を継続的にとれるかとれないかを決定づけるのは、その人の中でどのような力学がはたらいているのかを理解する必要があります。ある行動が取れないときは、行動を「促進する力」よりも「阻害する力」のほうが大きいからだと考えます。

　メンタリングの様々な活動を通じて、行動を促進する力を増やしたり、行動を阻害する要因を減らしたりすることを「リインフォース（再強化）」といいます。

　たとえば、ダイエットをするときのことを考えてみましょう。食習慣を変えていく場合、継続的に低カロリーなものを食べ続けることが重要です。その際のダイエットする人をとりまくフォースフィールド（力場）は次のようになっています。

促進する要因	阻害する要因
・痩せたいという思い ・痩せた結果の実感 ・周囲からの評価	・友人との予定や飲み会の誘惑 ・高カロリー食品への食欲 ・継続して低カロリーな食品を用意する手間 ・周囲からのからかい ・誰も食べるところを見ていない環境

　「促進する要因」について考えると、「痩せた効果の実感」「周囲からの評価」といった後からついてくるような「フォース」が強く、初期においては「痩せたいという思い」のみが、促進する要因を構成していることがわかります。

　それに対して、「阻害する要因」に関しては、周囲が「ダイエットなんてしなくていい」とか「今日はいいじゃん」といったからかいや、飲み会・食事会への誘惑、家庭で低カロリーな食品を用意する手間、そして「美味しいものを食べたい」という願望と多くの要因が、ダイエットを阻害していることがわかります。

　フォースフィールドを書き出すことで、メンティにとって、ダイエットという活動を継続的に実施することが難しい環境であり、個人の痩せたいという意思にのみ依存した無理のあるフォースフィールドとなっていることがわかります。

　そこで、メンターはメンティに対して、これらの阻害する要因を減らしながら促進する要因を増やすために、次のような行動への定期的なフィードバック（リインフォース）可能な環境を構築するための行動を考え、合意し、実行していくことを考えます。

・毎週、体重の計測を約束
・毎日、食べたものを写真に撮りメールで報告することを約束
・ある程度結果が出たら仲のよい友人への報告を約束

・低カロリー食品の買いだめを約束

「体重の継続的な計測」によって、短いタイムスパンで効果を実感することができる環境をつくり、結果に対するアクノレッジメントを行い、「食べたもののレポート」によって「行動」へのアクノレッジメントを行えるようにします。「低カロリー食品」を買いだめて、メニューを支援することで、食べ物の選択コストを下げていきます。

ある程度、結果が出たら、仲のよい友人たちには報告し、飲み会や食事会の中でも、理解を得られるようにしていきます。ある程度結果が出ていれば、周囲の「からかい」や「冷やかし」も減るでしょう。

このように、行動変化のためには、「行動を促進する要因」はフィードバック機会を増やし、適切に承認していくことで強化し、「行動を抑制する要因」は、環境や構造を変えるための行動に変換して、その行動を促していきます。

また、定期的なフィードバックの場で、望ましい行動をとることができなかった場合に、「高圧的にプレッシャーをかける」ようなサポートは、逆効果になることも多々あります。本人の「意志」によって、行動変化をしようとしているにもかかわらず、それができなかったことは、本人が最もよくわかっているからです。

わかっていることを言われるのは、誰でも嫌なものです。そのときにどのように振る舞うかというと、嫌なものから逃れようとします。そのため、問題に対して向き合うことを避けてしまいます。これは、メンタリングにとって致命的で、プレッシャーをかけた方向とは真逆の結果になってしまうでしょう。

メンターはメンティが、望ましい行動をとれなかったとき、あるいは望ましくない行動をとったときには、「何でできなかったんだ！」とプレッシャーをかけるのではなく、何か別の行動を阻害する要因が現れたはずだと考えます。そして、その原因について深く話を聞いて、共感していきます。そして、どのようにしてその要因を取り除いていけば、リインフォースされるのかを話し合っていくことで、より建設的で実感のこもった解決策になるはずです。

メンタリングを行うとき、メンティは自分が今まで認識していなかった、あるいは無意識に避けていた様々な問題について「向き合っている」状態になります。1人では向き合うことができなかった問題に、メンターの力を借りながら、ギリギリの状態で向き合うことを決意しているのです。そんな状態でメンターがメンティを突き放してしまったら、メンティは再びコンフォートゾーンに深く入り込んでしまい、成長を促すことができなくなります。

ゴールへのタイムマシンに乗る

メンタリングは、自立的な人材を育むために行います。そのためには

・自分の気がつかなかった問題に気がつくようになる
・認知の歪みによる感情と問題の癒着を切り離せる
・答えではなく、次の一手を生み出す行動が取れるようになる

という状態に導いていく必要があります。この状態は、つまるところ自分で自分をメンタリングしていける状態を意味しています。

その状態を生み出すために最も重要なことが、「ゴール認識」です。ゴールとは、メンティが自分自身で課した「目標」のようなものです。しかし、目標というと、今の自分でも達成できそうな低い目標を考えてしまいがちです。

メンティがコンフォートゾーンの中にいると、その中でしか思考は動かないので、低くて抽象度の高い目標を設定しがちです。たとえば、「もっと仕事ができるようになりたい」「一人前の技術者になりたい」といったようなものです。

メンターは、メンティに対して、今の自分では達成できそうにないような高いゴールを引き出していきます。本当はどうありたいか、本当に人生で成し遂げたいことは何だろうかというように問いかけていく中で、その人が本当になりたいものを共に見つけていきます。

それは最初は、「使いきれないだけのお金が欲しい」とか「世界中から尊敬を受ける人になりたい」といった原始的な願望でも構いません。こういった原始的な願望は、学生時代や社会人時代には、様々な人々から否定されて抑圧されてしまい、なかなか出てこないものです。

しかし、一度高い目標を掲げていると、今まで見えていなかったことが見えてきます。たとえば、「自分はいずれ総理大臣になる」と考えながら、新聞の首相動静を眺めたり、世間の問題を眺めてみると、今まで他人事として目に入らなかった情報が、目に飛び込んでくることがわかります。ゴールによって、「認知フレーム」が変わったためです。高いゴールは、それだけ多くの「認知フレーム」の変化をもたらします。そして、それに伴って行動も変化していきます。

しかし、高いゴールを掲げるだけではダメです。「ゴール認識」のレベルが伴っていないと、行動変化に至りません。

レベル	助動詞	意味	解説
0	wish to be	願望	「お金もちだったらなぁ」 〜だったらなぁと漠然と思っているレベルのゴール認識
1	have to be	義務	「お金もちにならないといけない」 達成しなければならないと誰かから押し付けられたゴール認識
2	want to be	欲求	「お金もちになりたい」 達成したいと自分で構築できたゴール認識
3	will be	意志	「お金もちになるぞ」 達成しようと決意をもって構築できたゴール認識
4	be going to be	必然	「お金もちになっている」 達成しているという確信をもって行動できているゴール認識

　ゴール認識は、ゴールに対してどのように考えているかという認識のことです。漠然とそうだったらいいなと考えているレベル0のゴール認識では、認知フレームは変わりません。また、人から押し付けられて、そうしなければならないと感じているレベル1のゴール認識では、達成できない理由探しを始めてしまいます。

　レベル2の「〜したい」というゴール認識になって、見えるものが少しずつ変わってきます。レベル3の「〜するぞ」という意思の段階で初めて行動変化が訪れます。

　最も高いレベル4の「〜になっている」という確信をもっている状態になることで、継続的な行動、つまり習慣が変化し始めます。この状態が「未来に行って見てきたような確信」をもっていることから、私は「ゴールへのタイムマシンに乗った」状態と表現しています。

　メンティが「ゴールへのタイムマシンに乗った」状態になれば、自分の今の状態を未来から見て、メンタリングすることができます。このように将来の自分が、今現在の自分をメンタリングしている状態を「セルフマスタリー（自己熟達）」を得たと表現します。

　メンタリングは、メンティがセルフマスタリーを得ることによって、完成します。そうなれば、メンターはもはや必要ありません。自分自身で設定したゴールに向かって、率先して学習していく状態になります。

一流のスポーツ選手は、小学校や中学校のかなり早い段階からセルフマスタリーを得ていることがわかります。たとえば、サッカー日本代表の本田圭佑選手の卒業文集の書き出しは次のようなものでした。

> 「将来の夢」
> 　ぼくは大人になったら、世界一のサッカー選手になりたいと言うよりなる。
> 世界一になるには、世界一練習しないとダメだ。
> だから、今、ぼくはガンバッている。

　まさに、レベル4のゴール認識をもって練習を行っていることが伺えます。また、メジャーリーガーのイチロー選手の卒業文集の書き出しは次のようなものです。

> 　ぼくの夢は、一流のプロ野球選手になることです。そのためには、中学、高校でも全国大会へ出て、活躍しなければなりません。活躍できるようになるには、練習が必要です。ぼくは、その練習にはじしんがあります。ぼくは3才のときから練習を始めています。3才〜7才までは、半年位やっていましたが、3年生のときから今までは、365日中、360日は、はげしい練習をやっています。

　高い目標を掲げて、その目標と今の自分の行動・習慣がどのように接続しているのかということを明確にイメージできていることがわかります。
　残念なことに、現代社会では、高いゴールを言うと、それに対して抑圧的な言葉を投げかける人も多くいます。たとえば、「そんなこと不可能だ」とか「お前には無理だ」というように。その結果、多くの人にとって「高いゴール」は言いにくく、壊されてしまいがちなものです。そのため、深い信頼関係と自己効力感が得られないうちは、ゴールを設定すること自体が不可能になってしまうか、メンターや上司が押し付けたレベル1のネガティブなゴール認識に止まってしまいます。
　一方で、メンターがメンティの信頼を勝ち取り、不安のコップが空っぽになると、本当に抱いているゴール設定ができるようになります。メンターが高いゴールの設定

の具体化を手助けし、メンティの中にゴールへのイメージが具体的に描けるようになってくると、日々の行動が変化していきます。ゴールに向かって、どのように振る舞えばよいかがわかってくるからです。

そして、その行動変化がゴールに向かって近づいていくという実感を得るようになると、さらに具体的なゴールをイメージできるようになります。このような繰り返しによって、ゴール認識のレベルが上がっていきます。そして、何かを達成するための思考方法と行動様式がメンティに染み込んでいくこととなります。

メンタリングの技術を使うことで、部下や同僚を縛っている思考の鎖を解いていくことができます。能力が低い人がいるわけではなく、ほんのわずかな思考の鎖が、その人の能力を抑え込んでいるだけなのです。それを解くことで、組織やチームのもつ活力は何倍にも大きくなるでしょう。

Chapter 3

アジャイルなチームの原理

3-1. アジャイルはチームをメンタリングする技術

　2010年ごろから、「アジャイル開発」という言葉が日本国内でも注目を集めはじめ、複雑化するソフトウェアに対応できる新しい開発プロセスとして普及し始めました。

　しかし、「アジャイル開発」と呼ばれるものが、開発手順や開発フロートというような「手続き」の進め方として認識されている傾向があるように思われます。実際には、「アジャイル開発」は、チーム全体に対してメンタリングを行い開発出力を向上させる方法論です。

　つまり、「ソフトウェアをどのように作るか？」はアジャイルの主眼ではありません。第1章、第2章で紹介してきた「思考のリファクタリング」「メンタリングの技術」の考え方をベースとして、「ソフトウェア開発を行うチームをどのように構築していくか？」がアジャイルの目的といえます。

日本と世界のアジャイル開発普及率

　日本と世界におけるアジャイル開発の普及率について、様々な調査が行われています。その調査ごとに前提条件や一定のバイアスはありますが、日本国内では、30％〜

40%程度の普及率であるのに対して、世界的な普及率は、60%〜95%と大きな差が生まれています。

これは、日本国内において「ITサービス業」のような納品契約を主体とした事業が大きなマーケットを作っており、市場の7割を超えるIT技術者が参画しているためです。つまり、ITサービス業の業態として、顧客とのアジャイル開発に適した契約形態を構築するのが難しいという背景があり、アジャイル開発の普及が構造的に難しいことが理由であると考えられます。

一方、たとえばデンマークのような政府の電子化が進んだヨーロッパ諸国では、政府からのシステム発注自体がアジャイル開発での契約形態でなければ受注ができません。世界的にはアジャイルが主流な開発形態であるといえる状況ができているのです。

日本国内ではアジャイル実践者の数が圧倒的に少ない

■ 認定スクラムマスターの数

そういった背景もあり、日本国内ではアジャイル開発の主流な方法論の1つである「スクラム」の理解者といえる認定スクラムマスター(CSM)、認定プロダクトオーナー(CSPO)といった認定資格の有資格者は諸外国に比べて圧倒的に少なく、アジャイル開発普及の障害にもなっています。

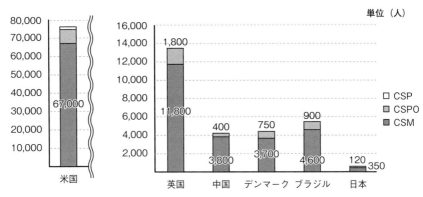

各国の現在の Scrum Master 等人数（2012年3月）

(IPA SEC　非ウォーターフォール型開発の普及要因と適用領域の拡大に関する調査 2012
(非ウォーターフォール型開発の海外における普及要因編))

■ ホフステード指数と文化的差異

　社会心理学者のホフステードは、世界各国の文化的差異を数値によって比較するために、4つの次元を設定し文化的な比較を行いました。現在では、改良され6つの次元によって文化の比較に用いられています。文化を分類する要素となる6つの指標は以下のとおりです。

- PDI：権力格差許容度
- IDV：個人主義と集団主義
- MAS：成果主義傾向（男性性傾向）
- UAI：不確実性回避傾向
- LTO：実用主義傾向
- IVR：抑制的か充足的か

（Dimension data matrix　http://geerthofstede.com/research-and-vsm/dimension-data-matrix/）

　著名なアジャイルコーチでアジャイルムーブメントの火付け役でもあるアリスター・コバーンは、ホフステード指数を用いてアジャイルの導入難易度の算出を行いました。彼は、アジャイル文化との親和性からPDI(権力格差許容度)とMAS(成果主義傾向)、UAI(不確実性回避傾向)のスコアの平均値を国際的に比較しました。それによると、残念ながら日本が最もアジャイル導入の難しい国であるという結果となりました（https://twitter.com/arne_mertz/status/731577907357884416）。

　しかしながら、アジャイルムーブメントの歴史を紐解くと、日本との深い関わりが見えてきます。それらは、次項で詳細に見ていくこととして、不確実なことを避けてしまうという文化的傾向が、アジャイル導入のハードルになっているという示唆は重要な指摘です。

アジャイル開発が必要とされた2つの理由

　ソフトウェア開発の中で、「アジャイル開発」が必要とされたことには2つの理由があります。それは、「ソフトウェアが大規模化・複雑化」したこと、そして、「マーケットの不確実性に対応する」必要性が出てきたことです。

■ ソフトウェアが大規模化・複雑化

　ソフトウェアが社会の様々な要求に答えていくにあたって、急速に大規模化・複雑

化してきました。ソフトウェアは本来、設計と製造工程が分かれるような性質のものではありません。しかし、開発プロセスとして当時利用されていたものは、製造業や宇宙開発で用いられたプロセス管理の手法をそのまま転用したものでした。

　その結果、実際に価値のあるソフトウェアの実装よりも関係調整やドキュメント化といった工程に時間を使い、大規模になるほど失敗も多くなってきました。複雑性の解消よりも、複雑性の管理に時間を使い、完了しないプロジェクトが増えていってしまったのです。

　このため、ソフトウェア開発の投資規模が膨らんできているにもかかわらず、完成品と顧客の求めていたものとの差が大きくなってきました。これは経営的には大きな課題となってしまいます。

■ マーケットの不確実性に対応する

　一方、ソフトウェアが対象とする市場も大きく様変わりしてきました。政府や大企業のオートクチュール品から一般の人々が使うものになっていき、開発したソフトウェアが「マーケットで受け入れられるかどうか」といった要素が強くなっていきました。

　そのため、マーケットがプロジェクト期間中に大きく変動するということが、頻繁に発生するようになりました。結果的にプロジェクトの費用対効果の蓋然性が薄くなってしまいました。せっかく時間と費用をかけて開発したにもかかわらず、それが顧客のニーズに合うかどうかは最終工程になるまでわからない、ということが度々起こりました。もし、顧客ニーズを全く捉えられていなかったら、開発投資は無駄に終わります。こういった事態を避けたいという企業の論理がしだいに働くようになりました。

アジャイル開発は3倍の成功率、1/3の失敗率

　統計的なアジャイル開発のプロジェクトに与える影響について、ITプロジェクトのリサーチを行っているSTANDISH Groupの2015年の調査を紹介します。このリサーチでは、大規模プロジェクトから小規模プロジェクトまで10,000件を超えるITプロジェクトに関して、アジャイル開発と従来型のソフトウェア開発の手法であるウォーターフォール型開発ごとに、プロジェクトの成否に関して統計をとりました。

　それによると、アジャイル開発は従来型の開発に比べて、平均して3倍の成功率と1/3の失敗率という統計が出ています。

サイズ	手法	成功	挑戦	失敗
全サイズ平均	アジャイル開発	39%	52%	9%
	ウォータウォール	11%	60%	29%
大規模プロジェクト	アジャイル開発	18%	59%	23%
	ウォータフォール	3%	55%	42%
中規模プロジェクト	アジャイル開発	27%	62%	11%
	ウォータフォール	7%	68%	25%
小規模プロジェクト	アジャイル開発	58%	38%	4%
	ウォータフォール	44%	45%	11%

(CHAOS Report 2015 by STANDISH Group)

　一部のアジャイル開発に無理解な人々は、感覚的にアジャイル開発は小規模開発プロジェクトであれば効果的であるが、大規模開発においては不向きであるという解説をすることもあります。しかし、この結果はむしろ大規模なソフトウェア構築にこそ、アジャイル開発はより効果的であるということを示しています。

　このような「大規模であるほどアジャイル開発は不向き」であるとする考え方は、アジャイル開発は「管理をしない」「エンジニアの合議で決める」「設計を全くしない」といったありがちな誤解が広まってしまった結果でもあります。

　アジャイル開発は、第1章で述べた「新しい合理性」を基盤とし、最新の経営学・経済学・心理学・ソフトウェア工学の成果の上に成り立っています。その点を十分に理解しないと、とんでもない誤解のもとで判断をしてしまうことになるでしょう。

プロジェクトマネジメントとプロダクトマネジメント

　ソフトウェア開発をマネジメントするときに、「プロジェクトマネージャー」を設置する場合と、「プロダクトマネージャー」を設置する場合という2つのパターンがあります。

　果たして、この2つは同じものなのでしょうか。それとも違うものなのでしょうか。実は、このプロジェクトマネジメントとプロダクトマネジメントという言葉の違いは、ソフトウェア開発を通じた企業戦略の大きな違いを意味しています。

　そして、その違いが「アジャイル型」開発の考えるソフトウェア産業と「計画駆動型」開発の考えるソフトウェア産業の示す範囲を表しています。

■ ○○マネジメントの意味

　プロジェクトマネジメントとプロダクトマネジメントの違いについて考えるときに、「○○マネジメント」とは何を指しているのかを考えてみましょう。
　一般的なマネジメントの定義は、統一したものがなくわかりにくいものですが、ここでは次のような定義を採用します。

　マネジメントとは、対象となる○○の資源・資産・リスクを管理し、効果を最大化する手法

　その定義をそのまま採用すると、プロジェクトマネジメントとは、「対象となるプロジェクトの資源・資産・リスクを管理し、効果を最大化する手法」となりますし、プロダクトマネジメントとは、「対象となるプロダクトの資源・資産・リスクを管理し、効果を最大化する手法」となります。
　プロジェクトは、「はじめ」と「おわり」があり、それが効果を上げて「終了すること」が目的です。それに対して、プロダクトは「製品・サービス」ですので、そのプロダクトが継続的に収益を上げて、損益分岐点を超えて発展することで、「終了しないこと」が目的になります。
　つまり、プロジェクトにとって最大のリスクは、「終了しないこと」つまり、納期を超過してしまうことと、完成の目処が立たなくなることです。ですので、プロジェクトマネージャーは「スケジュール不安」を減少させるように物事に取り組んでいきます。
　一方、プロダクトにとっての最大のリスクは、「終了してしまうこと」です。顧客やマーケットに受け入れられず、採算が取れずに継続的にプロダクトの提供ができなくなってしまうことが問題となります。ですので、プロダクトマネージャーは、「マーケット不安」を減少させるように物事に取り組んでいきます。
　このようにプロジェクトマネージャーとプロダクトマネージャーは本質的に異なる不安に対して、アプローチする存在であるという違いがあるわけです。
　仕事における不安の根源は、「不確実性」です。未来において、どうなるかわからないという不確実性が、責任ある人々にとっての大きな関心ごとになり、不安を構成します。
　では、「スケジュール不安」を構成するものはなんでしょうか。これは、やってみないことには、どのように作っていくかわからないという不確実性に依拠しています。

このような不確実性を「方法（Howに関する）不確実性」といいます。

また、「マーケット不安」を構成するものは、やってみないことには、何を作っていけばマーケットに受け入れられるのかわからないという不確実性に依拠しています。このような不確実性を「目的（Whatに関する）不確実性」といいます。

	プロジェクトマネジメント	プロダクトマネジメント
目的	終了すること	終了しないこと
抱えている不安	スケジュール不安	マーケット不安
対処すべき不確実性	方法不確実性	目的不確実性

■ソフトウェア開発の前提が変化した

マーケット環境が目まぐるしく変化する時代になるにつれて、ソフトウェア開発における前提も大きく変化しました。それはかつて安定した大企業内部の効率化であったり、政府主導の長期計画に基づいたソフトウェア開発であったりと、マーケット環境から離れたところから、ソフトウェア産業のニーズが顕在化してきました。

しかし、現在では、様々な競合製品や競合サービスのある中から、「目まぐるしく変化する市場環境や顧客ニーズに答えていく」という要求に答えていく必要が出てきたのです。

このようなソフトウェア開発をめぐる前提の変化が、プロジェクト型開発からプロダクト型開発へと導いていくことになります。

プロジェクト型開発（計画駆動）	プロダクト型開発（マーケット駆動）
・予算が開始時点に決まっている ・成功は、コスト・スケジュール・スコープが満たされるかどうかで計測される ・始まりと終わりがある ・プロジェクトマネージャーによって指揮される	・予算は各ステージごとに徐々に調達される ・成功は、その製品が最終的に得たマーケットシェアや収益に基づいて計測される ・始まりはあるが、うまくいけば終わりがない ・プロダクトマネージャーとテクニカルリードのペアで指揮される

（『リーン開発の本質』メアリー・ポッペンディーク、トム・ポッペンディーク著、平鍋健児 監訳、高嶋優子、天野勝 訳、日経BP社、2008年）

このような前提の変化に伴うニーズに対して、従来の計画駆動型の開発は限界を迎えてしまいました。そのため、新しいソフトウェア開発の方法論が望まれてくることとなったのです。

■ スケジュールとマーケットという2つの不安

　ソフトウェアを開発する際に、方法不確実性と目的不確実性という2つの不確実性は、対象となるプロジェクト/プロダクトを問わず常に存在するものです。

　いわゆる「ウォーターフォール型」と呼ばれる計画駆動型の開発方式とアジャイル開発と呼ばれる方法論では、この2つの不確実性に対するアプローチが異なります。

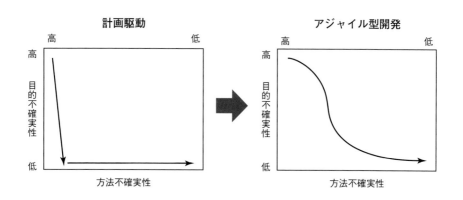

　計画駆動型の開発では、初期工程の計画段階において目的不確実性をできうる限り減少させるようにアプローチします。しかし、実際には完成したソフトウェアを市場や顧客に示すことなしに、本当の意味での目的不確実性を減少させることは、非常に限られた前提条件のもとでしか成立しません。

　限られた前提条件とは、顧客が自分自身のニーズに対して明確に自覚的であり、マーケット環境の変化が少なく、顧客が計画文書などから自分自身のニーズと作られようとしているものが、同じであるか判別できる場合です。これは、理性主義的な前提ともいえます。

　一方で、アジャイル開発では、初期工程から最終工程（が存在すれば）まで、目的不確実性と方法不確実性の両方に対して、段階的にアプローチすることを試みます。アジャイル開発は、定期的に顧客やマーケットとの乖離を「実験」します。そこで、

認識に齟齬があったり、マーケット環境の変化、仮説誤りがあれば、計画自体を修正していきます。このように実験的に得られた知見のみを信頼する態度は、経験主義的な態度といえるでしょう。

これは、方法不確実性に対するアプローチにおいても同じことがいえます。計画駆動型の開発方式では、最終的な完成品の制作物を要素分解し、小さなタスクに分解します。そして、そのタスクに対してどの程度の時間がかかるのか、十分な安全マージンを設けて見積り、計画段階において「いつ終わるのか」を計算します。そして、その計算通りになるようにプロジェクトを進行させます。これは、計画段階に必要なタスクはすべて見通すことができ、十分な精度をもってそれらを見積ることができるという理性主義的な前提に立っています。

それに対して、アジャイル開発においては、最初期には大雑把に見積り、実際の開発工程にどの程度進んだかという実験的な知見をもとに、どの程度の期間がかるのかを推計します。そして、それを繰り返していくことで、徐々に方法不確実性を減少させ、スケジュールの精度を上げるように振る舞います。

方法不確実性の削減にかかる問題が、目的不確実性に降りかかるケースというのも存在し得ます。それは、たとえば「ある時期にリリースされなければ、ビジネス価値が大きく減少してしまうような機能」を開発しているときです。このようなケースの場合、スケジュール不安のほうがマーケット不安よりも大きいことを意味しています。

こういったケースにおいて、古典的な計画駆動型開発では、スケジュール遅れを察知して、再度計画段階に戻り、スケジュール内に収まるような機能に計画自体を変更するという手戻りを行うか、人員増加による初期計画の遂行を試みるかというアプローチを行います。

それに対して、アジャイル開発では、スケジュール不安の大きな機能であれば、徐々にスケジュール精度が上がるように開発を進めるため、問題を早期に発見できるように振る舞います。そして、リリースできない可能性があるのであれば、ビジネス価値が大きく損なわれない最低限の機能を最初期に作り、いつでもリリースできる状態にしてから、追加の機能を開発するといったアプローチを試みます。

このように、マーケット不安やスケジュール不安の両方を構成する大きな不確実性から優先的に対応できるようにするというのが、アジャイル開発の基本的な思想となります。

	計画駆動	アジャイル開発
前提とする不安	スケジュール不安	スケジュール不安とマーケット不安
戦略	初期計画の精度を高める	実験的に徐々に精度を高める
変化	変化に弱い	変化に強い
アプローチ	理性主義的	経験主義的

　現実の開発プロセスにおいては、計画駆動型においてもアジャイル開発の利点を取り入れた方式を状況に応じて使い分けることができますし、アジャイル開発においても計画駆動型の初期計画の精度を高めるために生まれた様々な手段を限定的に取り入れることができます。

　しかし、多くの開発現場では、基本的な原理や原則とそれのもたらす過去の知見についての無理解のもと、名ばかりの計画駆動や名ばかりのアジャイル開発を展開していることもまた事実です。

■ チームに対する考え方の違い

　プロジェクトマネジメントにおいては、「プロジェクトを終了せること」が目的であったのに対して、プロダクトマネジメントは、「プロダクトを終了させないこと」が目的でした。

　そのため、プロダクトマネジメントにおいては、プロダクトの価値を継続的に向上させるためのチームをどのように作るのかということについて、自覚的に取り組むことになります。逆にプロダクトマネジメントにおいて、この点を無視してしまうと早晩チームは崩壊し、プロダクト自体の存続可能性に非常に大きな負のインパクトをもたらすことになってしまいます。

　これまで、「計画駆動型」と「アジャイル型」としてどちらも開発方式であるかのように対比的に説明をしてきましたが、本章の冒頭でも述べた通り、アジャイル開発とは「チーム全体をメンタリング」するための方法論であって、開発方式ではありません。開発方式に見える部分はその方法論の表面的な一部にすぎないのです。

　ですので、開発方式に見える部分だけを切り取って模倣しても、第2章のメンタリングの技術を伴っていない場合、望ましい効果を得ることは難しいでしょう。

　では、ここでいう「チーム全体をメンタリング」するとは、どういうことでしょうか。

それは、メンタリングの最終目的が「セルフマスタリー」を得ることであったように、チームが総体として、チーム自体のゴールに対して高い「ゴール認識」をもち、チーム自体がチームをメンタリングしている状態を目指すことです。

このような状態は「チームマスタリー」がある状態であるといえます。この「チームマスタリー」がある状態のことをアジャイル開発の用語としては、「自己組織化されたチーム」と呼びます。

チームが「チームマスタリー」を得るために、チームを構成する全員がセルフマスタリーを獲得している必要は必ずしもありません。個人がチームを、チームが個人をお互いにメンタリングしている状態になり、結果的にチーム総体としては「チームマスタリー」を得ているように振る舞えることが重要です。

アジャイルをするな、アジャイルになれ

アジャイルという言葉を開発方式として捉える人は、「アジャイルをやる」とか「アジャイルをする」といったような表現を使います。

当然のことながら、「agile（俊敏な）」というのは形容詞であって、名詞ではありませんので、「Do agile」とは言うことができません。文法上、「アジャイルになる（Be agile）」とは言うことができます。

これは、アジャイルという言葉が特定の行動ではなく、ある状態を指していることを意味しています。その状態とはまさに「チームマスタリー」を得ている状態であり、「自己組織化された」状態と同じことを意味しています。

では、「アジャイルな」状態とは、具体的にどのような状態でしょうか。それは以下のような状態のことを意味しています。

・情報の非対称性が小さい
・認知の歪みが少ない
・チームより小さい限定合理性が働かない
・対人リスクを取れていて心理的安全性が高い
・課題・不安に向き合い不確実性の削減が効率よくできている
・チーム全体のゴール認識レベルが高い

このような状態になれば、チームはチーム自身のもつ生産性を十分に発揮できるだけでなく、よりレベルの高いチームへと自律的に成長していける状態になっていきま

す。

　これらは、第1章、第2章で述べてきたことそのものです。個人が、アジャイルになり、他の人もアジャイルに変えることができれば、チーム全体も自然とアジャイルになります。それらを行いやすくするための方法論や枠組みが、「アジャイル開発」と呼ばれるものの正体です。

ウォーターフォールかアジャイルか

　このように丁寧に前提条件や、スコープを解説すると、「プロジェクトによって（あるいは構築するレイヤーによって）、ウォーターフォールかアジャイルかを適材適所で選択すべきだ」とする立論のおかしさが浮き彫りになります。

　比較するには、単位を揃える必要があります。同質のものでないと、比較検討の材料にはならないのです。ウォーターフォールがスコープとしているプロジェクトマネジメントと、アジャイルなチームがスコープとしているプロダクトマネジメントは、異質の前提に立ったものであることがわかります。

　ウォーターフォールがスコープとする範囲は、「方法不確実性」とそれに伴う「スケジュール不安」です。アジャイルなチームがスコープとする範囲は、それに加えて「目的不確実性」とそれに伴う「マーケット不安」そして、「継続するチームマネジメント」つまり「通信不確実性」です。

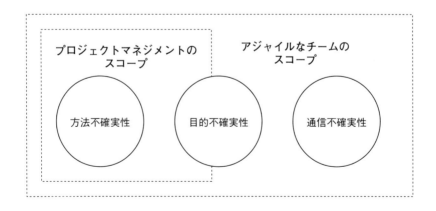

　エンジニアリングという言葉の指し示す対象を「方法不確実性の削減」だと狭く捉えてしまうと、「目的不確実性」や「通信不確実性」が形を変えて、方法不確実性の増大を引き起こします。エンジニアリング全体を「不確実性のシステム」の中で捉え、

「不確実性削減のシステム」を追加することがエンジニアリング組織の役割だといえます。

このように、スコープを狭く捉えることで、「何を作るか考える人」と「どのように作るか考える人」の切断に伴う弊害が生まれます。第1章で述べた「カレーの寓話」のような事態を生み出してしまうのです。
「何を作るか考える人」は、目的不確実性の削減に対してアプローチをしたいと考えていて、「どのように作るか考える人」は方法不確実性の削減に対してアプローチしたいと考えています。

それぞれの基本的な目的の違いをもって、それぞれにとっての合理的な判断を行うと、衝突のもととなります。これは、全体論的あるいはシステム的（1-6節「全体論とシステム思考」）に考えることができれば、解消される問題です。アジャイルな方法論は、このような組織間の「限定合理性」と「情報の非対称性」の解消を試みるアプローチであるといえます。

3-2. アジャイルの歴史

アジャイル開発、あるいはアジャイルなチームを作る方法論というものは、一体どのようなものでしょうか。何かフレームワークを学ぶとき、その背景理論を把握していなければ、ずれた使い方をしてしまってもなかなか気がつかないものです。実際に、そういった種類の失敗も数多く見てきました。

とりわけ、アジャイルなチームを作る方法論は、その出自の関係もあって玄妙な説明に終始してしまうといったこともあり、「けむにまかれたような」あるいは「宗教がかった」といった心象を初学者に与えてしまい、不必要な疑念・反発を招いてしまうような事態も起こってきたように思います。

そのため、アジャイル開発やアジャイルな方法論が何であるのか理解するには、その背景となる歴史を順に辿ることが不可欠であると考えています。

アジャイル開発は経営学

「アジャイル」という言葉が開発者コミュニティの中で注目を浴びてから、10年近い年月が経ちました。日本国内においてもじわじわと受け入れられ、それを実践している人々も増えてきました。

ところが現在においてもなお、「開発チームが何を作るのか決める」プロセスであ

るとか、「計画を立てないカウボーイ的な」プロセスであるとか、「熟練した技術者でないとできない」プロセスである、というような不可思議な誤解に満ち溢れた言説を見聞きします。

これは、アジャイル開発が当時主流であったソフトウェア工学や、開発プロセスに関わる発展の流れとはある意味断絶した形で生まれたという点が影響を与えているのかもしれません。

アジャイルというコンセプトには、ソフトウェア開発というよりむしろ、経営学あるいは、組織学習という文脈の中で生まれてきたものです。そして、それは、日米両国の経営哲学を巡る数奇な関係性や、アメリカの社会的潮流に強い影響を受けているものです。

デミング博士とPDCA

アジャイルの思想史を語るにあたって、W・エドワーズ・デミング博士の存在は欠かすことができません。彼は、戦後、日本の製造業の生産性向上・品質管理に多大な寄与をした人物です。

太平洋戦争が日本の敗戦によって終結した直後の1947年、デミングは日本の国勢調査の手法を確立するために日本と関わるようになります。1950年、デミングの来日の折、日本科学技術連盟からの招待を受けて、日本の製造業に統計的な品質管理の方法を伝えていくこととなりました。

PDCAサイクルという仮説検証・継続的な品質改善の考え方は、このときに日本の製造業に伝えられ、「シックスシグマ」「QC7つ道具」などと共に日本の製造業の興隆を支える基礎的な教養となっていきました。この業績に敬意をもって、「デミング賞」を作りました。「デミング賞」は、今でも毎年、品質管理の進歩に功績のあった企業・団体を贈られています。

一方、アメリカの製造業における統計的プロセス管理への関心は低く、軽視されていました。米国での関心の低さをよそに、日本の製造業の黎明期を支えた人々は、「同じ目的をもった集団」として、たゆまない改善を進めていくことになります。当時、「安かろう悪かろう」の代表であった日本の製品は、高い品質と安い価格の両方を実現し、世界を席巻していきました。

デミングは自身の経営哲学を支える4つの変化を引き起こすための視点を「深遠なる知識」と呼びました。それらは、意識的にせよ、無意識的にせよ、日本の製造業の経営理念として、経営者・従業員に染み込んでいきます。

その結果、統計的な手法を用いた品質管理や、PDCAサイクルによって、継続的に生産上の無駄を省いていく哲学は、日本の製造業の急速な発展を通じて、結実していったのです。

デミングの4つの「深遠なる知識」

システムの理解	ベルタランフィの一般システム理論（1-6節「全体論とシステム思考」）でのシステムを意味する。企業の製造・消費のプロセス全体をシステムとして捉えて、部品の供給業者、製造、顧客を含めたプロセス全体を理解することによって、システムの個別要素の総和ではなく、関係性に着目したうえで、システムのスループットを向上させる必要があるということを示す
ばらつきに関する知識	測定によって、知識を得るという態度。そして、統計学的な知識をもって、品質のばらつきが発生することと、個別の問題の原因となるものを見つけ出すための知識の両方を意味する
知識の理論	知識の理論とは、知識がどのように得られるのか、そしてそれをどのように展開していけばよいのかというPDCAに代表されるような組織学習のための知識
心理学に関する知識	人間性に対する知識のことです。特にデミングが強調したのは、「内発的動機理論」。各従業員が、自発的に目的をもって行動することが最も高いレベルの生産性を発揮するというマネジメントにおける重要な心理学的知見

ところが、デミングの功績は、本国ではあまり知られていませんでした。1970年代の後半になると、日本企業の台頭を受けて、その効率性や水準の高さが頻繁に研究されるようになりました。日本企業を研究のために訪問した研究者たちが日本の工場の中で見たのは、「PDCA」「デミングサイクル」とそこかしこに貼られた標語と、高いレベルで実現された統計的プロセスの手法、そして士気が高く、高度な改善を自分自身で行う従業員の姿だったのです。

その根源となるものが、アメリカ人であるデミングによるものと知った米国の工業会が、教えを請うようになります。しかし、今まで自分の考えに冷淡であった彼らに対して、デミングの態度は冷たいものでした。

しかし、アメリカで盛んになった日本企業の生産性の高さの研究は、ソフトウェア開発手法にも流れ込みます。トム・ギルブは1970年代にソフトウェア開発にPDCAを取り入れる「Evo」という開発プロセスを考案します。これは、現在アジャイル開発と呼ばれている軽量プロセスの最初の手法でした。

また、1990年代前半にデミングの思想は、スクラムの創始者であるジェフ・サザーランドに流れ込み、ソフトウェアの世界で花開くことになります。

トヨタ生産方式とリーン生産方式

　トヨタ生産方式は、1978年に大野耐一によってまとめられた同名の書籍によって広く人口に膾炙し、その後のビジネス界における重要な考え方として、日米両国に影響を及ぼしました。

　その中心思想は、トヨタ自動車の2代目社長である豊田喜一郎の「Just In Time」の思想でした。豊田喜一郎は、戦前のアメリカの生産ラインの研究を重ね、戦時中の人手不足の中、いかにして効率的に工場を運転させるかを苦心し、「On Time」のような発注時にぴったりと完成しているという固定観念から、「In Time」のちょうど「間に合わせる」という発想を得ます。

　戦後期においても、絶えず変化する需要に対応しながら、余剰な生産を少なくすることで、生産プロセスの無駄を配していくというトヨタ生産方式の哲学が、蒸留されていきました。

　トヨタ生産方式が画期的だったポイントは、大量生産を是としていた当時の風潮に対して、顧客需要との連動を意識し、「在庫は悪」と捉えたという点と、その実現手段として、徹底的に「従業員」のマインドにこだわったという点です。

■ スーパーマーケットとカンバン方式

　顧客需要との連動は、アジャイル開発でも用いられることの多い、「カンバン」というプラクティスにも見て取れます。従来、何か大きなものを組み上げるためには、必要な部品が作られ、その必要な部品組み合わせて、次の部品を作り、それがさらに大きな全体を構築していくという考えが主流でした。そのため、顧客需要との連動が全体の完成を待つ必要があったのです。それでは、一部の部品には作りすぎの無駄が生じてしまいます。

　これを排除するために、最終顧客の需要から、逆順に必要な部品を要求していくという逆転の発想をもって、サプライチェーンが構築されていきました。

　このように生産計画から、要素分解をしてパーツ発注をする「Push型」ではなく、需要から順番に部品生産に波及させていくという「Pull型」の受注管理として、トヨタ自動車の成功を支えました。

　このようなカンバン方式は、米国のスーパーマーケットから着想を得たといわれて

います。顧客は必要なものをスーパーに購入しに行き、自分の作りたい料理を作ります。スーパーは売れ行きを見て、必要な部品を発注します。この関係を工場内で成立させるものがカンバンでした。

アジャイル・リーン開発においても、最終顧客あるいは、最終顧客を知るものから、要求が作られ、その要求を引き取る形で開発を進めます。このような計画主導的な「Push型」から需要連動的な「Pull型」のマネジメントが、ソフトウェア開発においても用いられています。

■ 多能工によるカイゼン

また、トヨタ生産方式には「多能工」というコンセプトが内蔵されていました。それは、特定の工場機械のみに習熟した「特殊工」よりも様々な機械を取り扱うことのできる従業員を「多能工」として訓練することで、需要と供給に応じた柔軟な配置換えや、全体観をもった無駄の排除を行えるとする発想です。

■ リーン生産方式

1980年代に入るとトヨタ生産方式は、米国の研究機関にとって注目の的となりました。MITのジェームズ・P・ウォマック、ダニエル・T・ジョーズらは、トヨタ生産方式を研究し、リーン生産方式を提唱しました。

リーン生産方式という名前の由来は、英単語の「Lean」(贅肉の取れた)から来ています。トヨタ生産方式がムダを徹底して排除していく様子から名付けられました。

リーン生産方式においては、トヨタ生産方式の徹底した無駄の排除と現場主導による改善を高く評価していました。それらの一連を秩序立てて、マニュアル化、パッケージ化したものがリーン生産方式なのです。そのため、コンサルティング会社や自社プロジェクトを通じての導入が容易になったというのも利点といえるでしょう。

また、それらがマニュアル化・パッケージ化されたされたため、完全に現場主導のボトムアップ型の改善プロセスと経営主導のトップダウン型のプロセスが互いにフィードバックをしやすい構造に整理されたこともリーン生産方式とトヨタ生産方式と呼ばれるものの違いです。

生産方式から知識経営へ

製造業における生産プロセスだけでなく、経営全般においても米国内の日本への関心は高まることになります。その中でも「知識経営(ナレッジマネジメント)」とい

う概念を提唱し、普及させた野中郁次郎という日本の経営学者の仕事を中心に紹介します。

■ 失敗の本質

野中は、1980年代に著した『失敗の本質』（戸部良一、寺本義也、鎌田伸一、杉之尾孝生、村井友秀、野中郁次郎 著、中央公論社、1991年）が最も有名な仕事の1つです。経営者の中にも多くのファンをもつこの書籍は、「日本軍が第二次大戦にどうして負けたのか」という分析を組織学習の観点から具に分析した書籍です。

『失敗の本質』において、大局的な戦争そのものの是非については言及していません。第二次大戦前後の個別の戦闘、ノモンハン事件やミッドウェー作戦、ガダルカナル作戦から沖縄戦など個別の戦闘についての軍司令部と現場の部隊との間で、どのようなコミュニケーションがなされたのかということを中心に「敗北」の理由を分析しています。

当時、第二次大戦や旧日本軍について語ることは右翼とみられて糾弾を受けるような言論状況でもあり、その中でそういったことについての研究をすることはとてもチャレンジングなことでした。

野中のねらいは、「組織としての日本軍の遺産を批判的に継承もしくは拒絶」することで、過去の組織的問題を現代、未来において再現しないためにこそありました。失敗を研究することで、未来につなげるというコンセプトは、組織の学習において重要なことです。それが失敗の本質の書籍としての役割であると同時に、その内容としてもまさに失敗から学ぶことができなかった日本軍の様子を示しています。

『失敗の本質』において、日本軍の失敗は、大戦前に置かれた環境、対戦中に置かれた環境に過度に適応する現場と、その現場の情報をもとに戦略目標を明確化できなかった司令部という構図に集約されると論じられています。

当時の日本軍とアメリカ軍との差として、「前提を疑う」学習ループが存在しなかったこと、作戦目標が明確でなかったこと、官僚的な組織原理に縛られてしまったことなどによって、自己革新ができなかったという点があげられていました。

こういった組織学習における自己革新のループは、のちの野中らの仕事の中で中心的な役割を担うことになります。

■ 新しい新製品開発ゲーム

一橋大学の教授となった野中は、1983年にハーバード大学の助教授であった竹内弘

高を一橋大学に招請します。彼と共に、日本企業の新製品開発フローを研究し、1986年のハーバードビジネスレビューに『新しい新製品開発ゲーム（The New New Product Development Game）』という論文を発表し、ナレッジマネジメントという分野を世界に広げました。

　同論文にて、NASAと日本企業における新製品の開発フローを比較し、各プロセスがばらばらの専門家によって分割されたNASAの新製品開発フローに対して、創造的な日本企業における新製品の開発フローは、まるでラグビーのスクラムを組んでボールをパスしながら前線に向かっていくように、異なる分野の専門家が一丸となって開発を進めていくようだとたとえました。

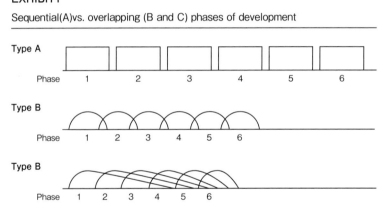

("The New New Product Development Game", Takeuchi Hirotaka, and Ikujiro Nonaka, 1986)

　この複数の専門性をもつチームが、各フェーズだけを受けもつのではなく、製品の企画から製造販売まで一貫してフォローしていく体制が、ソフトウェア開発における「スクラム」の思想的なコンセプトとネーミングの由来となっています。

　その後、これらの研究結果は、『知的創造企業』（野中郁次郎、竹内弘高 著、梅本勝博 翻訳、東洋経済新報社、1996/3/1）という書籍として出版され、日米の経営者に広く読まれていきました。

■ SECIモデルとダブル・ループ学習

野中らの研究の中で、重要なテーマであったのは「現場」と「司令塔」の間における知識の有機的な連携でした。そのためには、野中らは、まず「知識」というものを2種類に分けました。「暗黙知」と「形式知」です。

「暗黙知」は、主に現場で生み出されてくる明文化や仕組みとなっていないような知恵です。このような知恵は、現場が接している問題点や課題から、湧き上がってくるものです。

それに対して、「形式知」というのは、その逆で明文化や仕組みとなっている知恵のことです。

野中らの研究の重要なポイントは、湧き上がってくる「暗黙知」が、「形式知」に代わり、その「形式知」が、組織全体に広がり「暗黙知」として根付いたとき、それらを土台にさらに新しい「暗黙知」が生まれてくるようなループが組織内において知識を広げ、深めていくために必要なプロセスであると考えました。

そのようなプロセスや職場関係をモデル化したものが、「SECIモデル」です。SECIモデルは、4つの段階によって組織において知識が獲得されていく過程を示しています。

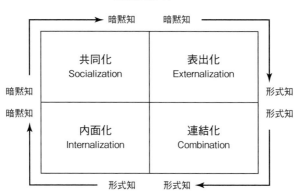

SECIモデル

その4つの段階をぐるぐると繰り返していくうちにどんどんと高度な組織内における知識が獲得されていく過程を示すフレームワークとなっていきます。このような段階のうち、どれか1つでも断絶してしまうと、知識は組織に定着されず忘れ去られてしまうか、それまでの知識に固着して変化に対して脆弱な組織となってしまいます。

次表に、各段階における知識の発展の様子を示していきます。

【共同化】 Socializaiton	暗黙知から暗黙知へ 組織において共通の経験を積み重ねることで、暗黙的な経験的な知識が共有されるフェーズ。共同化を促すためには、経験や思い、信念などをストーリーテリングする場が必要になる
【表出化】 Externalization	暗黙知から形式知へ 体感的で明文化されていない経験的知識の共通点や抽象的な構造・類似点を見つけモデル化していく工程。これはメンタリング的な対話によって引き出されていく
【連結化】 Combination	形式知から形式知へ 複数の形式的な知識を積み重ねて、1つの知識体系を作るフェーズ。そのためには、形式知を共有・編集・結合させるような場が必要で、Wikiなどのシステムはそのようなことを目的としている
【内面化】 Internalization	形式知から暗黙知へ 形式知として生まれた知識体系を知識として覚えているという状態から、実践や行動を通じて、体感的・身体的に「理解できた」という状態に変えるためのフェーズ

　共同化・表出化・連結化・内面化という各フェーズを繰り返していくことで、知識というものが発展的に組織内に蓄積されます。野中は、旧日本軍においては、身体化された暗黙知を構築するという能力は高く存在していたものの、それらを形式知として吸い上げ、システムを再構築するという能力に欠けていたことが「失敗の本質」の1つであると指摘しています。

　一方で、1980年代のアメリカ企業の人々は、要素分解的なあるいはコマンド・コントロール的な「論理的アプローチ」を超えた暗黙的な知識が、身体化されていくというプロセスを新鮮に受け止めました。それは西洋文明社会における限界と新たな価値観を模索していた当時のアメリカ社会にとって、重要な示唆を担っていきました。

　SECIモデルは、「東洋的」と受け止められた暗黙知的なプロセスと、「西洋的」と受け止められた形式知的なプロセスとを有機的に融合させた新しい価値観を日本社会・アメリカ社会にもたらしていくことになります。

　もう1つ、野中らが重視した「知識経営」に必要な学習のフレームワークが、「ダブル・ループ学習」です。これはもともとはハーバード大学ビジネススクールのクリス・アージリスが提唱した組織学習の枠組みです。

　アージリスは、組織学習のサイクルには2つのタイプがあるとしました。1つは、「シングル・ループ学習」です。「シングル・ループ学習」とは、過去の学習を通じて獲得した「ものの見方・考え方」に基づいて、改善を繰り返す学習のことです。

もう1つが「ダブル・ループ学習」です。これは、シングル・ループ学習のサイクルに、環境の不確実性を取り込んで、今まで前提としていた前提自体を変えていくような学習です。

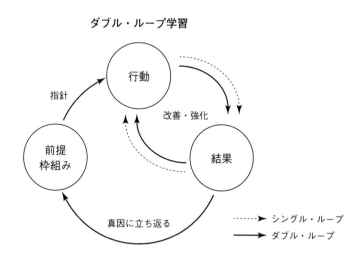

ダブル・ループ学習

　旧日本軍には、情勢の変化をもとに「前提」を変えていく学習ループが機能していませんでした。そのため、作戦目標が曖昧になり、前提にそぐわない状況を精神論で乗り切ろうとしてしまいました。前提を変えていく学習ループとはまさに、メンタリングにおける「リフレーミング」のことを指しています。

生命科学の発展と社会科学への流入

　19世紀から20世紀という時代は、「生き物とは何か」ということが徐々にわかってくる時代でした。自然や生物の様々な動きが、よくわからないものから、どのような仕組みで動いているのか少しずつわかってくるという時代の中で、そのメカニズムは哲学や社会学、経済学といった分野にも広く敷衍していきました。

　そのような時代背景に由来して、現代的な思想や理論の中には、数多く生命科学によって作られた用語が登場します。代表的なものは、「システム」「自己組織化」「創発」などです。

　このような用語が組織論や、アジャイル開発の用語として登場するため、関連性が捉えにくくなってしまうことがあります。

■ 要素ではなく関係「システム」

「システム」という言葉については、第1章でも紹介しました。生命や生命同士が作る様々なメカニズムは、ツリー構造のような親子関係で改装されたものではなく、ネットワーク構造となっていて、それぞれの関係が「非線形」なものを含んでいるということを見つけ出し、ベルタランフィが一般システム理論として定式化しました。

これによって「生態系」のような複雑な関係性をもったメカニズムを理解できるようになり、要素分解的な思考をもっていた西洋文明社会に多大な影響を及ぼしました。

■ 不確実性から秩序を作る「自己組織化」

科学者たちにとって、長年疑問であったのは「生命」が自分自身を秩序立てて環境に適応していくことでした。物理学における重要な原則である「熱力学の第二法則」によれば、「断熱系においてエントロピーは増大する」としています。これを平たくいうと、冷たいお風呂に熱湯を注ぐと、最初は熱い層と冷たい層に分かれているが、徐々にすべての水が同じ温度になっていくということです。

何かと何かが均一でないという状態は、「秩序立っている」状態です。この状態は長く維持されず、すべての物質はいずれ均一になっていきます。しかし、生命は、周囲の環境からエネルギーを受け取り、自分を成長させたり、個体を維持するなどしてエントロピーの低い状態を保っています。

シュレーディンガーの猫で有名な、量子力学の父である理論物理学者のエルヴィン・シュレーディンガーは、『生命とは何か？』（岡小天、鎮目恭夫 訳、岩波書店、2008年）の中で、そのような生命現象を「負のエントロピー」を食べて自らのエントロピー増大を防いでいるのではないかと考えました。しかし、このような機序を説明するに至る理論は発見できませんでした。

この問題を解いたのは、ベルギーの物理学者であったイリヤ・プリゴジンです。彼は、自身がノーベル賞を受賞することになる「散逸構造論」で、外部からエネルギーを受け取りながら、自分自身の中には秩序を構成し、エントロピーを外部に吐き出すようなシステムを発見し、定式化しました。このようなエントロピーを低く維持し「秩序」を構成することを「自己組織化」と呼びました。

生命が自発的に外部の不確実性（エントロピー）を取り込んで、秩序を構成していく様は、人間社会における秩序形成について関心のある経済学や経営学、組織論にも広く取り入れられることになりました。

■ 単純なルールが複雑な構造を作る「創発」

　生命現象の中で、今尚最も謎が深いのが脳の仕組みです。脳神経細胞がどのようなルールで動いているのかは、ある程度解明されています。ところが、脳全体としてどのように動いているのかを解明するには至っていません。

　わかっていないのは、脳の仕組みだけではありません。たとえば一部のシロアリは、1匹1匹は単純な動作しかしていないのに、設計者がいないにもかかわらず人間よりも大きい複雑な蟻塚を建築するという謎があります。

　このように単純なルールに従った複数の個が、結果的に複雑で巨大な秩序を構築していく様子を「創発」といいます。このような管理者のいない中で秩序を形成していく仕組みは、組織論や経営学に注目されることになりました。

　また、コンピューターサイエンスにおいても「人工生命」や「遺伝的アルゴリズム」「ニューラルネットワーク」など創発的な生命現象を模倣する機構が多数生まれることになりました。

ハッカーカルチャーと東洋思想への憧れ

　ハッカーというと、コンピューターの脆弱性をついて侵入し、不正に情報を得たり、破壊活動を行う人というような印象を抱いている方もいるかもしれません。このような人はクラッカーと呼ばれ、区別されています。

　もともとの「ハック」という意味は、「余り物でうまく料理を作る」ことであったり、「雑だけどうまく役に立つものを作れる」というような意味でした。それが転じて、ソフトウェアに関しても深い知識をもって、発想の転換を伴うようなシンプルでそれでいて役に立つものを作ることができる人という意味で用いられるようになりました。

　アジャイル開発についての学習を進めると、時折「東洋思想」とりわけ「禅」や「仏教・道教」との関連性が出てくることがあります。ソフトウェア開発の実務的な方法について学びたいと思っていた人にとっては、これは面食らってしまうのではないでしょうか。特に初学者や歴史的背景を知らなければなおのことです。

　しかし、現代史を紐解いてみると、「ハッカー文化」と「東洋思想」には切っても切れない因縁があるのです。この因縁を解きほぐして、詳細に解説するのは別の書籍に委ねますが、シリコンバレーからやってくる様々な新しいコンセプトを日々、取り入れていかなければならないエンジニアにとって、この歴史的理解は西海岸の思想的風土を理解するために必須な知識であるといえます。

■ カリフォルニアのベビーブームとベトナム戦争

シリコンバレーを育んだカリフォルニア州は、第二次大戦後に土地開拓が盛んになり、多くの住宅が建てられました。そこに移り住んだ若い世帯によって、空前のベビーブームが巻き起こります。その20年後の1960年代〜1970年代にその子供たちは成人し、徴兵される年齢となります。そのようなタイミングで起きたのが、ベトナム戦争でした。彼らは逮捕されるリスクも顧みず、徴兵拒否を行い、当時のアメリカ的な価値観を疑うようになっていきます。

もともと、多くの人種や若い世代で構成されていた当時のカリフォルニア州は、ゴールドラッシュや土地開拓時代以来の自由闊達な精神と旺盛な野心に満ちた土地柄であったことも手伝って、ベビーブーマー世代は、反体制運動や公民権運動を盛り上げていきます。

■ 反体制運動とカウンターカルチャー

このような中、生まれてきたのが「対抗文化（カウンターカルチャー）」でした。これは旧来のアメリカを支えてきたWASP（白人、アングロサクソン、プロテスタント）の価値観への対抗でした。

日本国内においても、1960年代〜1970年代にかけて、反体制的な学生運動が盛んに行われたため、イメージが類似する部分が多くあると思います。日本とアメリカにおける反体制運動の大きな違いは、マルクス経済学への受容の仕方でした。日本における知識人や学生たちの反体制運動は、地政学的に東西の最前線であったことも手伝い、反米・共産思想への傾倒する傾向が強くありました。一方、アメリカにおいては、脱西洋文明社会といった色彩が強く、新しい合理性のパラダイムが求められることになっていきました。

米国における主流な価値観であるプロテスタントのカルヴァン派には、「予定説」という考え方があります。これは、誤解を恐れずに簡単にいうと、完全な神には、「どの人が救われるか、救われないかというのはあらかじめ決まっている」という考え方です。そのため、神様に救われる予定にある人は、現世においても「勤勉・禁欲に労働している」はずであって、そうでない人というのは神様に救われないはずの人なのだという思想です。

そのため、社会学者のマックス・ヴェーバーによれば、商工業が盛んとなる産業革命以降には、国家の発展を左右するような勤勉性と禁欲な奉仕活動を好む国民性を育んできたといわれています。

一方、このような「勤勉・禁欲」な行動に対する強い対抗意識をもち、個人の自由と経済的自由の両方を求めるような文化が生まれていきます。個人の自由とは、「人間性の解放」を意味していました。それは物質文明よりも精神的な充足を求めるような自然主義的な思想となっていきました。

ベトナム反戦運動の流れの中、反戦・平和・人間性の自由というコンセプトは、ヒッピーと呼ばれる人々を生み出していくことになります。

■ヒッピーと人間性の解放

1960年代後半から70年代にかけて、ヒッピーと呼ばれる反体制・反権威・自然主義的な人々が生まれ、盛んに活動していくことになります。彼らは、その思想のためのツールとして、「セックス・ドラッグ・ロックンロール」を用いました。それが何のためのツールであったかというと「人間性の解放」「本来的な自分」といったものでした。

その中でも、当時、合法であったLSDなどの幻覚剤は、人間の本来もっている創造性や快楽を引き起こすツールとして非常に好まれるようになります。

しかし、それらが社会問題になるにつれて、規制が厳しくなる中注目を浴びたのが、東洋思想でした。それは、「インド哲学」「チベット仏教」「禅」といったものの中に、キリスト教の「勤勉にしていれば、神様が救ってくれる」という思想とは逆の「自分の内部にある神性に目覚める」という人間性の解放と類似したコンセプトがあったためです。

そうして、ヒッピーたちにとって「ドラッグ」に変わる新たなツールとしての「東洋思想」というコンセプトが流れ込むことになります。

■東洋思想との出会い

アメリカと東洋思想の出会いは、19世紀ごろからじわじわと広がっていました。アメリカが、イギリスから独立し、ヨーロッパ諸国と対等あるいはそれを超えるような国として大きくなっていく中で、西洋文明とは異なるアメリカ独自の思想性のようなものが求められる時代でした。

そんな中、エマーソンやその弟子のソローは、ネイティブアメリカンの思想や東洋思想の中にその答えがあると考え、「自己超越」という個人の中に宿る神性というビジョンを得ることになります。これが、20世紀前半に流れ込んできたドイツロマン主義的思想と付かず離れずの関係で蒸留される中で、「アメリカ的な東洋思想」という独自

の思想へとつながっていきます。

　しばしば、日本とアメリカを比較するときに、東洋と西洋という見方を用いますが、むしろヨーロッパとアジアの間には、太平洋と大西洋を跨いでアメリカ大陸が存在すると考えられます。アメリカ人のアイデンティティを考えるときには「アメリカ的な東洋思想」という見方が重要になるのです。

　こうして、60年代にヒッピーなどの若者たちが多く東洋思想に関心を抱く中、「禅」の思想もまた強い興味をもって受け入れられていきます。禅の思想が、ヒッピー文化に強い影響を与えていったのは、その「実践性（プラクティス）」にこそありました。

　今では死語となってしまった「本当の自分」や「自分探し」といったワードが重要な意味をもっていた当時、瞑想や座禅を通じた悟りという概念は、彼らにとって「ドラッグ」に変わるツール性をもっていました。

　また、宗派によって禅の意味するところは大きく異なりますが、鎌倉時代に発展した日本の禅宗は、「武道」や「芸事」と強く関連しているものもあり、様々な技術（Art）との関わりがアメリカで注目されることになります。

　ドイツの哲学者、オイゲン・ヘリゲルの書籍、『弓と禅（Zen in the Art of Archery）』（稲富栄次郎、上田武 訳、早川書房、1981年）や、ロバート・パーシグの『禅とオートバイ修理技術』（五十嵐美克 訳、早川書店、2008年）は、アメリカにおける禅の理解を如実に表しているものといえます。

　つまり、西洋文明的な「合理的な理解」よりも、基本的な型を繰り返し繰り返し「プラクティス（練習・習慣・実践）」することによって、あるとき全体的な理解を得て、「うまくできるようになる」「体感的に習熟する」という学習プロセスこそ「禅」の重要な構成要素だと理解されるようになります。

　こういった禅への理解が、伝統的な禅宗各派の教えと一致するかはさておき、このようなコンセプトこそがアジャイル開発の考え方を説明する際に、禅との関連が取りざたされる理由であるといえます。

　これは、私たち日本人の平均的な宗教理解からいえば、多少の唐突さを感じさせる部分があります。「合理的な理解」よりも「体感的な習熟」を重視するということを簡便に説明するのであれば、「自転車に乗るときに、自転車の仕組みを知るよりも、乗ってみて慣れたほうがよい」というようなことです。こういったものに東洋の神秘を見出したのが、70年代から80年代という時代であったのです。

■ **パーソナルコンピューターという思想実現装置**

　カウンターカルチャーが、反体制・反権力的というだけでいられるのは、その文化を担う人々が若いときだけです。ヒッピームーブメントは、様々なカルト宗教やドラッグジャンキーを生み出したという負の側面が多くありました。しかし、正の側面として、彼らが社会に立ち戻っていく中で、「新しい合理性」をアメリカ社会に流入させる原動力となりました。

　その「新しい合理性」とヒッピー文化をつなげて、紹介し続けたのは『全地球カタログ』（Whole Earth Catalog、1968-1971）などの編集を手がけたスチュアート・ブランドでした。彼は、西洋文明社会の限界を越えるために、東洋思想などと親和性の高い新しい学説をツールとして、紹介していくことになります。

　それは、一般システム理論やサイバネティクス、全地球規模で社会を捉える考え方、個人の人間性を重視した経営学、認知科学や心理学などの成果でした。その中でも重要な役割を担ったのは従来の権威・権力の象徴的な存在であったコンピュータがダウンサイズされ、「個人的な」コンピュータとして登場し始めた「パーソナルコンピュータ」という製品でした。「パーソナルコンピュータ」は、個人を拡張させる装置として、そして社会を前進させる仕組みとして若者たちに受け入れられることになります。

　こうして、特定の権威をもたず、全地球規模で個人をつなぐコンピュータネットワークというコンセプトが、ヒッピーたちを社会に引き戻していく原動力となっていきました。そして、それは彼らがドラッグやロックでは実現できなかった「理想」を実現する装置になったのです。

　そのような社会情勢の中、生まれてきたのが「ハッカー文化」でした。中央集権の権威を嫌い、個人の力で世界の階層構造をフラットに変革したいと考えている自由至上主義者（リバタリアン）。こうした思想性がハッカーという人々の源流的なステレオタイプといえます。

　このような人々にとって、コンピュータとネットワークは、実利を求めた道具としてではなく、イデオロギーと結びついた社会を変えていく重要な手段と認知されていました。

■ **カリフォルニアンイデオロギー**

　このような変遷を経て生まれてきたカリフォルニアの思想風土を、リチャード・バーブルックとアンディ・キャメロンは「カリフォルニアンイデオロギー」と呼びました。「カリフォルニアンイデオロギー」はヒッピーとハッカーの理想が混ざり合ったもので、

定義するのが難しいものです。どちらも個人の自由と反権威的な思想をもっています。

　ヒッピーからは、人間性の尊重や自然主義を引き継ぎながらも、ハッカーからは、テクノロジーへの過度な楽観論と権威から干渉されない絶対的な自由を求める思想が、不思議な共存関係にあります。

　このような思想や信念が、エンジニア文化やサブカルチャー、シリコンバレーからやってくるベンチャー企業のソフトウェアを通じて、日本にも表面的・断片的に流入しています。自覚的・無自覚的にかかわらず、ソフトウェア産業に従事する限り、影響を受けているものです。

軽量ソフトウェア開発プロセス

　1980年代から1990年代は、ソフトウェア開発の前提が大きく変わり始める変動期に差し掛かっていました。大学や大企業・政府といった機関を顧客としていた時代から、一般の人々が使うソフトウェアを開発するように時代が移り変わっていったのです。

　こういった中、従来の計画主義的なソフトウェア開発プロセスは、ソフトウェア技術者たちにとって、様々な悲劇を生み出しました。完成しないソフトウェア、終わらないバグフィックス、過負荷な労働時間や現場の混乱。もともと優れたソフトウェア技術者は、自由と反権威的な思想性を色濃くもっています。このような状況を少しでも改善したいと思うのは自然な流れだといえるでしょう。

　そうして、同時期にいくつもの新しい価値観に沿った「ソフトウェア開発プロセス」が生み出されていくことになります。それらには既存のソフトウェア開発プロセスと異なる共通点が多くみられます。

　それは「人間性の尊重」「組織学習の取り入れ」「システム論」「経験主義的」などの新しい価値観をベースとしているため、変化に対して適応的で「短い期間の工程を繰り返す」といった特徴がありました。

　このような開発手法たちは、従来の開発プロセスとされた知識体系とは独立的に作られました。複雑な複数のルールを束ねた知識体系がある従来のプロセスとは違い、多くの場合数ページの基本的な理念で構成されたそれらのプロセスは、重厚長大な従来のものと異なり、「軽量プロセス」と呼ばれるようになりました。

■ **スクラム**

　1986年に上梓された野中・竹内による論文『新しい新製品開発ゲーム』(The New New Product Development Game) に着想を得て、1993年にジェフ・サザーランドらは、自身のソフトウェア開発プロジェクトに対して、今までにないアプローチを試みました。それがのちに「スクラム開発」と呼ばれる方式へと発展していきました。

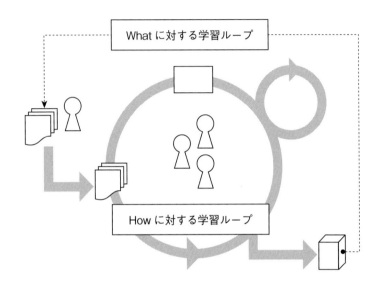

　スクラム開発の詳細は、第4章で取り扱いますが、ここでは簡単にスクラムのコンセプトについて、紹介します。スクラムは、つづめると「振り返りのためのフレームワーク」といえます。

　スクラム開発の手引き書といえる『スクラムガイド』は2016年版においても18ページ程度と極めて短く、端的な文章で解説されています。そのため、プロセスとして定義されていることは非常に少なく、覚えようと思ったら1日で十分なほどです。

　その中で定義されているプロセスの骨子となるものは、2つの学習ループです。1つは開発現場における改善を促すような「計画」と「振り返り」です。これは、「Howに関する学習ループ」と言い換えることができます。もう1つは、プロダクトの意思決定者と共に行う顧客に対して何を届けていくべきかを検証する、いわば「Whatに関する学習ループ」です。

　この2つの学習ループを短い期間で繰り返していくことが、スクラム開発が主に定義していることです。これは、「ダブル・ループ学習」を開発プロセスに取り込んだ

ものといえます。

■エクストリームプログラミング

エクストリームプログラミングは、1999年に、ケント・ベックによって定式化された軽量開発手法で、「XP(エックスピー)」と省略されることもあります。もともとは、建築家のクリストファー・アレグザンダーによって提唱された都市設計におけるパターンという概念に由来しています。

様々な創造のためのナレッジを明文化して、それぞれの関連性を紐づけていくことで、現場に存在する暗黙知を「こんなケースではこのようにするとよかった」という形でカタログ化していくことで、形式知へと吸い上げていくプロセスのことをパターンと呼びました。

この考えに共鳴して、ソフトウェア開発にもパターン言語を取り入れる動きが起こりました。それが、GoFなどで有名なデザインパターンという運動です。

ソフトウェア設計に使われたパターンという考えを、開発プロセスに敷衍させていき、うまくいくソフトウェア開発の現場の中の暗黙知を形式知とし、カタログ化していくことで生まれた手法がエクストリームプログラミングです。

エクストリームプログラミングは、ドキュメントよりもソースコードを、組織開発の歯車になるよりも個人の責任と勇気を重んじるような、人間中心のプロセスであるとされています。

■適応型ソフトウェア開発

適応型ソフトウェア開発（Adaptive Software Development）は、ジム・ハイスミスが「生命科学」、「複雑系科学」とピーター・センゲの「最強組織の法則」などをソフトウェア開発プロセスへと取り込んだ試みです。

適応型ソフトウェア開発は、不確実なビジネス環境から生き残るためには、きっちりと役割と作業分担の決まった官僚機構的なワークフローではダメで、生命現象がもたらすような「創発」的な機序が必要であるという考えを基本軸としています。

そのためには、PDC(Plan／Do／Check)といった発想ではなく、「思索／コラボレーション／学習」という要素が重要であるとしています。

■リーンソフトウェア開発

「リーン生産方式」を受け、1993年、ロバート・シャレットは、リーンの考え方をソ

フトウェア開発に適用した「リーンソフトウェア開発」を発表します。

英語における「リーン」は「贅肉を削ぎ落とした」という意味です。この「贅肉」にあたるものを3つの日本語で表現しました。

ムダ	「付加価値のないもの」のこと。顧客に対して付加価値を提供できないものを極限まで減らしていくための考え方
ムラ	「不均一」のこと。開発フローにおいて、作業やコーディングルールといったものを均一にしていくことでタスクのばらつきを減らし、スケジュールなどの予見可能性を上げていく
ムリ	「過負荷な労働」や「不合理なストレス」のこと。一時的に過負荷にして、パフォーマンスが出ても長期的なパフォーマンスを実現することはできない

これら3つの「贅肉」を減らしていくことで、引き締まったソフトウェア開発を実現するというのが「リーンソフトウェア開発」の重要なポイントです。これらは、「トヨタ生産方式」やデミングの哲学を踏襲したものです。リーンソフトウェア開発では、この3つの「贅肉」を減らすために重要な7つの原則を定義しています。

・原則1. 全体を最適化する

　目的を明確にして、システム全体の構図から必要なことに労力を割けるようにします。

・原則2. ムダをなくす

　顧客に価値のない機能やタスクをなくしていくことで効率を上げていきます。

・原則3. チームに権限委譲する

　チームが、意思決定をできるように権限を委譲します。これによって、チームは全体的なシステムを理解することが促され、スピーディに効率よく動くことができるようになっていきます。

・原則4. 学習を強化する

　失敗を恐れず、失敗から学ぶことを重視します。経験的に得られた知識のみを重視して、成功するために不確実性を減らしていきます。

・原則5. 早く提供する

　早期に連続的に価値のある製品を提供することを重視します。顧客満足のために短い時間で顧客に動く製品を見せて、目的の不確実性を減らしていきます。

・原則6. 品質を作り込む

　製品の最終段階でテストを行うのではなく、継続的に仕組みによって品質が担保されるようにし、品質自体を作り込む対象として見えるようにしていきます。

・原則7. 決定を遅らせる

　ジャストインタイムに基づいて、必要なものを必要なタイミングで作るようにし、意思決定を遅らせます。意思決定を遅らせるとは、第1章で紹介したリアルオプション戦略を採るということです。

アジャイルソフトウェア開発宣言

　このように様々な軽量ソフトウェア開発プロセスが生まれる中、それぞれの提唱者や実践者が集まり、2001年に「アジャイルソフトウェア開発」という概念として整理し、発表しました。ここから、アジャイルムーブメントと呼ばれるソフトウェア開発手法の再考が加速していくことになります。

■対比によって書かれた宣言

　アジャイルソフトウェア開発宣言は、4つの事柄について対比的に「従来重視されてきたもの」「これから重視していくべきもの」として構造的に描かれています。

従来重視されてきたもの	これから重視していくべきもの
プロセスやツール しばしば、問題はプロセスやツールに求められる。しかし、ツールやプロセスを重視しすぎると問題の本質を見失う	個人と対話 チームにいる「個人」に注目して問題を解決するほうがよい。それは「対話」によってなされる
包括的なドキュメント しばしば、問題は包括的なドキュメントを書くことで解決しようとする。しかし、それは実装には影響を与えないので、失敗をしてしまう	動くソフトウェア 最終的な価値は、動作するソフトウェアによって顧客が満足することで、間接成果物に「本質的な」価値はない
契約交渉 最終顧客への価値提供のためにシステムを開発しているが、契約交渉によって問題を解決・隠蔽しようとすることがしばしばある	顧客との協調 最終顧客から、適切にフィードバックをもらい、適時計画を変更することで、本来求めているものを確実に届けることが重要である

計画に従うこと	変化への適応
しばしば、一度立てた計画は、「コミットメント」となって、それ自体を変更することができなくなってしまう	市場や、開発を進める中で起きた出来事に対して、柔軟に対応することが重要である

　これは、軽量ソフトウェア開発手法の実践者たちが、世間に投げかけた「問い」です。つまりこれは、何かの「答え」ではありません。

　しばしば、この「AよりもBを重視しよう」という宣言は、「Aはいらない」という意味に曲解されてしまうことがあります。アジャイルソフトウェア開発宣言には、「前項の事柄に価値があることを認めながらも」という注釈がついているように、全くの不要だという話はしていません。

　アジャイルとウォーターフォールなどの計画主導型開発プロセスが、二項対立的に捉えられるのは、このような「対比の構造」を「対立の構造」に読み替えてしまったために発生しているように思います。

■ 重視されてきた4要素の原因

　ここで考えるべきは、なぜ「これまで重視されてきたもの」がこれまで重視されて来たのか？という問いです。

「プロセスやツール」「包括的なドキュメント」「契約交渉」「計画に従うこと」は、ソフトウェアを作る目的と必ずしも合致するわけではありません。にもかかわらず、彼らの目からは対比された「個人と対話」「動くソフトウェア」「顧客との協調」「変化への適応」よりも絶対視される傾向があったことを示唆しています。

　前項の4要素は、ソフトウェア開発が「発注者」と「受注者」という2つの役割によって分断されたあとに、受注者が「発注者から自身を防衛するために作りあげる」要素です。

　発注者はソフトウェアによって自身のビジネス上の課題を解決したいと考えています。一方、彼らは発注者である以上、ソフトウェアに関する知識がない人が多いため、計画外の要求や納期の絶対視、完成した製品を見ての追加要求などを無自覚に発生させてしまいます。

　これに完全に従うだけでは、受注者のビジネスは安定しませんし、責任も負えません。そこで、計画と契約によって責任分界点を作ることを望み、計画の成果物としてのドキュメントや、再現性のある計画実行を行うためのプロセスやツールによって開発人員を平準化しようとします。

これによって、できあがったソフトウェアが本当にビジネスのためになったかに関わらず、契約遂行さえできれば自身を防衛することができます。そのため、受注者がこれらの4要素を絶対視するのは、発注者のソフトウェア開発に対する無理解から、自身の身を守る命綱であったからといえます。

　これは、第1章の「カレーの寓話」で述べたことと同じような現象です。入り口には、発注者と受注者の「情報の非対称性」があり、そこから役割が2つに分かれたことによる「限定合理性」が生まれます。そして、無自覚な「攻撃」に対して、「防衛的」に振る舞うという結果です。この受発注構造における防衛的な振る舞いは、経済学においては「プリンシパルエージェント問題」と呼ばれます。

　このような状況は、実は発注者にとっても受注者にとってもお互いに不幸です。なぜなら、発注者は、受注者に対する監視コストや仕様と計画の確定がコストとなり、ビジネスの成功確率も減ってしまいます。受注者は、画一的で納期に縛られた開発を強いられ、できあがったソフトウェアの品質も悪くなってしまい、つまらない仕事になってしまいます。

　このような状況の問題解決は、「役割を分断しない」ことと「情報の非対称性」を解消することです。そのため、アジャイルソフトウェア開発宣言は「顧客との協調」「個人との対話」「動くソフトウェア」そして「変化への適応」を重視すべきだと問いかけたのです。

アジャイルの歴史に見る3つのポイント

　これまで見てきたように、アジャイルという思想を育んだ歴史は、日米の戦後現代史の大きなうねりの中で生まれたものでした。このうねりと思想史を顧みることをしなければ、極めて狭い範囲でしかアジャイルという言葉の意味をつかむことができないでしょう。

　これまでの歴史を総括して、アジャイル理解のための3つのポイントをまとめます。

■日本は米国に、米国は日本に学んだ結果

　アジャイルというコンセプトは、当時主流であったソフトウェアの「開発プロセス」の発展の中で生まれたというよりも、むしろそこから断絶して、「経営理論」に背景をもっています。

　戦後の日本は、デミングや米軍から学び、そして復興を果たしアメリカを脅かす存在にまでなりました。そして、それ受けて、アメリカは日本企業からその成功の要因

をできうる限り学ぼうと試みました。

　それらの経営学的成果と近現代に生まれてきた「新しい合理性」の考えが入り混じり、それらが西海岸の思想的風土と融合して様々なソフトウェア開発における新しい手法が同時期に独立で生まれていくこととなりました。

　そして、その新しいソフトウェア開発手法の実践家たちは、「アジャイルソフトウェア開発宣言」を行い、そのムーブメントを引き起こしていきます。

　ある意味で、日米合作のコンセプトともいえるアジャイル開発が、日本国内においても未だ理解者や実践者が少なく、世界各国に遅れをとっている状態というのは、数奇な歴史の生み出した悲劇とも喜劇ともいえます。日本にとって、アジャイルを学ぶというのは失われた日本的思考を取り戻す旅であるのと同時に、アメリカが取り入れた「東洋」という「新しい合理性」を体系的に取り入れることでもあります。

■組織学習をプロセスに組み込んだ

　製造プロセスが次第に組織学習へと発展していったように、ソフトウェア開発プロセスもまた、組織学習を取り込んで進化していったというのが、アジャイル開発を捉える上で重要な歴史認識だといえます。

　プロセス自体をルールでがんじがらめになるのではなく、適切な文化やナレッジが作られていくという工程そのものを大事にしています。そのため、プロセスに定義されたルールは少なく、どのようにチームを作っていくべきかということがアジャイル開発では重要な主眼になっています。

　ルールよりもむしろ、対話によって通信不確実性を減らしていくことや、必要があれば、市場自体の不確実性に対して仮説検証的に取り組むというのもアジャイル開発の特徴です。

■複数の軽量プロセスの総称

　アジャイル開発とは、決まったプロセスのことではなく、複数の同時多発的に生まれた軽量開発手法の総称や共通点から導かれたムーブメントです。これは、従来の開発プロセスに対して対比的に説明されるため、結果的に「比較可能」なものとして理解されてしまうことが多くなってしまいました。

　アジャイル開発は、従来の開発よりもより広いスコープを対象として開発チームを捉え直す「ムーブメント」です。ですので、従来の開発手法と比べて、どちらがよいかと考えるようなものではありません。

3-3. アジャイルをめぐる誤解

本章では、ここまで、アジャイル開発がどのような背景で生まれてきたのかを説明してきました。それを踏まえて考えると、巷の言説の中には、アジャイルに関する誤解や無理解が多く含まれていることに気がつきます。

典型的な5つの誤解を見ながら、なぜそのような誤解が生まれてしまったのかを考えていきましょう。

アジャイルに関する5つの誤解

以下の表にアジャイルをめぐる典型的な誤解を伴った発言をまとめました。これらの5つの誤解について、それぞれ解説をしていきます。

誤解	典型的発言
アジャイル開発は決まったプロセスである	ウォーターフォールかアジャイルかうまく使い分ける必要があるよね
アジャイル開発では設計をしない	アジャイルやるのは反対。ちゃんと設計しないとダメだ
アジャイル開発は優秀なメンバーが必要	うちのメンバーは優秀じゃないので、アジャイルできない
アジャイル開発では中長期計画がない	アジャイルだから、計画しないでもいいんだ
アジャイル開発は開発者に決定権がある手法だ	アジャイルにすると開発者が好き勝手に開発するんでしょ？

■誤解1：アジャイル開発は決まったプロセスである

これまで見てきたように、アジャイル開発は、アジャイルなチームを作るための方法論で、複数の軽量開発プロセスの総称です。従来的なプロセスとは異なり、ルールは少なく、かなりの自由度があります。

そのため、「アジャイルなチーム」を作るという目的を達成しながら、「ウォーターフォール」という言葉で意識されがちなスケジュール不安について中心に対応するようなプロセスや文化を作り上げていくことができます。

また、大規模なソフトウェア開発であったとしても、複数のアジャイルなチームに分かれて構築することもできます。しかし、この誤解は「アジャイル開発を推奨している人々」にも見て取ることができます。顧客の経営上の課題に対して、最もフィッ

トするように適応していくことがアジリティを生み出します。

その理解なしには、開発者からの押し付けがましい要求にしか見えません。この対話と理解を通じてでない限り、情報の非対称性は解消されません。

■誤解2：アジャイル開発では設計をしない

確かにアジャイルなチームは、顧客に価値を届けることを最大の目標にしています。それ以外の中間成果物を「価値」とはみなしません。そのため、不必要な設計文書やその工程は、無駄なものとみなされます。

しかし、「設計をしてはいけない」とは一言も言っていません。設計工程だけでは、進捗とみなさないだけです。それはドキュメントについても同じことです。必要ならば、ドキュメントを書いたほうがよい場合もありますし、ナレッジの形式知化というのは重要な組織学習の要素です。

ですが、何かを人に伝えたいという目的のために、ドキュメントを書いたり、設計文書を作ったりするのであれば、口頭やチャットベースのコミュニケーションをするほうが、情報の伝達効率がよいと考えるだけです。

この誤解は、開発者にも多く見られます。何かを作る際に設計を考えるのは当たり前のことですが、それを経由せずに場当たり的にプログラミングしてしまい、バグや遅延を引き起こしてしまうことがあります。そのような場合、チームのメンバーに設計を伝えて、共に考えていくことが必要です。

このような話が出るときは、チームの中でのコミュニケーションがうまくいっていないことを示唆しています。それを改善していくのがアジャイルなチームを作るために最も必要なことです。

■誤解3：アジャイル開発は、優秀なメンバーでないとできない

アジャイル開発は組織学習をプロセスに取り込んでいます。アジャイルなチームとなっている組織とそうでない組織を比較して、個々のメンバーを眺めてみると、確かにアジャイルなチームのほうが優秀なメンバーが揃っているように見えるでしょう。

しかし、初めから優秀なメンバーを揃えないとできないというわけではありません。おそらく、アジャイルな方法論を取り入れることができないほど優秀でないメンバーであれば、他のプロセスを採用したとしてもうまくいく可能性はありません。

アジャイル開発は、チームにフォーカスします。メンバーには自立性が求められ、チームは常に課題と直面する必要があります。最初は、それができずに多少の問題も

出るでしょうが、その問題はかえって成長を促すことにつながるでしょう。

　アジャイルな方法論を用いて、一定サイクルを繰り返した後、アジャイルなチームとなっていれば、個々のメンバーの成長が促されているはずです。結果的にうまくいっているアジャイルなチームには優秀なメンバーがいるように見えるという現象が起きます。

■誤解4：アジャイル開発では中長期計画がない

　アジャイルなチームを抱える組織で中長期計画を立てられないということはありません。むしろ、計画を立てることはいつでもできます。仮に計画が変化したとしても、そのチームはそれに合わせて柔軟に動くことができるため、あまりに不確実性が大きいケースでは中長期計画を立ててもさほど意味がない、とビジネス的な意思決定をされることはあるかもしれません。

　もし、仮に計画が変わらなければ、目的不確実性が低い状態であるので、アジャイルなチームは方法不確実性を徐々に下げていくことになります。そうすると「いつ終わるはずか」というスケジュールの変動幅は徐々に小さくなります。そのような場合において、次章のスケジュールマネジメントで詳細に解説します。

■誤解5：アジャイル開発は開発者に決定権がある方法だ

　このような誤解も原因と結果を履き違えた典型的な誤解です。これは経営者においても、アジャイル開発を知らない現場の開発者においても多く見られる誤解です。

　アジャイルなチームは、開発しているプロダクトの顧客ニーズやビジネス価値について、深く理解するようになっていきます。目的不確実性をターゲットに削減するために仮説検証を繰り返すからです。

　そのため、ビジネスサイドは、より抽象的で不確実性の高い段階で、要求を定義できるようになっていきます。このような関係性の中で、開発に関わる意思決定の権限は、徐々に委譲されていくことになります。そのため、優れたアジャイルチームになるほどに権限委譲が行われます。

　そして、そのことがさらに生産性を向上させていくことになります。しかし、開発とビジネスの間に情報の非対称性や限定合理性が発生している場合、権限を委譲してしまっては、両者にとって最悪な結果を導いてしまいます。

　権限にかかる期待値が破綻している場合、チームは生産性を発揮することはできません。これについては第5章で詳しく説明します。

アジャイルはなぜ誤解されるのか

　アジャイルの歴史で見たように、アジャイル的なものは、日米それぞれが各々学んだ結果として生まれた経営哲学的思想です。日本は、トップダウン的で要素分解的なアメリカの思考様式に憧れを抱き、それを吸収しようとしてきました。

　一方、アメリカは、日本に「東洋的な神秘」という憧れを抱きながらも、生命現象や自然科学の発展の中で類似点を見つけ、社会学や経済学・経営学に取り込んでいきました。その結果、西洋的な思想と東洋的な思想を統合した「新しい合理性」を獲得していきました。

　このような流れを捉えていないと、現在の我々に欠けている発想が何であるのかが捉えきれず、大きな誤解をしてしまうことがあります。

■経験主義が理解されていない

「わからない」ことは「実験して把握する」しかありません。第1章で述べた経験主義の考え方です。アジャイル開発は、経験主義的・仮説検証的な不確実性の削減をフォーカスとした方法論です。

　この言葉の意味が理解されていない場合、経験は無意味に捨てられ、知識は蓄積されなくなってしまいます。その結果、アジャイル的なプロセスを導入しても、カウボーイコーディングと呼ばれるような無秩序な状態を引き起こしてしまうことがあります。

■メタファーがわかりにくい

　システム思考、創発や自己組織化、禅のようなメタファーは、複雑系科学やシステム論の用語で、それを知らない人に伝わりません。通信不確実性こそ、対応していくべきことであるのに、その用語を乱暴に用いたり、コミュニケーションを断絶することに一役買ってしまいます。

■対立の図式で流通した

　これは米国でもそうですが、ウォーターフォールとアジャイル開発といった図式での説明が目立ちました。そのため、アジャイル開発は何か別のソフトウェア開発プロセスであると誤解させてしまいました。

　実際には、アジャイルという言葉は特定のプロセスではなく、チームの状態のことを指しています。アジャイルな方法論は、チームを作る方法論として、チームメンタリングを行うために有用な考え方です。

■ すでにあるビジネスと開発の対立を促進してしまった

　多くの開発現場で、ビジネスと開発というのは対立的な構造になっています。それは、開発知識とビジネス知識という役割の違いによる「情報の非対称性」がすでに存在するからです。

　本来、アジャイルな方法論はこのような「情報の非対称性」を減らしていくための手法なのですが、従来から存在する組織対立における逃げ道として「アジャイル」という言葉がバズワードとして流行し、あらゆる問題の解決策のように用いられたことも誤解の原因だと思われます。

　そのため、開発者は自分の限定合理性をアジャイル開発の利点として説明し、ビジネスサイドはその話を聞いて限定合理性において、アジャイル開発を理解しました。これによって、「アジャイルはこうだ」という認知の歪みが業界全体に蔓延しているのでしょう。

■ 従来の手法を重視する人のアイデンティティに触れた

　また、開発者やプロジェクトマネージャーを生業としてきた人の中にも「認知の歪み」が発生する構造があります。アジャイルのブームの推進やこれまでやってきたウォーターフォール的な開発プロセスにおける知識が、否定されているように感じるためです。

　アメリカの Lisp プログラマで、エッセイストでもあるポール・グレアムは自身の『KEEP YOUR IDENTITY SMALL』（http://www.paulgraham.com/identity.html）というエッセイの中で、「人はその人のアイデンティティの一部となっていることについて実りある議論はできない」と指摘しています。

　生業となっていた知識が否定されるという体験は、心理的安全性を脅かし、アイデンティティに届きます。そのため、従来型の開発手法を用いて仕事をしてきた人の一部にとっては、新しい手法に対して回避的・攻撃的な行動へと転嫁されてしまってもおかしいことではありません。

　実際には、プロジェクトマネジメントにおける知識体系もアジャイルな方法論における知識体系も、適切な場所で適切に用いれば有効な知識になります。なぜなら、アジャイルという動きは、既存のプロジェクトマネジメントの中の成功パターンをカタログ化し、組織学習の仕組みを取り入れたものだからです。それまでの成功体験も失敗体験もプロジェクトマネジメントで学んだすべての知識は、アジャイル開発においても活用できるものです。

ところが、アイデンティティを攻撃されたと感じた人々は、アジャイルかウォーターフォールかといった、二者択一のゼロイチ思考に陥ってしまうのです。

しかし、アジャイルソフトウェア開発宣言から15年以上経過している現在において、このような構造的対立や誤解のある状態続けることは健全ではありません。

何しろ、アジャイルな方法論が達成しようと試みた「通信不確実性」の削減というスコープが、さらなる「通信不確実性」を増大させてしまうという現象は、悲劇的であると同時に、問題解決の難しさを如実に示しているように思います。

■ クールエイドを飲むな

米国における俗語に「クールエイドを飲むな」という言葉があります。この言葉は、ある宗教団体が信者との集団自殺を図る際に、シアン化合物を「クールエイド」という粉末タイプのジュースと共に飲んだことに由来して、「誰かの思想信条を無批判に受け入れる」という意味として用いられています。

アジャイルという言葉は、進歩的でかっこいい最新の開発手法として流行しました。そのため、その考えに対して安直に「クールエイドを飲む」ような人々が現れてしまいました。

アジャイルという言葉が誤解されている理由には、こうしたクールエイドを飲んでしまった人々にも問題があります。

アジャイルなチームになるための開発手法に対して、教条主義的に「こうでなくてはダメだ」というように意固地になってしまう人々がいたためです。そうした人々は、書籍にはこのように書いてあるからだとか、誰々はこうだと言っていたからというように権威主義的にアジャイルな方法論を捉えてしまいました。

このような「アジャイル」というクールエイドを飲んでしまった人々をアジャイル教条主義者と呼ぶのであれば、アジャイルというムーブメントは、アジャイル教条主義者によって「誤解」を増大させた部分があります。

こうした人々は、既存の開発プロジェクトにおける苦い経験から、そのような状況を再現したくないという思いが、個人のアイデンティティへと密接に関わってきてしまいます。その結果、「アジャイルな方法論」を理解している（と思っている）人と、それを知らない人という「情報の非対称性」が発生します。

このような状況に対して、必要なのは「情報の非対称性」を解消すること、つまり、コミュニケーション能力です。自分たちと他の人たちとを隔てる目的意識のズレを傾聴と対話によって調整していくことによって、その問題を解決するには、今何をすべ

きかと考えるのが本来的な「アジャイルな」立ち振る舞いであるはずなのです。

しかし、手法に拘泥する教条主義者によって、さらに問題は複雑に入り組んでしまいました。「クールエイドを飲んだ人々」によるWeb上での議論は、既存の開発手法をアイデンティティとする人にとっても、ビジネスとアジャイルの関係がわからない人にとっても、誤解や対立を生み出してしまうことがあります。

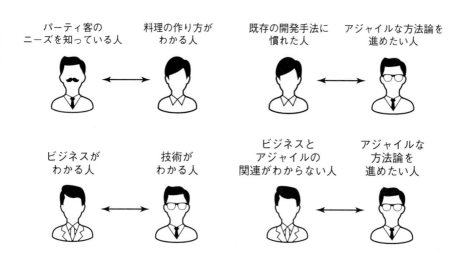

ここで第1章で述べた「カレーの寓話」を思い出してみましょう。この寓話では、「パーティ客のニーズを知っている人」と「料理の作り方がわかる人」という「情報の非対称性」が、役割を分割して、互いのアイデンティティへの攻撃を知らず知らずに行ってしまい、不和が加速し、2人にとって達成したかった目的は、果たされませんでした。

このような関係が、「ビジネスニーズを把握している人」と「技術を把握している人」の間で起きてしまうというのは問題です。このような問題をコミュニケーションを通じて解決するということが、「アジャイルな状態」に至るために必要なことだと考え、ルールや契約によって役割を分断する前にコミュニケーションや対話を重視しようと宣言されたものが、「アジャイルソフトウェア開発宣言」でした。

しかし、このような情報の非対称性が、「アジャイルを進めたい人」と「ビジネスとアジャイルの関連がわからない人」や「既存のプロジェクトマネジメントに慣れている人」との間に発生し、それが解消されないままに問題を引き起こしてしまうこと

があります。

このようにして、巷に溢れるアジャイル開発をめぐる言説には、誤解や無理解、対立図式が生まれてしまったのです。

もちろん、アジャイルムーブメントはただイタズラに誤解を広めただけではありません。非常に多くの実践者を生み、「情報の非対称性」を乗り越えた経験を多くの開発者が実感することになりました。そして、その経験者がさらにアジャイルムーブメントを広げていく原動力となっています。

惜しむらくは、これらが「体験」「体感」を伴うものである以上、「アジャイル」という概念をめぐる整理と総合的な理解というものが、言語化できていない部分が多いというところにあります。

そのため、あるチームでの成功体験をそのまま別の問題を抱えるチームにもってきてしまって、うまくいかないとか対立が生まれるということもしばしば目にします。

3-4.アジャイルの格率

アジャイルに関する議論がややこしくなってしまうのは、アジャイルという言葉の多義性にあります。本章において意識していた言葉の使い分けは以下の表の通りです。

言葉	言葉の意味
アジャイル	**目的地（ゴール）** 環境に適応して、最も効率よく不確実性を減少させられている状態。理想状態なので、決して到達できない地点
アジャイルなチーム （自己組織化）	**目的地に向かう集団** 理想状態に向かって、前進しているチームの状態。ゴール認識のレベルが高くチームマスタリーを得ている
アジャイルな方法論	**目的地に向かうための考え方** 理想状態にチームが向かうために、お互いにメンタリングし、不確実性に向き合い、減少させるにはどうしたらよいか考えるための組織学習の方法論や考え方
アジャイル(型)開発	**目的地に向かう特定の移動手段** アジャイルな方法論を取り込んだある具体的なチームで実行されている開発プロセスのこと。移動中に状況に応じて書き換えられ、別のものに変化していく

アジャイル開発手法 (アジャイルプラクティス)	移動手段の手引書に書かれていること アジャイルな方法論を取り入れやすくするためのルールやフレームワークとしてまとめられている手法。多くの場合、状況に合わせてそこに書かれていることも変化させる必要があると書かれている

このように、言葉の意味を区別していくと議論が円滑になります。

たとえば、前述の「アジャイル教条主義者」であれば、「アジャイル開発手法」は知っていても、「アジャイルな方法論」を会得していないために、チームを「アジャイルなチーム」にすることができていないことがわかります。

「アジャイル」は理想状態

アジャイルという言葉は、「ある理想的な状態」を指しています。その理想的な状態というのは、「チームが環境に適応して、不確実性を最も効率よく削減できている状態」のことです。これは、自己組織化とも呼ばれます。この状態は、理想的な状態なので決して到達することのできないような高いゴールを指しています。

この状態に向かうために、チームにはある「問い」が投げかけられます。それは「どのようにしたら、私たちはもっと不確実性を減らすことができるだろうか」という問いです。

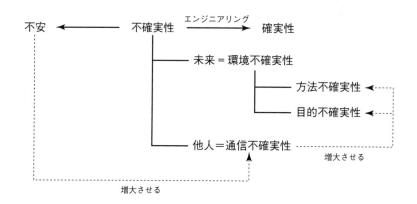

不確実性とは、「わからないこと」です。私たちがわからないことには、未来と他人があります。未来の不確実性は、ソフトウェアをどのように作るかという方法不確

実性と何のためにソフトウェアを作るのかという目的不確実性に分かれます。また、他人の不確実性は通信不確実性といい、コミュニケーションが不確実であるために情報の非対称性や限定合理性が生まれてしまいます。

そして、不確実性は、「不安」を生み出します。わからないものは自分を脅かすかもしれないと本能で感じてしまうからです。不安は、コミュニケーション不確実性に変わり、それは未来の不確実性を増大させます。

アジャイルな方法論

アジャイルな方法論は、「私たちはどうしたらもっと不確実性を減らせるのか」という「問い」に対する答えの1つです。そのためには、不確実性を増大させる連鎖となる「システム」にアプローチする必要があります。

■不安に向き合うこと

私たちはわからないものに対して、不安を抱えます。その不安の正体は不確実性なのですから、「何が不確実なのか」という問題に変換する必要があります。しかし、1人で不安に向き合うというのは難しいものです。そこで、チームの力を借りることで不安に向き合います。

それが「振り返り」や「学習」という仕組みをアジャイルな開発手法がとる理由です。問題を隠してしまうよりも、チームで共有したほうがよいというように、対人リスクを取りやすくすることによって促されます。

不安に向き合い、解決しようと考えることで「認知フレーム」を取り外し、前提条件や思い込みを乗り越えた解決策を模索することができます。これによって、「不安」が通信不確実性へと転嫁されることを防ぎます。

■少人数の対話を重視する

通信不確実性を極力削減するためには、大人数では難しくなります。できる限り少人数で、最も情報の多い対面でのコミュニケーションによって情報共有を行います。これによって、「情報の非対称性」を減らすように努めます。

「情報の非対称性」がある状況では、知らず知らずにお互いのアイデンティティを傷つけてしまう恐れがあります。そのような場合にも「心理的安全性」が十分に高く、相手に対するリスペクトをもっている状態であれば、破滅的なコミュニケーション断絶は起きません。「今の発言で、ちょっと傷ついたよ」と一言言うことができれば、

相手もそれに気が付けるからです。

■役割を分けない

「カレーの寓話」では、情報の非対称性がある2人が、役割を分けたことによって、異なる目的意識が発生し、「限定合理性」を生み出しました。アジャイルな方法論で重要なことは、役割で関係性を縛らないことにあります。

　自分が「役割を遂行するにはどうしたらよいか」ではなく、チーム全体の目的において、「今自分は何をすべきか」という問いをメンバーが常にもつことになるからです。

　このようにして、「情報の非対称性」と「限定合理性」を抑え込むことによって、通信不確実性が環境不確実性に転嫁されることを極力押さえ込みます。

　また、役割を分けない、決めないということは、ある専門性をもったメンバーがいたとしても、必要に応じて、別の専門領域の事柄も手伝って行くように変化させていきます。そのときには、別の専門領域をもったメンバーの補助を受けながら、新しいスキルを獲得するようになっていきます。

■経験のみを知識に変える

　そもそもわからないものが不確実性です。ですが、「うまくいく」ことだけを目的としてしまうと、「うまくいかなかった」ときに不安が増大してしまいます。

　実験を行う前にいくら実験結果について議論しても答えは出ません。まずは、実験をしてみることが重要です。そして得られた結果だけがチームにとって重要な知識になります。

　たとえば、「見積り」について考えてみましょう。ソフトウェア開発は同じことを二度繰り返す必要が基本的にないので、毎回どこかしら初めての作業になります。そのため、作業見積りというのはいい加減なもので、正解とは限りません。ですが、作業実績であればどうでしょうか。これは過去の実例なので正確な数値です。これをもとに将来を見通すほうが、より正確になるはずです。そして、見積りと実績を比べて正確さを増していくという繰り返しをすれば、見積りの精度は高くなっていきます。

　このようなコンセプトで、方法不確実性や目的不確実性にアプローチするのが、アジャイルな方法論の考え方です。

■意思決定を遅延する

「意思決定の遅れ」というと、本来、早くに意思決定できたのにしなかったために大

惨事になってしまったという経験から、大体において悪いことのように思われてしまいます。

「意思決定の遅延」とは、あらかじめ大惨事にならないようにしておけば、意思決定を遅延しても大丈夫だということに基づいています。このような考え方を第1章では「仮説思考」あるいは「リアルオプション戦略」として紹介しました。

仮説思考は、少ない証跡から大胆な仮説を構築し、それをもとに検証することで、経験主義よりも多くの不確実性を削減できるという考え方でした。

この際に、検証のコストを小さくする「選択肢（オプション）」を作ることができれば、削減しようとする「不確実性」の大きさ自体を金銭的価値に変換できるという戦略が「リアルオプション戦略」です。

このように仮説思考とリアルオプション戦略を導入することによって、経営上の意思決定を遅延させることを目指すのが、アジャイルな方法論の1つです。

■ 価値の流れを最適化する

アジャイルな方法論は、完了を目指すプロジェクトマネジメントよりもむしろ、永続を目指すプロダクトマネジメントを重視しています。そのため、継続的に顧客へ価値を提供することを主眼とした最適化を行います。

そのように考えると、プロセスを「最適化」するであるとか、アウトプットを最適化するといった際に「最適化」すべき対象が異なってきます。

これはシステムのパフォーマンスを最適化する際にも必要な考え方なのですが、システムのパフォーマンスの指標には大きく2つあります。1つが、レスポンスタイムです。レスポンスタイムとは、ある要求に対して、それが応えられるまでにどれだけの時間がかかったかを表す指標です。それに対して、もう1つがスループットという指標です。これは、ある時間内にどれだけの要求に答えられたのかという指標です。

プロジェクト型チームでは、ある要求に対してどれだけ早く応えるのかというレスポンスタイムに注目し、レスポンスタイムを最適化しようとします。そのため、余剰なリソースがあれば、その要求の高速化に利用します。

一方、プロダクト型チームでは、ある時間内にどれだけの要求に応えるのかを最適化します。つまりスループットの最適化です。そのため、要求の処理が滞っているポイント（ボトルネック）を探し出し、そこに対してメンバーが自発的に解決するように調整していきます。

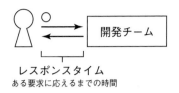
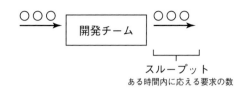

しかし、これは基本的な考え方であるものの「アジャイル」であることの絶対的な必要条件ではありません。チームにおける最大の不安が、「ある要求に対していち早く応えること」であった場合には、チームはスループットの最適化よりもレスポンスタイムの最適化を試みる場合があります。

重要なことは、開発チームが抱える不安と要求を出すプロダクトのオーナーとの意志が統一されていることです。今、チームの抱える不安やゴールへの不確実性のために何をすべきかを考えることが最も重要なことです。

アジャイル開発は「脱構築」される

「アジャイルへ至るために、私たちは何をすべきか」「どうしたら、もっとチームの抱える不確実性を減らしていけるのか」という問いをもち続けることが、アジャイルの起点です。

それに対する答えとして、今までとらわれていた常識の認知フレームの外にある考え方が、「アジャイルな方法論」です。アジャイルな方法論を用いて、チームの認知をリフレーミングしていくことが、アジャイルな方法論を「チームメンタリング」であるとする理由です。

そして、これらの方法論を実践するために、どのような手段を用いるのがよいかというカタログが、「アジャイル開発手法」や「アジャイルプラクティス」と呼ばれるものです。

プラクティスという言葉は、「練習・修行」という意味です。何か最適な手法が1つだけあり、それを実行さえすれば、問題が解決するのではなく、アジャイルという状態に至るために必要な「修行」の1つであると捉えると、その本質がよくわかるでしょう。

自分たちの状態や周囲に存在する不確実性をしっかりと観察し、チーム状態をよりアジャイルに導いていくための暫定状態で用いている手法のことを「アジャイル開発」

と呼んでいます。

　チームが同一の目的でありながら、チームの内部に二項対立が生まれる場合、そこには「不確実性」が隠れていることを示唆しています。それを対話と熟慮を通じて、対立をそもそもなかった状態に解消するような視点を得て、自分たち自身を再構築していくことを、フランスの哲学者、ジャック・デリダは「脱構築」と呼びました。

　アジャイル開発においては、チームが自分たち自身のやり方や役割を変えていくような「脱構築」機能を内蔵させるように振る舞うことを要求しています。

　注意しなければならないのは、別のチームが実行している「ある瞬間の特定の開発手法」を全部模倣したからといって、チームがアジャイルになるとは限らないということです。むしろ、大きな問題を生み出してしまうかもしれません。

　必要なことは、外でうまくいっている何かを探すことではなく、しっかりと自分たちを取り巻く状況を観察することです。そして、何か流行りのかっこよさを教条的に取り入れるのではなく、今何をすべきかをしっかりと周囲と対話していくことです。それがチームをアジャイルにする最も効率的な道になります。

Chapter 4

学習するチームと不確実性マネジメント

4-1. いかにして不確実性を管理するか

「エンジニアリング」は不確実性を削減することです。しかし、削減するべき不確実性が何なのかわからなければ、つまり「見る」ことができなければ、それを管理することができません。どこにどんな不確実性が宿っているのかを深く観察する必要があります。

不確実性マネジメント

不確実性は、3つに大別されます。将来がわからないことから生じる方法不確実性と目的不確実性、それから、他人とのコミュニケーションの失敗や不足によって生じる通信不確実性です。

不確実性		
	方法不確実性	スケジュール予測と見積りの手法
	目的不確実性	要求と仮説検証の手法
	通信不確実性	振り返りの手法

これらを継続的に削減するための仕組みがあれば、それによって物事は実現に進みます。基本的に何かをマネジメントするためには、課題がリストアップされていて、それらをインパクトの大きい順番に対処していくことが必要です。

　しかし、不確実性はそもそも何が起こるかわからないものですから、リストアップが難しくなります。さらに、人には不確実なものに向き合うときに「不安」が生まれ、そのことを奥底に隠してしまうという習性があります。つまり、不確実性をマネジメントするためには、不安によって隠れた不確実な要素をリストアップし、それらを比較するということをしなければなりません。

4-2. スケジュール予測と不確実性

　時間は、経営における重要な資源です。このことは、一概に「早くおわる」ことが重要であるという意味ではありません。「どのくらいの時間がかかりそうなのかを、できる限り正確に知ることができる」ことが重要であるということを意味しています。プロジェクトマネジメント上の問題の多くは、スケジュール不安に向き合うことができないまま、そしてそれを管理することができないまま、状況がどんどんと見えなくなってしまうことによって発生します。

　スケジュール不安とどのように向き合っていくのか、どのように可視化していけばよいのかを中心にマネジメントしていくことで、現場のストレスを削減しながら、同時に経営上のメリットも実現することができます。

スケジュールマネジメントの基本

　スケジュールマネジメントを、当初の計画通りに物事が進むようにプレッシャーをかけていくような仕事であると考えている人や、現場と経営との揉め事をなだめる役のように考えている人がいます。

　しかし、スケジュールマネジメントは実際、クリエイティブで科学的知識と洞察力の両方を必要とするものです。そして、いかに効率よく「スケジュール不安」とその発生源である「方法不確実性」を削減するかというエンジニアリングでもあります。

　一般に、スケジュールマネジメントをする際に、各作業に要するであろう時間を申告する「見積り」という行為を行います。このタスクには3日かかるとか、このタスクには10日かかるとか、そういったことです。それらをすべて積み上げると「総作業時間」を概算することができます。

極めて単純に考えると、納期までにかかる時間は、次のような方程式で知ることができるのではないかと考えてしまいます。

$$総作業時間／人数＝必要な期間$$

このような単純な方法でスケジュールマネジメントを行うと、多くの場合、スケジュール遅延が発生します。日本情報システム・ユーザー協会（JUAS）の調査によると、プロジェクトにかかる期間は、総作業時間の立方根に比例します。

このような理想と現実のギャップは、人数が増えることのコミュニケーションコストや、作業と作業の間の依存関係、そして見積りのブレによって生まれます。

現実的なスケジュールマネジメントのためには、次のような3要素が納期までに必要な期間だと考えることができます。

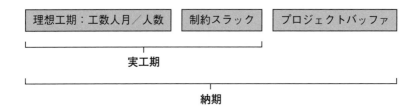

総作業時間を人数で割ったものを「理想工期」と呼ぶと、それに加えて作業同士の依存関係による無駄を「制約スラック」、そして見積りの不確実性を吸収するための期間を「プロジェクトバッファ」と呼びます。

スケジュールマネジメントとは次の3つに注目して改善を行うマネジメントです。

・制約スラックを削減する
・見積りの予測可能性を上げる
・プロジェクトバッファの消費を可視化し改善する

これらによって、できる限り早く「いつリリースされるのか」という時期の精度を上げていくのがスケジュールマネジメントなのです。

制約スラックとクリティカルパス

　理想工期と実際の工期が異なってしまう理由として、第一に考えるべきことは、作業と作業の間の依存関係です。たとえば、家を建てることを考えてみると、基礎工事をした後でないと、柱を建てることができません。柱を立てた後でないと壁を作ることができません。このように何かをしていくにあたって、これが完成していないと次の作業を進めることができないという事柄が多くあります。

　また、AさんでないとUIの構築はできないし、Bさんでないとデータベースの設計はできないというように、作業を行う人が限定されている場合にも、理想工期通りにはいかなくなるファクターです。このような依存関係を考慮した上で、発生してしまう無駄が「制約スラック」です。

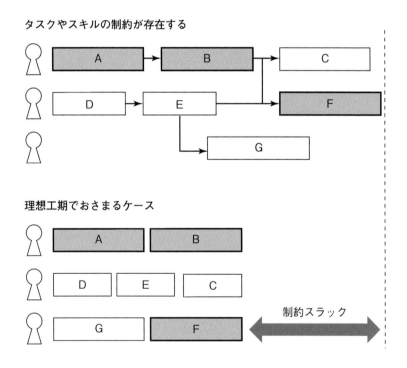

　もし仮に、すべての作業をどのメンバーでも行うことができて、また、タスク同士の依存関係が存在しなければ、最も効率よく作業を行うことができます。このときの制約スラックは0になります。

　また、図のA－B－Fのように、依存関係から導かれるスケジュール遅延の原因

となる作業の流れを「クリティカルパス」と呼びます。依存関係の変更ができなければ、プロジェクト期間をクリティカルパスより短くすることは不可能です。

「制約スラック」を削減するためには、どのようにしたらよいでしょうか。それには2つの「制約」を取り外していくことが重要になります。「リソース制約」と「依存制約」です。

■ リソース制約

　リソース制約とは、「この作業は○○にしかできない」といういわゆる属人化した作業です。たとえば、サーバープログラミングを行う人とアプリのUIプログラミングを行う人がいたとします。この両者はそれぞれを得意分野としているため、作業は早く効率的です。彼らには得意分野をやってもらうほうが効率的だろうと考えるのが自然です。

　しかし、それが「リソース制約」を発生させます。これらは、お互いの得意分野をお互いが学び合い、どちらもできる人を育成していくことによって解消されます。また、それぞれを得意分野とする人が、「あまり知識を要さなくても作業をこなせる仕組みを作る」というのも1つの手段です。

　これは、プログラマやデザイナに限った話ではありません。ビジネスサイドでこれらの仕組みに関わっている人々にも、「テキストの修正」や「画面のちょっとしたA/Bテスト」「データログの調査」などの作業を彼ら自身ができるように仕組みづくり、学習をすることによってリソース制約を削減することができます。

■ 依存制約

　依存制約は、作業と作業の間にある依存関係、つまり、2つの作業が同時並行で作業できないことによって生まれます。たとえば、APIができていないと、UI作業に入ることができないとか、データベースモジュールを開発しないと、モデル設計ができないなどです。そのような依存関係があるときに制約スラックが生まれます。

　そういったときには、クリティカルパスに含まれる作業の依存関係を解体するためのアイデアを出すことが重要です。たとえば、APIにUI作業が依存しているのであれば、APIの仕様を決めてダミーデータを返すAPIを作るといったことです。これによって、UIはUI、APIはAPIと、同時並列で作業を実施することができます。

　ソフトウェア開発においても、他の多くのプロジェクトにおいても、作業間の依存関係が「自明」であることは少ないものです。たとえば、家の建築においても、モ

ジュール化された部屋を別の場所で作って、それらを現地で組み立てるといった方式があるなど、依存制約を減らすアイデアは多数あります。

　まして、ソフトウェアであれば、どのようにアーキテクティングするかによって、依存制約を取り外すことは容易です。重要なことは、制約スラックを見えるようにし、それがどんな原因で起きているか考え、アイデアを出すことです。

■ 調整コストや意思決定

　制約スラックを大きく膨れさせる原因は、作業効率の問題だけではありません。作業に対して、調整や意思決定を必要とする場合が隠れています。多くの場合、調整や意思決定には多くの人員が同じ場所に集まり、会議を行います。そして、それによってその後のタスクが変わるため、依存制約とリソース制約を同時に引き起こします。

　たとえば、社長を会議に呼ぶことができるのは月に一度だけで、そのときに大きく方針が変わるというようなプロジェクトがあったとしましょう。このようなプロジェクトは、制約スラックが膨れ上がります。その月に意思決定されなければ、さらに1月無駄な時間が増えます。

　このような形での制約スラックが増えないようにするためには、組織構造と権限委譲が不可欠です。それらについては第5章で述べます。

悲観的見積りと楽観的見積り

　見積りという工程は、作業にどれだけの時間がかかるのかを申告するだけなので、非常に簡単で単純な行為であるように思われます。しかし、意外と奥が深いものです。おおよそ「やったことがない」ことに対して、どれだけの時間がかかるのかを想定するのは難しいものです。

　ソフトウェア開発においては、「やったことがある」ことであれば、コピーしてしまえばよいので、そもそもやる必要がありません。ソフトウェア開発をするからには、何かしらやったことがないことをするわけです。

　人は「やったことがない」ことをするときには、不安になります。この不安と見積りには深い関係があり、そしてそれは不確実性の削減を考える上で非常に重要な意味をもちます。

■ どの程度の確率で完了するのか

　「見積り」の予見性を考える上で重要なのは、その見積りが「どの程度の確率で完了

する」ということを想定して考えているのかということです。

　半分くらいの確率で完了することなのか、それとも 8 割の確率で完了することなのか、はたまたほぼ確実に完了する読みでの作業期間なのか、それによって大きく見積る期間が変わります。

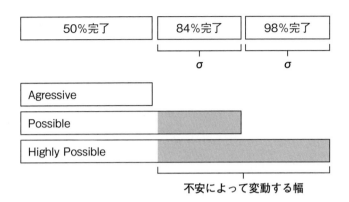

　作業期間をどのように考えるのかは人によって異なります。その人の経験やそれまでの環境などで大きく変わってしまいます。どの程度「バッファを読む」のかというのは、なかなか認識を揃えることが難しいものです。

　本来、複数人で見積りを正しく行うためには、どの程度の確率でおわると考えているのかという認識が揃わなくてはなりません。では、この認識の差は何から生まれるのでしょうか。

　「見積り」について考えるときに、経営者やマネージャーがそれをどのように扱うのかというのが非常に重要な要素をもちます。それについて考えるために、経営学における「プリンシパル・エージェント理論」というものが役に立ちます。

■ プリンシパル・エージェント理論

　プリンシパル・エージェント理論とは、経済における人間関係を「依頼者（プリンシパル）」と「代理人（エージェント）」との契約の束として捉える考え方です。

　たとえば、あなたがケーキを食べたいとします。でもあなたにはケーキを自分で作る能力や知識・時間がないので、誰かに代わりに作ってもらいます。このとき、あなたが依頼者でケーキを作る人が代理人です。

　このとき、代理人であるケーキ屋さんは、依頼者にお金を請求し、依頼者はお金と

引き換えにケーキを手に入れることができます。これだけ見れば、普通の商取引なのですが、依頼者と代理人の間には「ケーキがどのように作られているか見える／見えない」という情報の非対称性が存在します。

代理人が、ケーキに乗っている苺の産地を偽ったり、清潔でない調理場でケーキを作ったとしても、依頼者はそれを知ることができません。代理人がどのように作っているか、依頼者は判断できないということは、ケーキ屋さんは「嘘をついたほうがトクになる」という状況になります。

また、ケーキ屋さんがこの世に1人しか存在しなければ、そのケーキ屋さんが矜持をもって、嘘をつかないようにすればよいでしょう。しかし、世の中にはたくさんのケーキ屋さんがいます。誰かが嘘をついてしまえば、より安い値段で販売したり、より高い利益をあげることができるようになってしまうのです。

依頼者からみて、代理人に「嘘をついたほうがトクになる」と思わせてしまうことで、適正価格よりも高い費用が必要になってしまうことが発生します。この差額のことを「エージェンシースラック」といいます。

では、ケーキを食べたい依頼者は、「ケーキ屋さんに嘘をつかせずに、よいケーキを手に入れる」には、どうすればよいのでしょうか。1つの方法として、ケーキを作っている様子を監視し、不正なことをしていないかどうかをチェックすることが考えられます。これには大変な手間がかかってしまいます。もしかしたら、ケーキの価格よりも多くの金銭的・時間的コストを必要とするかもしれません。では、よいケーキを作るほど儲かるように、よいケーキ屋さんを周囲に広めたり、よいケーキ屋さんには高いを金を払うようにしてはどうでしょう。しかしこちらの場合も、一定のコストがかかります。

このように「依頼者の利益」が「代理人の利益」になるように監視やインセンティブの形で支払う必要があるコストを「コントロールコスト」といいます。

たとえば、経営者（依頼人）と労働者（代理人）の関係であれば、経営者は労働者にしっかりと業務を遂行してもらいたいと考えています。しかし、労働者の行動や成果を全く把握できなかったとしたら、労働者は「サボってしまったほうがトクだ」と思うようになります。

そこで、経営者は労働者を監視しようとしたり、労働者がしっかりと成果を残せたら、給与やインセンティブ報酬の形で提供することで「サボるほうがトクだ」と思わせない環境づくりをしようとします。ベンチャー企業が従業員に株式の購入権を渡すストックオプション制度などもその一例です。従業員は、会社の株価が上昇したほう

がトクになるわけですから、会社の株価を上昇させようとするインセンティブが生まれ、経営者との目的の統一ができます。

また、代理人もこのエージェンシースラックが生まれないように、アプローチすることができます。ケーキ屋の例であれば、そのままでは誠実でないケーキ屋さんのほうがトクをしてしまうので、誠実なケーキ屋さんは、自分が誠実なケーキ屋であることを示していく必要があります。たとえば、厨房をガラス張りにして「見える化」したり、第三者のレーティング（評価）を受けることで自分のケーキ屋が誠実にすべて良品を出していることを示すといったことです。

このようにして、代理人である「情報をもつ側」が情報を開示し、非対称性を解消するために支払うコストのことを「シグナリングコスト」といいます。

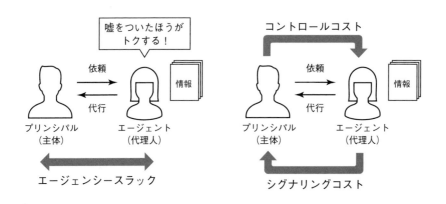

■ 見積りとエージェンシースラック

ビジネス担当と現場のエンジニアとの間には、その作業に必要な時間に関して、もっている情報量が異なります。そのため、作業見積りの適性を正しく理解することは難しくなります。つまり、情報の非対称性があるわけです。

見積りは、あくまで予測です。しかし、この予測を「ノルマ」として扱ってしまった場合、それが達成できないときに能力や評価の問題にされる可能性が出てしまいます。本来、予測が当たらないのであれば、予測精度に問題があるのであって、仕事を達成できなかったことによるものではないはずなのにです。

予測を「ノルマ」にした途端、それを達成するための過負荷な労働が生まれ、クオリティは下がってしまいます。あるいは、スケジュールの予測精度はどんどんと下がってしまいます。このようなことを避けるため、エンジニアは次からは防衛的で悲観的

なケースでの見積りを行おうとします。

このように、その見積りを「楽観的」にとるのか「悲観的」にとるのかというのは、見積りを行う人の「不安の量」と紐づいています。おわるかどうかという不安が大きければ大きいほど、見積りを悲観的に取ります。

よくスタートアップの経営者からこんな相談を受けることがあります。企業へのコミットが高く、モチベーションも高いエンジニアを抱えているのに、「納期通りに機能が完成しない」というような相談です。

聞いてみると決して彼らの能力が例外的に低いわけでも、怠けているわけでもなさそうです。その原因は、見積りを「楽観的」に取り過ぎてしまっていることにありました。非常に高いコミット感をもった彼らは、早く完成させたいと思い、努力目標として「楽観的」な見積りを行ってしまったようです。その結果、プロジェクトのおわりになって「完成しなさそうだ」ということが明るみになり、経営者を困らせてしまっていました。

一方で、ある程度の規模になった企業において、SIer出身のエンジニアが「見積り」通りには開発を進めてくれるのだが、どうにもパフォーマンスが出ていないような気がする、という相談を受けることもあります。

このようなケースでは、彼らの経験上、「納期に間に合わせること」への評価や立場へのプレッシャーが強くなってしまい、何かトラブルが起きても大丈夫なように「悲観的」な見積りを行うようになっていたのです。

しかし、この不安の量というのは、見積りという言葉の中に隠れてしまっています。そのため、どの程度の納期プレッシャーを感じているのか、どの程度やり方の目処がついていないタスクなのかというのはわかりにくくなってしまっています。

スケジュール不安の「見える化」

誰でも「わからないもの」は不安です。そして、その不安は、スケジュールの不確実性によるものです。前述のスタートアップ経営に対しても、大企業のマネージャーに対しても、行うアドバイスは同じです。

「間に合うか、間に合わないか」ではなく、「スケジュール予測が収束していくかどうか」を管理するようにしなくてはならないというアドバイスです。

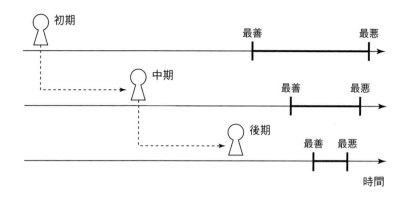

　何かスケジュールに敏感にならざるを得ないプロジェクトを考えてみます。プロジェクトの最初期に大まかにどれだけかかるのかの予測がつけば、実施の可否も含めて考えることができます。それは3ヶ月なのか1年なのか、3年なのかという粒度でも十分な場合が多くあります。精度があまり高くなくても大いに経営上参考になります。そして、プロジェクトが進むにつれて、最善のケースと最悪のケースの幅がどんどんと狭まっていけば、その状況に応じて必要な経営判断をすることができます。

　一方、プロジェクトの完了を1年後と計画し進めているときに、12ヶ月目に間にあわないことが判明したとします。ギリギリになって発覚することで、問題はより大きくなります。その状況では、経営者はいかなるオプションも選択できない状況になるため、「間に合わせてくれ」と頼むことしかできません。感情的な対立と現場の混乱が起こり、いわゆる炎上プロジェクトと呼ばれるものになってしまいます。

　「スケジュールの幅」はスケジュール不確実性を表しています。この幅をどのようにしたら「見える化」でき、効率よく削減できるのかを考えていき、それを経営と現場の間で透明性を保つことがスケジュールマネジメントでするべきことです。

■不安量を集めて管理するCCPMアプローチ

　CCPM（Critical Chain Project Management）は、ビジネス小説としてベストセラーにもなった『ザ・ゴール』（エリヤフ・ゴールドラット 著、三本木亮 訳、稲垣公夫 解説、ダイヤモンド社、2001年）でも有名な、ToC理論に基づいたプロジェクトマネジメント方式です。

　CCPMでは、個別のタスクの見積りには、暗黙に「一定割合のバッファ」が取られていることを前提としています。そして、それを一度全部取り除くことを考えます。

その工程を「サバ取り」といいます。

たとえば、個別のタスクには50%のバッファが積まれていると想定した場合、全体を取り除き、工期を一旦半分に短縮します。そして、それぞれのタスクごとにバッファが必要となる確率を50%と考え、元の工期25%分のプロジェクトバッファを設定します。

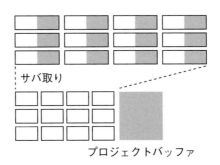

サバ取りとプロジェクトバッファの算出方法は、プロジェクトの性質やチームの成熟度合いによって、いくつかバリエーションがあります。しかし、基本的な考え方は、個別タスクのバッファと発生確率を決め、それに合わせて全体で1つのバッファをもつというものです。

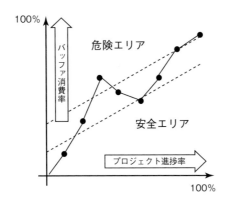

その上で、プロジェクトの進捗率とバッファの消費率を定期的にプロットします。このバッファがどのように消費されていくのかを経過観察することで、何かテコ入れをしたほうがよいのか、順調に推移しているのかを検討します。

このようにすることで、スケジュール不確実性の削減をプロジェクトバッファの消費という形で「見える化」することができます。このような考え方は、納期の非常にセンシティブな案件においてアジャイル開発と共存させる際にも有効な手法です。

■多点見積り

　個別のタスクに対して複数パターンの見積りを行うという方法が存在します。2点見積りや3点見積りと呼ばれるものです。これは、多少手間はかかるものの、個別のタスクごとに、最悪の場合このくらいはかかるだろうとか、平均的にはこのくらいでおわるだろうというように、見積りに対する認識を統一しながら見積っていきます。

2点見積り

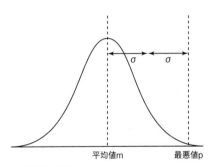

正規分布を想定

3点見積り

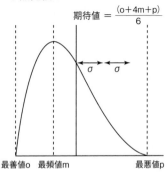

ベータ分布を想定

　多点見積りの中で、最も簡単なものは、タスクの完了確率を正規分布に従うと考えて行う2点見積りです。平均値と最悪値を見積り、その間に偏差2つ分の違いがあると仮定する方法です。
　また、PERT（Program Evaluation and Review Technique）と呼ばれるプロジェクトモデリングの手法においては、3点見積りという方法も提案されています。もっとも楽観的な最善値とこのくらいあればだいたいおわるだろうという最頻値、最悪のケースでもこれだけあればおわるだろうという最悪値の3つで見積ります。このような場合、タスクの完了確率を表す確率分布は、ベータ分布の1種を前提としています。
　多点見積りの場合、偏差σが大きいほど、タスクがおわらないのではないかという不安が大きいタスクであると考えることができます。

見積り方法	偏差 σ
2点見積り	$\sigma = (p - m) / 2$
3点見積り	$\sigma = (p - o) / 6$

このように、多点見積りを行うことで、個別のタスクごとにどの程度の不安が隠れているのかを洗い出すことができます。

■ **不安量の大きいタスク順に問題解決をする**

個別の不安量（タスクの偏差）がわかった場合に、どのようにすればスケジュールマネジメントを有利に進めることができるでしょうか。最もわかりやすい方法は、「不安なタスクの順に問題解決をする」ことです。

	平均値	最悪値	偏差
タスク1	10	14	2
タスク2	7	10	1.5
タスク3	13	15	1
タスク4	2	6	2
タスク5	2	4	1
タスク6	5	6	0.5
タスク7	17	21	2
タスク8	15	20	2.5
タスク9	17	25	4
タスク10	7	9	1

➡ 不安順に並び替え

	平均値	最悪値	偏差
タスク9	17	25	4
タスク8	15	20	2.5
タスク1	10	14	2
タスク4	2	6	2
タスク7	17	21	2
タスク2	7	10	1.5
タスク3	13	15	1
タスク5	2	4	1
タスク10	7	9	1
タスク6	5	6	0.5

具体的な例で見ていきましょいう。ある10個のタスクについて、平均値と最悪値による2点見積りを実施しました。それぞれのタスクについて、偏差を計算します。各タスクについてはお互いに依存関係がなく、自由に並び替え可能だとします。このとき、偏差の高いものほど、不安なタスクであるはずで、スケジュールに対するリスクの大きさを表しています。そのため、偏差の高いタスクから順次、実施していくことにしました。

これらのタスク全体の偏差は、各タスクの偏差の2乗（＝分散）を足し合わせたものの平方根となります。2σでのプロジェクトバッファを計算する場合はその2倍になります。そのため、2点見積りの場合のプロジェクトバッファを計算する式は次のようになります。

$$2\sigma = \sqrt{\sum_{i}^{n}(p_i - o_i)^2}$$

この式に基づいて、初期段階のプロジェクトバッファを計算すると、12.6になります。つまり、単位が人日であった場合、12.6人日分のプロジェクトバッファがこのプロジェクトには必要であることがわかります。

ここで、タスクを「ランダムな順番」で解決していく場合と、「不安な順番」で解決していく場合に、スケジュールリスクがどのように減っていくか見ていきましょう。

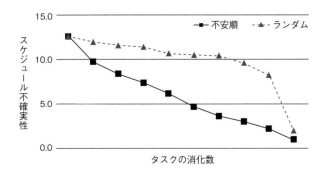

ランダムな順番でタスクを実施していくと、たまたま紛れ込んだ不安の大きいタスクが後ろ回しになってしまい、タスク量を消費してもスケジュール不安があまり減っていかないというケースが考えられます。

それに対して、不安量を基準にタスクの優先順位をつけた場合、スムースにスケジュールリスクを減らしていくことができているということがわかります。このようなスケジュールリスクについては、単純にタスク消費量だけを追っていってはわからないことです。

そのため、どんな順序で問題解決してもよい場合、「不安の少ない」タスクからこなしてしまうということがプロジェクト管理では度々発生します。それは、「わからないもの」に立ち向かうことが人間にとって困難なことだからです。不安の量を「見

える化」していくことで、早期にリスクを顕在化することができます。

■ **不安量の大きいタスクを解体する**

タスクに優先順位を付ける以外にも効率よく不安量を減らす方法が存在します。個別に不安量の大きいタスクを見ていくことで、「どこが不安であるのか」「何をすれば不安でなくなるのか」が見えてくることがあります。

それを基準にタスク自体を分解することで、不安量の大きいタスクと不安量の小さいタスクに分解することができます。このようにすると、仮にタスク同士に依存関係があり、制約スラックが発生するような場合においても、「不安部分のみを切り出して」実施することができるようになるため、優先順位の自由度が増します。

ソフトウェア開発において、スケジュール不安の発生源になるようなものは何でしょうか。たとえば、次のようなものが考えられます。

・使ったことのないライブラリの使用
・うまくいくかわからないアルゴリズムの使用
・外部との連携
・詳細仕様が未決定
・影響範囲が読みきれない

これらがタスクの中に隠れているために、「不安量」が大きく見積られてしまいます。これらを確実にしていくには別のタスクやストーリーに切り出すことです。そうすることで、ストーリーポイントの小さく不安の小さいタスクに分解することができます。では、不安部分のみを抜き出して、タスク化するためには、どのようにしたらよいでしょうか。

方法	詳細
概念検証	技術的に困難な部分について、サンプルのコードを記述してみることで、どのような動作をするのかを簡潔に検証する
継続的インテグレーション／テスト駆動開発	テストをいつでも実行できるようにすることで、既存の仕様からデグレしているのかをすぐに把握することができる。そのため、既存コードへの影響がないことをある程度保証しながら、実装を進めることができる

| プロトタイピング | コードを一旦捨てる前提で、どのような要件を満たすコードを書けばよいのかを検証し、再度作り直す。これによって、全体の要件全体のスコープが見えやすくなり、見通しよく再実装できる |

個別のタスクに注目し、「何が不安なのか」というファシリテーションを行っていくことで、不安な部分を切り離すアイデアが生まれることがあります。スケジュールマネジメントのクリエイティビティは、このようなアイデアの創出によって生まれます。

■不安の原因を減らす相対見積り

そもそもスケジュール不安が大きくなってしまう理由は、「見積り」自体が、「ノルマ」や約束のようになり、防衛的な見積りを行ってしまうというエージェンシースラックによるものでした。

そのため、そもそもそのような現象が発生しにくくなるという工夫が「相対見積り」と呼ばれるものです。相対見積りでは、基準となる平易な「タスク」をもとに、それに対して何倍程度のタスク量になるのかを見積っていきます。

その逆に絶対見積りは、「実時間」でタスクの終了を見積る手法です。こちらのほうが、スケジュール管理がしやすく感じられます。しかし、一方でそのプロジェクトチームに「エージェンシースラック」がどの程度隠れているかがわかりません。

どうせわからないのだから、実時間との関連を見積る人にとってわかりにくいものにしてしまうことで、納期不安を書き立ててしまうのを避けようという発想です。

相対見積りとしては、Tシャツサイズ見積りやストーリーポイント見積りが一般的です。また、かなり実時間見積りに近いのですが、理想日による見積りという手法もあります。

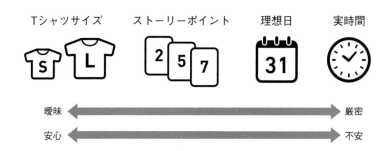

より曖昧に見積りを行うことで、安心を手に入れます。一方、より絶対見積りに近づけたほうが、「どういうことが起きて見積りがずれたのか」という問題点の洗い出しが行いやすくなります。

チームの成熟度や、プロジェクト自体に潜んでいるスケジュール不安の大きさ、要求仕様の不確実性などを考慮して、見積り方法を撰択していくことが重要になります。

見積り方法	詳細
Tシャツサイズ見積り	高速にあたりをつけたい場合に使う相対見積りの一種。プロダクトバックログの優先順位に影響を与えるときなどに、ざっくりとした見積りとして、S、M、L、XLなどTシャツのサイズに合わせて見積る
ストーリーポイント見積り	相対見積りの一種。一番小さいと思われるタスクを2として、相対的な値で、見積りを決める。粒度として、フィボナッチ数列を用いることが多い
理想日見積り	理想的な1日を想定して、(たとえば1日に6時間はタスクに向き合えるなど) その日付の何日分くらいのタスクなのかを見積る。想像しやすいのと、見積りのずれ (余分なミーティングが入ったなど) を発見しやすい
実時間見積り	営業日数や稼働時間などを考慮した上で、いつまでにそのタスクが完了するのかを見積る手法。考慮から漏れていた不測の事態に対応しにくく、その時間までに完了していないといけないという不安を搔き立てるリスクがある

相対見積りを行った場合、見積りからタスクの終了が予想できなくなるように思われるかもしれません。できるだけ、厳密な見積りをしていくことが重要であるというように、学習した人にとってこのような相対見積りは、愚かなことであるように見えるでしょう。

しかし、見積りとスケジュールマネジメントは切り離すことができます。必ずしも厳密な見積りを行わなくても、効率よくスケジュールマネジメントを行うことは可能なのです。それには、「計画段階の予測」ではなく、「実績による予測」という経験主義的アプローチが必要となります。

■プランニングポーカー

「見積り」を個人の「ノルマ」にしてしまわないように、「プランニングポーカー」

というカードゲームが考案されています。多くの場合、プランニングポーカーは、ストーリーポイント見積りによって行われています。

プランニングポーカーは、タスクを実施するかもしれないチームのメンバー全員で行います。誰がそのタスクを実施するのかを決める前に行うのが鉄則になります。また、スケジュール管理者も口出しをすべきではありません。タスクをノルマであると感じさせないためです。

見積りを「タスクを実施する担当者」のものにせず、チーム全体の話し合いを通じて行うことで、考慮できていない不安に気がつくことができるかもしれませんし、仕事の属人化を防ぐことができます。

プランニングポーカー＜ゲームの流れ＞

① 開発者の各メンバーは、「1」「2」「3」「5」「8」「13」のようにフィボナッチ数列の書かれたカードをもちます。

② 各タスクの中で一番小さいと思われるタスクを基準とし、それに「2」のストーリーポイントを当てます。

③ 見積るタスクを選択し、メンバーはそのタスクにかかるであろう時間をカードから選び、伏せた状態で出します。

④ 全員が選択しおわったら、せーの！の合図でカードのおもて面を出して、見積りの数字のズレを見ます。

⑤ 各メンバーは、どういう点を考慮してその数字を出したのか議論を行います。

⑥ ③〜⑤を何度か繰り返し、メンバー間の見積りのズレがなくなってきたら議論を終了し、次のタスクの見積りを開始します。

計画でなく実績から予測する

あなたの友人がラーメン屋を営むので出資してほしいと言ってきたとします。2人の友人がそういった話を別々にもってきていて、友人Aはすでにラーメン屋をやっていて、月に500万の売り上げがある状態で法人成りをする際の出資を求めてきました。もう1人の友人Bは、月に500万の売り上げ計画があるが、まだ出店していないという段階で出資を求めてきました。他の条件が全く一緒だったとして、どちら

にあなたは出資したいですか。

　当然、すでに売り上げの実績のある友人に出資したいと考えると思います。これは計画段階の予測よりも実績のほうを価値のある情報だと判断しているからです。

　スケジュールマネジメントにとっても同じことがいえます。当初予測よりも実績による推定を重視することで、スケジュールマネジメントの精度を向上させることができます。アジャイルなスケジュールマネジメントは、実績を用いて行います。

■小さいスプリントを繰り返す

　アジャイルな開発方式においては、開発サイクルは「スプリント」と呼ばれる小さなタイムボックスに区切られます。プロダクトの性質にもよりますが、1週間から1ヶ月程度が一般的です。このように開発サイクルを決め、チーム人員を固定し、制約スラックがあまり発生しないように要件を切っていくことで、科学実験のようにプロジェクトサイクルの再現性を上げていきます。

　同じようなタイムボックスが繰り返されるようにすることで、そのタイムボックスで発生した実績から将来の予測を行いやすくします。

　たとえば、合計100のストーリーポイントのタスクがあったとします。直近のスプリントでは、20のストーリーポイントが実行されたという実績があります。すべてのタスクが完了するまでの時期を推定したいのであれば、おおよそ5スプリントの期間で完了するだろうというように計算できます。

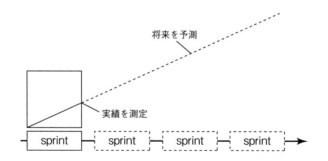

　実績をもとに、一体何スプリントかかるのかということを推定することによって、曖昧性をもたせた相対見積りであっても実スケジュールと関連づけることができます。

　このように、スプリントごとにどれだけの実績を出せたのかという数値をチームの「ヴェロシティ（Velocity）」といいます。

■ヴェロシティと生産性

ヴェロシティとは1スプリントあたりに完了したストーリーポイントの合計です。多くの場合、相対見積りを用いて測定します。そのため、必ずしもヴェロシティが多いから生産性が高いということを意味していません。悲観的に見積りをとればとるほど、生産性が高いということになってしまいます。

一方、チームの健康状態をチーム自身が判断するためには、使える値です。先週30だったのに今週は20だけど何でなんだろう？と考えることで、思いもよらなかった問題点をあぶり出すことができるかもしれません。

また、ヴェロシティは、複数のチームで比較できません。当然のことですが、相対見積りをしていれば、見積りの基準となるタスクが違うし、実施しているタスクも異なるものです。

したがって、ヴェロシティの低いチームを探して、手を施そうとするのは明確に間違いです。もし、チームの外からチームを改善したいと思ったら、メンバー自身がその問題点に気がつくようにメンタリングを行うことしかできません。気がついていない問題を彼ら自身が解決することはできないからです。

もし、チームの状態を外からウォッチしたいのであれば、振り返りの内容を見たり、ヒアリングなどを行ってどのような課題がありそうかをさぐり当てる必要があります。

またチームの内部においても、チームの活動状態を具体的数字で表せるヴェロシティは魅力的に映ってしまうことがあります。そして、ヴェロシティを上げることを目標にしてしまうなどの過ちを犯してしまうケースがあります。ヴェロシティは、あくまで計画の予測可能性を高めることや、チームの健康状態を測るために使うべきです。

また、見積りというのはそもそも「作業にかかる時間」を見積るものです。ということは、チームや個人の能力が向上したり、似たような作業に慣れて繰り返し行うのが早くなった場合には、見積りよりも早くおわることになります。そのため、見積りのズレを減らしていくためには、作業を実施するごとに見積りをやり直すほうが合理的です。

もしスプリントごとに見積りを行い、ヴェロシティを測定すれば、その値は妥当性のあるものになります。一方、ヴェロシティが上がったからといって、それは見積りの誤差があったことを示すだけです。チームは、ヴェロシティを上げることよりもむしろ、ヴェロシティが安定し、将来の予見可能性を上げることに投資をしていく必要があります。

各スプリントによって測定されたヴェロシティから、全体計画を見渡すにはどのよ

うにすればよいでしょうか。アジャイルな開発方式においては、仕様変更を頻繁に行うことができるという利点をあげられることが多いのですが、あらかじめ「何をするのか」という見積もり可能な要求のリストが存在すれば、そこから精度の高いスケジュールマネジメントを行うことができます。

各スプリントで測定されたヴェロシティは、ある程度は似たような値であることが多いものの、バラツキのある値になっています。このバラツキの程度が不確実性の幅を表しています。そのため、ヴェロシティが安定していれば、不確実性が低く将来を見通しやすいと考えられるでしょう。

■ ヴェロシティを用いたスケジュールマネジメント

より具体的な例に基づいて、ヴェロシティを用いたスケジュールマネジメントを考えていきます。

あるチームがいて、計画されている機能をすべてストーリーポイントによって見積ってみたところ、合計は500ポイントとなりました。この時点では、いつまでにおわるのかは検討がつかないので、試しに1スプリント分の経験を積んでみることにしました。1スプリントは2週間です。その結果、最初のスプリントのヴェロシティは、29ポイントとなりました。

このことから、残りの471ポイントの仕事が完了するのは、16.2スプリント後になると推定できます。つまり、32週間後〜33週間後です。まだ、ヴェロシティは一度しか測定していない段階なので、誤差が生じる可能性が大いにあります。そのため、プロジェクトでは安全のために20%ほどのプロジェクトバッファを設定することにしました。

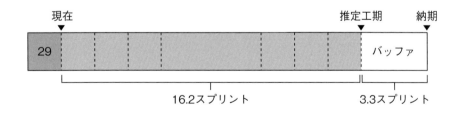

スプリントが完了するごとに、プロジェクトバッファがどのくらい消費されそうかを監視し、スケジュールマネジメントを行っていきます。このプロジェクトのために、12スプリントほど経過したときの、ヴェロシティの推移は次のようになっていました。

スプリント	ヴェロシティ
1	29
2	36
3	33
4	21
5	40
6	21
7	35
8	34
9	33
10	30
11	34
12	32

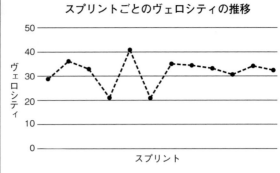

7スプリントを超えたあたりから、安定したヴェロシティを出せていることがわかります。

各スプリント完了ごとに、それまでのヴェロシティの平均と偏差を計算します。そこから、最悪の場合のヴェロシティと最高の場合のヴェロシティを計算します。すると次の表のようになります。

スプリント	ヴェロシティ
1	29
2	36
3	33
4	21
5	40
6	21
7	35
8	34
9	33
10	30
11	34
12	32

偏差σ	最悪 (−2σ)	平均	最高 (+2σ)
0	29	29	29
4.9	23	33	42
3.5	26	33	40
6.5	17	30	43
7.3	17	32	46
7.8	14	30	46
7.4	16	31	46
7.0	17	31	45
6.5	18	31	44
6.2	19	31	44
5.9	20	31	43
5.6	20	32	43

　この3種類（最悪、平均、最高）のヴェロシティから、完了予定を推定し、それがプロジェクトバッファも含めた納期までに間に合いそうかどうかを監視します。

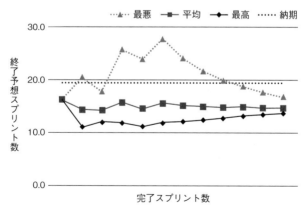

着地予想の推移（ヴェロシティの偏差）

これを見ると、4スプリント目くらいから、最悪の場合では着地予想を超えそうだということがわかります。これはスケジュールマネジメント上の何らかの対策が必要であることを示しています。

しかし、徐々にヴェロシティが安定していったことで、着地予想の幅も縮まっていき、スケジュールの不確実性が収束していく様子が見て取れます。このように実績と、そのブレ幅を考慮に入れることでスケジュールに対してどれだけの確実性があるのかを一目で理解できるようになります。

■不確実性コーンの利用

過去の実績値があまり多くないような組成したばかりのチームの場合、偏差を用いた方法は、早い段階でのリスクが見えにくくなる場合があります。ある程度のチームビルディング期間がおわるまでの間は、経験則からゲタを履かせてあげることも1つの方法です。

チームビルディング期間をTとし、初期のパフォーマンスのブレ幅をWと置いたときに、次のような数式によって不確実性の幅を定義してあげることができます。

$$U = 1 + W \exp(-t/T)$$

ここから、最悪の場合のヴェロシティ(Vp) と最高の場合のヴェロシティ(Vo) を、平均値 (Vm) を使って、次のように定義します。

$$V_p = V_m / U$$
$$V_o = V_m \times U$$

この計算式を先ほどのプロジェクトに当てはめると、各ステージでの予測ヴェロシティは、次のようになります。ただし、チームビルディング期間は12スプリント分とし、変動幅Wは1で計算します。

スプリント	ヴェロシティ
1	29
2	36
3	33
4	21
5	40
6	21
7	35
8	34
9	33
10	30
11	34
12	32

不確実性	最悪 (-2σ)	平均	最高 ($+2\sigma$)
1.92	15	29	56
1.85	18	33	60
1.78	18	33	58
1.72	17	30	51
1.66	19	32	53
1.61	19	30	48
1.56	20	31	48
1.51	21	31	47
1.47	21	31	46
1.43	22	31	45
1.40	22	31	44
1.37	23	32	43

　このように、プロジェクトの初期やチームビルディング期間など、まだ思いもよらない不確実性の高い時期には、不確実性を偏差だけに頼るのではなく、プロジェクトが進むにつれて徐々に小さくなっていく値を用いることで、より経験則に見合ったようなスケジュール管理を行うことができます。

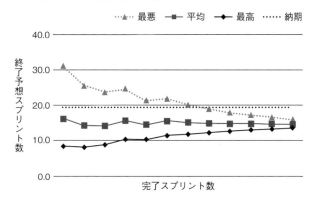

着地予想の推移（不確実性コーン）

着地予想のグラフを見ると、プロジェクトが進捗するにつれてスケジュールの変動幅が短くなっていることがわかります。この手法の注意点は、綺麗なグラフができる代わりに、前提としているスピード感で実際に不確実性の削減ができていない場合に最悪のケースを超えてしまうことがある、という点です。

一方で、ビジネスサイドとの対話において、徐々にスケジュールの蓋然性が高まっていく様子を理解してもらいながらプロジェクトを進行できるという点においては、有効な手法といえます。

■ 多点見積りの導入

少し手間がかかりますが、ストーリーに対して2点見積りを実施して、最悪の場合のストーリーポイントがどれだけ消費されたのかを見ていくというのも1つの手法です。

そして、最悪の場合を積み上げたストーリーポイントを平均値のヴェロシティで除した結果を最悪の場合のスプリント数とみなすことで、不確実性の高いタスクを順番に実行すればするほど、スケジュールの予想精度が上がっていくようにマネジメントすることができます。

スプリント	ヴェロシティ	最悪SP
1	29	85
2	36	89
3	33	78
4	21	66
5	40	83
6	21	59
7	35	65
8	34	64
9	33	61
10	30	50
11	34	52
12	32	45

残SP（平均）	残SP（最悪）	平均
471	865	29
435	775	33
402	697	33
381	631	30
341	548	32
320	489	30
285	424	31
251	360	31
218	299	31
188	250	31
154	198	31
122	153	32

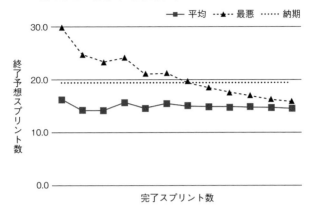

要求粒度と不確実性

　スケジュールマネジメントにおいて、実際には多くの不確実性をもっていてブレ幅が大きいのは、作る工程そのものよりも「何を作るのか」が決まっていく過程です。多くの失敗するプロジェクトは、要求を固めていく段階に多くの時間を使ってしまい、実作業への時間をあまり使えなくなってしまうという現象が発生します。

　そのため、スケジュールマネジメントを行うのであれば、要求が詳細化していく過程そのものもマネジメントしていかなければなりません。

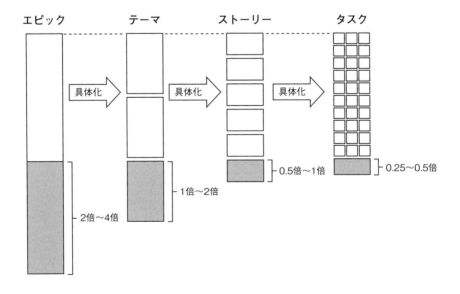

要求は、抽象度に応じてエピック、テーマ、ストーリー、タスクのように分解されます。この名称づけは様々ですが、概ね粒度の大きく曖昧な状態の要求は、まだ不確実性の高いものとみなし、詳細化し、受け入れ条件が明確になるにつれて不確実性が低くなっていきます。

　このようにタスクに到るまでの詳細化の基準を設けて、それぞれに対する不確実性の幅を設定することで、上流と呼ばれる工程と下流と呼ばれる工程を同じ「リリース予測の幅」として評価することができます。幅がより多く縮まれば、プロジェクトの進捗はよいと判断できます。

■ボトルネックを探してスループットを上げる

　開発の速度を向上させたいと考えたときに、今現在要求しているタスクが「早くおわる」ことを念頭に考えてしまう場合があります。リリースしたらすべておわりでチームも解散するタイプの「プロジェクト」であれば、そのようなすべての要求が完了するまでのレスポンスタイムを重視するという考え方も理解できます。

　しかし、継続的に価値を出し、投資し続けるような「プロダクト」であれば事情は違います。その場合、完了がありません。したがって、機能が要求されてから、価値が生まれるまでの「川の流れ（バリューストリーム）」を見る必要があります。

　プロダクトの開発におけるバリューストリームは、次のようなものです。

1. 顧客の課題を特定し仮説検証戦略を作る
2. 開発要求を固める
3. 実際の開発を行う
4. テストをする
5. リリースする
6. 効果検証を行う

　このような一連の価値提供の流れ全体の中で、どこかがボトルネックになってしまっているために発生しています。上から流れている水が少なければ、下流も少なくなりますし、せき止めていた水がどっと流れたら、下流は氾濫します。流れの一部だけを見て問題設定をすると、多くの場合で本当の問題を見逃してしまうでしょう。

　エンジニアリングマネジメントのできない経営者は、自分でせき止めた川の下流が氾濫しているのを見て、下流の川幅を増やそうとしてしまいます。

スケジュール不安はコントロールできる

　不確実性をリリース予測の幅として表現できれば、スケジュール不安というものは可視化でき、可視化できるのであればコントロールすることができます。

　多くの経営者が「納期」というものを決めて、プロジェクトを管理させるのは、その日にはリリースされているという絶対の情報をほしがってしまうからです。しかし、それによって、エージェンシースラックが発生し、現場には多くのスケジュール不安だけが残ります。結果的に、その日に至るまで遅れそうなのかどうかも判断できないという状態になり、重要な経営資源である時間を失う羽目になります。

　そして、開発部門には納期絶対主義の管理者が重宝されるようになり、「何を作るべきか」という視点をどんどんと失ってしまいます。本来、ソフトウェアプロダクトを提供する事業において「その日」にリリースされていないといけないという制約は、意図的に作らない限り生まれません。

　むしろ、本来のビジネスを総合的に考えると「何を作るのか」「それは市場に受け入れられるのか」といった不安がはるかに大きいウエイトを占めるケースのほうが多いのです。

　しかし、スケジュール不安の大きい開発者と経営者という関係性がある場合には、まずはその「情報非対称性」を取り除くことが重要です。スケジュール以外にも重要なことがあるのだということを、お互いに気がつく必要があるからです。

4-3. 要求の作り方とマーケット不安

　プロダクトを成長させるために、本質的に納期よりも重要なのは「何を作るか」です。この「何を作るか」という不確実性のことを「目的不確実性」といいます。「何を作るか」が正しかったのか、間違っていたのかは、市場にその機能をリリースしてはじめてわかります。

　そのため、この不確実性にはマーケットに対する不安がつきまといます。この不安をマネジメントするためには、どのような機能をどのような順番でリリースしていけばよいのかという優先順位付けの方法を考えていく必要があります。

スケジュール不安とマーケット不安の対称性

　前項までに述べてきたスケジュール不安に対するマネジメントと、マーケット不安に対するマネジメントには、ある種の対称性があります。

ここで、2種類のプロジェクトを並べて考えてみましょう。1つは、ある時期までに一定の機能をリリースできることに価値のある「時間境界型プロジェクト」です。たとえば、年末のクリスマス商戦に向けて、ある機能をリリースしようというようなものです。時期をずらすと効果がほとんどなくなってしまいます。この時間境界のことを「納期」と呼びます。

　もう1つは、機能境界型プロジェクトです。ある機能のパッケージが固まってリリースされないと仮説検証にならないようなプロジェクトです。他にもあったほうがよい機能は多数あるが、最低限この機能が存在しないことには、顧客に対する価値検証ができないという機能のラインのことをMVP（Minimum Valuable Product）といいます。

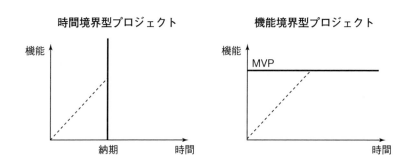

　時間境界型プロジェクトでは、納期の手前にプロジェクトバッファを用意して、時間の不確実性に備えます。それに対して、機能境界型のプロジェクトでは、当初計画した機能とMVPの差を用意して不確実性に備えます。これがスコープバッファです。現実的なプロジェクトにおいては、この2つの境界（時間と機能）は並行して全体のバッファを用意し、それらが重なる面の中にプロジェクトが着するように備えます。このように機能と時間には、一定の対称性があります。

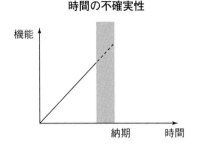
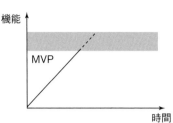

■ スコープバッファの成立条件と最初の顧客

　状況に応じて、それまでにできている機能をリリースすることでスケジュールマネジメントを行う「スコープバッファ」は、時間のバッファのように単純には実現しません。それには成立条件があります。開発が「優先順位の高い機能ごとに完了する」という条件です。

　多くの場合これを満たすことは難しいものです。というのは、開発をデータベースなどの低レイヤの設計実装から始めて、UIやインタラクションなどの高レイヤの実装を後回しにしてしまうほうが慣れていたり、楽に進められたりするからです。

　そのため、すべてのレイヤが完成しなければ、その機能群をリリースできません。このように機能が完成していて提供できる瞬間を「リリースポイント」といいます。

　レイヤごとの開発では、リリースポイントが少なく、後回しになります。一方、機能ごとにレイヤを縦断的に開発することができれば、リリースポイントは機能ごとに作ることができます。

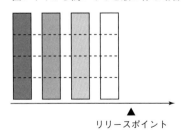
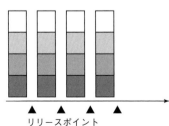

　スクラムでは、スプリントレビューという、プロダクトオーナーにそのスプリントでできあがったものを見てもらう時間が取られます。

このタイミングで、チームはプロダクトのリリースポイントを作っている必要があります。リリースポイントは、プロダクトオーナーや経営者が初めてプロダクトを触って機能を確かめられる瞬間です。動作可能な単位に触れることで、リリース判断や仕様変更が意思決定しやすくなります。

プロダクトオーナーは、プロダクトに触れる最初の顧客でもあります。このとき、初めて「目的不確実性」が小さく減少します。リリースポイントを後ろにずらせばずらすほど、目的不確実性の減少タイミングが後ろ倒しになってしまいます。

スコープバッファが成立するためには、プロダクトの意思決定者が、ユーザーにとって価値のある単位ごとに、優先順位をつけて要求している必要があります。それに加えて、開発者やアーキテクトがリリースポイントを作れるように開発を進めていかなければなりません。

プロジェクトの最後になって、ようやく動作確認ができるようになり、意思決定者は自分の思っていたものと違うものになってしまったことに気がつき、仕様変更を指示します。プロジェクトは最後の最後に仕様変更がおきて混乱し、大幅に遅延したり、炎上したりします。

開発者はこのような「仕様変更」に伴う不幸な経験から、意思決定者への確認には不安が伴い避けたいと感じるようになります。ですが、不安を後ろ倒しにしてもよいことは1つもありません。動作可能なプロトタイプを最も安価な方法で作り、早期に動作を確かめてもらうほうが生産的です。このとき、データベースの詳細な設計は後回しでも構いません。データベースの設計ドキュメントを見て仕様変更を指示する意思決定者などほとんどいないからです。

■ ユーザーストーリーの作り方

スコープバッファを成立させながら、機能開発を行うために各種の機能を「ユーザーストーリー」という単位に分解することが推奨されています。ストーリーと名がつく通り、サービス全体がある顧客にとっての物語となるように分解をしていきます。

ユーザーストーリーのフォーマットは、「どのような人が」「何ができる」「そのことでどのような感情になる」という3つによって構成されています。システムを記述するドキュメントの中で、ユースケース図というものがありますが、これに似ています。しかし、ユースケース図と異なるのは、そのことによってどのような感情になるのかという文脈がつけ加わることです。

テーマ: 大きなストーリーのまとまり	ストーリー	ストーリー
<子供をもつ親>は、<家族>と<子供の画像>を共有することができる。 これによって、離れた<家族>に子供の近況を手軽に伝えることができるからだ	<子供をもつ親>は、自分たちの<子供>を登録することができる。 これによって、複数の子供がいる場合の判別ができるからだ	<子供をもつ親>は、自分たちの家族をLINEで招待できる。 LINEでしかつながっていなくても<家族>に登録できるからだ
	ストーリー <子供をもつ親>は、自分たちの<家族>を登録・招待することができる。 これによって、誰に共有しているかわかるからだ	**ストーリー** <子供をもつ親>は、自分たちの家族をFacebookで招待できる。 Facebookでしかつながっていなくても<家族>に登録できるからだ
	ストーリー <子供をもつ親>は<家族>の登録を削除することができる。 これによって、間違って登録した場合や共有が不要になった場合に対処できるからだ	**ストーリー** <家族>は、招待を受けて、複数の<家族>に参加することができる。 これによって、祖父母は子供兄弟の孫それぞれを分けて閲覧できるからだ

　ユーザーストーリーは1つの物語を階層的に分解していくことで得られます。機能の単位を「物語」として分解していくことで、なぜその機能が必要であるのかという文脈が切断されるのを防ぐことができます。機能開発をしていると、しばしば思い込みでその機能が必要であるという判断をしてしまいます。誰が、何のためにという文脈を最終顧客の観点から記述することで、思い込みを排除していきます。ユーザーストーリーはあくまで顧客の目線に立つための単位であって、開発のための「作業タスク」ではありません。開発チームは、チーム全体で「ストーリー」の単位で理解し、「ストーリー」の単位で開発が完了するように振る舞います。

　開発チームが、開発作業を開始するのにちょうどよい粒度のストーリーになっているかどうかを判断するフレームワークとして「INVEST(インベスト)」というものがあります。

Independent	独立している。先行するストーリーが完了してないと始められない、など他の影響を受けない
Negotiable	交渉可能である。ストーリーが具体的なタスクに落ちすぎておらず、プロダクトオーナーと実現方法について交渉することができる
Valuable	価値がある。ストーリー単独で顧客にとっての価値がある
Estimable	見積り可能である。ストーリーを実現するのにかかる時間が（他ストーリーとの相対時間として）見積れるだけ、十分な情報がある
Small	適切な大きさである（小さい）。チームが開発を回していくにあたって、ストーリーを実現するのに要する時間が長すぎない程度に、適切なサイズに分割されている
Testable	テスト可能である。そのストーリーが完了したかどうかをテストできること。受け入れ条件が明確になっている

　ストーリーの単位で優先順位をつけることで、リリースポイントを設置しやすく、目的不確実性をコントロールしやすい形での開発を行うことができます。もし、必要があればチームが開発に及ぶときにチーム自体がストーリーの単位でタスク分解をしても構いません。

マーケット不安はいつ削減できるか

　仮説検証という言葉を、仮説が「作るプロダクト」で検証が「その後の数値計測」のことであると勘違いをしている人をしばしば見ます。仮説検証における仮説とは、直感的に、少ない断片情報だけから、「このようにしたらビジネスが成立する」というビジネスモデル全体のことを指しています。

　仮説の時点では、何1つ確かなものはありません。ですので、最も不確実性が大きい状態です。しばしば、新規ビジネスを考える際に何かのアイデアをひねり出して、それが「確実にうまくいくか」という視点で精査するということが行われています。アイデアの時点で確実にうまく進むとわかっているようなことには、大きなチャンスはありません。むしろ、精査すべきは、「仮説として成立しているか」であって、その確実性ではないのです。

　そして、その後に行うアクションのすべてが「検証」と呼ばれる工程になります。検証は、仮説を構成する不確実性のうち、最も大きなものを最も安いコストで削減するということです。小さなコストで検証をし、失敗をしたら別の仮説を構築するということを繰り返して、ビジネスにおける仮説検証が成立します。

たとえば、あるプロダクトにとって、「顧客の課題」が本当に確からしいのかということが一番の不確実性であれば、対象となるユーザーを集めて、ヒアリングを行います。1人集めるのに必要なコストは、たかだか数千円から1万円程度ですので、少ないコストで「顧客の課題」が確からしいことがわかれば、仮説の確からしさがぐっと高まることになります。

次に、大きな不確実性が顧客がサービスを理解して、利用してくれるのか、あるいはそのメリットを感じることができるのかということが最大の不安材料であれば、手書きでもよいので、UIの流れを作ってプロトタイピングツールに入力したものを用意して、顧客に触ってもらうのがよいでしょう。この工程をプロトタイプ検証といいます。これも大したコストはかかりません。

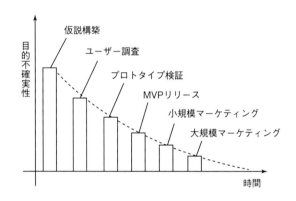

このように、最初に構築した仮説から、一番の不安材料となるものを洗い出し、「不確実性を下げられる存在」つまり顧客に当ててみることではじめて、仮説の不確実性が削減されます。

仮説の不確実性が下がるまでは、大きな予算をかけることは無駄になってしまうかもしれません。ですので、できるだけ安いコストをかけて順番に仮説を検証していきます。そうして、不確実性が十分に下がったと判断したら、大きな予算をかけることができます。

これは、ベンチャー企業における資本政策である「投資ラウンド」の概念とシンクロしています。シードと呼ばれるフェーズから、シリーズA、シリーズB、Cと企業の時価総額が高まるにつれて、多くの資本を呼び込むことができます。投資家やベンチャーキャピタルにとっては、不確実なときほど、リターンもリスクも大きいお金に

なりますし、確実なときほどリターンもリスクも小さいお金になります。

プロダクトマネージャーにとって、自分たちの仮説の確からしさに応じて、次の検証に必要な資本を調達することが、重要な責務となります。そのため、今現在のプロダクトにとって最も「不確実なものは何か」ということを把握していて、それを「最も安く検証する」にはどうしたらよいかを創造的に作り上げるという「仮説検証」に関する理解が必要不可欠です。

■ **価値と不確実性**

ある程度、プロダクトができてビジネスが成立している状態においても、「不確実」であることを検証するという態度で優先順位を設計することが必要です。様々な機能に優先順位をつけていく際に、しばしば私たちは、不確実なものよりも確実なものから手をつけがちです。不確実なものは失敗のリスクが高いように感じ、確実なものはリスクが低いように感じるからです。無意識的あるいは意識的に、リスクの低いものを優先してやると、結果的に手元には「一番大きな不確実性」が残ります。そのため、膨大なコストを費やした後に、最も大きなリスクに直面することになるのです。

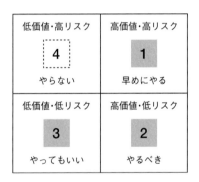

機能の優先順位を考える際には、それぞれの機能を価値の高低とリスクの高低のマトリクスに分類してみましょう。高価値・高リスクであるものは、そのプロダクトにて検証すべき不確実性であることを表しています。ですので、できる限り「早く安く」実現したほうがよいとわかります。

一方で、高価値で低リスクなものは、やるべきですが、一番の優先順位ではありません。低リスクなのであれば、いつでもできるからです。価値が低く、低リスクなものは「やってもよい」程度のもので、十分な資源があれば検討してもよいでしょうが、

必ずしもやる必要はありません。価値も低くリスクも高いものは、機能として思い込みで作られている可能性があります。やるべきではないでしょう。

■ リーンキャンバスによる仮説の作り方

　仮説が仮説として成立するためには、ビジネスが成立してできあがった後のイメージが非常に重要になります。このイメージがなければ、仮説は仮説として成立しません。なぜなら、検証するためのアクションが発見できないからです。仮説とはイメージなので、間違っていても構いません。しかし、より具体的な想定がなされる必要があります。

　しばしば、リーンなビジネス手法では、「意思決定を遅延する」という表現を用いて仮説検証を説明します。このことを誤解してはいけません。これは「具体的なイメージを想定しない」ということではなく、具体的なイメージをもちながら、大きなコストを費やさずにイメージの確からしさを確かめるということにあります。

　何かを始める際に、「正解を出さなければならない」という思い込みがあったり、失敗を許さないような文化があったりするとチャレンジは損なわれます。まずは、どのような「仮説」が考えられるのかをはっきりとした形で残すことが重要です。仮説が合っているか、間違っているかは誰にも判断できませんが、仮説が成立しているかどうかは誰でも判断することができます。

　そのような仮説を明らかにするためのフォーマットが、「リーンキャンバス」です。これは、A4サイズの用紙1枚に収まるほどシンプルでありながら、複数の経営学的な知見が組み込まれているため、迷わずにこのフォーマットを埋めることができれば、仮説として十分なイメージが仕上がっていることを確かめられます。

顧客の課題 1	解決策 4	独自の価値 3	競合優位性 9	顧客セグメント 2
	測定項目 8		チャネル 5	
コスト構造 7			収益の流れ 6	

リーンキャンバスは、9つの項目に最大200文字程度の端的な文章を埋めていくことで作られます。この際に、考えていく順番が指定されています。順番が重要なのは、新規のビジネスを考えるときに陥りがちなミスを抑制するためです。たとえば、競合優位性は最後の項目ですが、これを先に考えすぎると、自分たちがすでにもっている資源から優位性を作りがちで、イノベーティブなアイデアというよりも連続的なアイデアしか出てきません。

1	顧客の課題「どんな痛み・ニーズを感じているか」	課題といったときに、あったら嬉しい機能を考えてしまいがちだが、それが熱烈な飢えとか痛みのようなものでなければ、顧客はお金を払うことは少ない。ニーズとは、必要性のこと
2	顧客セグメント「誰がどのくらいそれを感じているか」	どんな人が課題を感じるのか、それはどれくらいの人数いるのかということをある程度概算する。どんなに便利でも10人しか必要でなければビジネスは成立しない
3	独自の価値「他にはない独自の価値は何か」	どんなに強いニーズであっても、他にたくさんの代替手段があればそちらに流れてしまう。「すごく安い」とか「すごく簡単」のように他には見られない価値が必要
4	解決策「どのようにその痛みを解決するか」	ニーズを満たし、独自の価値のある解決策であるかを確かめながら、シンプルな言葉で解決策を書く。これが実現できればMVPになる
5	チャネル「どこから顧客をどのくらいの値段でつれてくるか」	顧客セグメントが十分にいても、簡単に獲得できなければビジネスは大きくならない。どの媒体からどれくらいの人をいくらで獲得するのかを想定していくことが重要
6	収益の流れ「お金はいつどのようにいくら支払ってもらうか」	このサービスに対して、誰に、いつ、いくらくらい支払ってもらうかを想定する。ものが売れるというのは価格によって大きく異なる。顧客が少なくても切実であれば、多くの金額を支払いビジネスは成立する可能性がある
7	コスト構造「売上に対してどんなコストがどれだけかかるか」	収益が生まれても、それに応じてかかるコストがどれだけあるかによって、利益率が決まる。どんなによいサービスでも顧客あたりのコストが大きすぎれば、価格を上げざるを得ない

8	**測定項目「何がどれくらいならうまくいっているか」** 今まで想定した仮説がうまくいっているかを測るための数値は何で、どのくらいだったらよいのか。最大 3 つ程度の売り上げ以外の数値項目を設定する
9	**競合優位性「なぜ自分たちがそれをやるとうまくいくか」** 競合優位性の 1 つは、最初になぜ自分たちがやるとうまくいくのか。もう 1 つは、これが成功するとなぜ他の競合が自分たちを模倣できないのか

　すでに成立しているビジネスであれば、公開されている情報からでもリーンキャンバスを再現することはできるでしょう。成功しているビジネスを 10 個程度ピックアップして、そこからリーンキャンバスを想像するという練習を繰り返すと、プロダクトのもつ性質がはっきりと見えてくるようになります。

　仮説検証における仮説は、十分な情報があるところから導かれる正解ではありません。わずかな痕跡からでもよいのではっきりとした具体的なイメージをもつことで、はじめて仮説と現実の違いを認識することができます。具体的なイメージをもたなければ、現実を知ることができません。ビジネスにおいて、何か確実性のない方向に走り出すのは、非常に不安がつきまといます。しかし、不安に向き合うことでしか現実の世界から不確実性を削減することはできないのです。

4-4. スクラムと不安に向き合う振り返り

　不確実なことを減らすためには、一番不確実なことから確かめていくことです。そうすれば、早く失敗できるので、一番早く問題解決できます。エンジニアリングというのは、そういうことです。

　それは「言うは易し行うは難し」の典型例ともいえます。失敗が明らかになるのは、人間誰しも皆怖いからです。人間には、恐怖から逃げる仕組みが用意されているので、なかなか抗うことができません。

　「1 人でできないのであれば、複数人でやればよい」と考えると少しだけこのことが簡単になります。現実を直視し、不安に向き合えるようにチーム全体が個々人をサポートしていく状態になれば、仕事における不安に向き合うことができるようになります。

不安に向き合うフレームワークとしてのスクラム

　アジャイルなフレームワークとして一般的である「スクラム」は、一体何を目的と

したものでしょうか。開発プロセス全般をターゲットとする手法として捉えてしまうと、スクラムを何のためにやっているのかを見失いがちです。

わずか20ページに満たないスクラムガイドに書かれていることは、大きく分けて「役割の整理」と「いつどんな会議を開くか」の2つだけです。その役割が知るべき手法も、その会議をどのように進めるべきかも、詳細には定義していません。

スクラムはいつどのようにチームが課題と不安に向き合うのかを規定して、改善を行うためのタイミングを矯正するためのフレームワークであることがわかります。つまり、これまでに述べたスケジュール不安とマーケット不安のマネジメントとを組み合わせて、「不安への向き合い方」をチームが学習するための方法論です。

■ スクラムにおける役割

スクラムには、大きく分けて3つの役割があります。

・プロダクトオーナー

プロダクトオーナーはチームに対して、やっていくストーリーを優先順位順に並べた「プロダクトバックログ」を作成します。チームのROI (Return on Investment) を最大化させるために、ビジネス上の要件から、プロダクトバックログを完成させます。What(何を作るべきか) の意思決定の権限を与えられている責任者でもあります。チームの近くにいて、チームからの疑問に誰かに確認する必要なく答えられなければ、チームのパフォーマンスが下がってしまいます。

・開発チーム

開発チームは、「プロダクトバックログ」にしたがってHow(どのように作るべきか) の意思決定の権利をもっています。また、その責任があります。

・スクラムマスター

スクラムマスターは、プロダクトオーナーと開発チームの間に存在する「ボトルネック」を解消するためにあらゆることを行います。

メンバー1人1人をメンタリングしたり、スクラムにおけるイベントのファシリテーションを行います。プロダクトオーナーのもつ不安を開発チームとともに向き合わせ、開発チームのもつ不安をプロダクトオーナーとともに解決するように促します。

■ スクラムにおけるイベント

　スクラムにおいては、開発のタイムボックスである「スプリント」の最中と周辺に、いくつかのイベント（セレモニー）を用意しています。

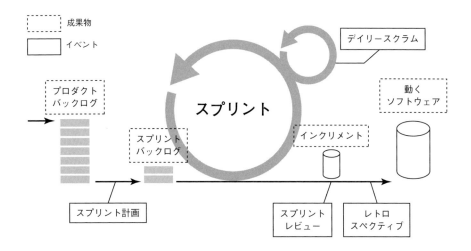

これらは、

- 目的不確実性にともなうマーケット不安に向き合う
- 方法不確実性にともなうスケジュール不安に向き合う
- 通信不確実性にともなう「情報の非対称性」を減らす

ための枠組みとしてチームの学習を促します。

　各イベントの目的をしっかりと理解し、スクラムマスターが適切にファシリテーションを行うことで、はじめてチームが自己組織化に向けて学習をすることができます。

スプリント計画	プロダクトバックログを実現可能なスプリントバックログに変換する会議。タスクの分解、実現方法の検討、課題点の洗い出し、一段詳細な見積りなどを行う
デイリースクラム	毎朝、チームの全員が出席して、1分程度でその日やることや、前日までの課題を簡潔に話す会議。全体で15分程度におさめ、全員が立った状態で会話をするのが望ましい

スプリント レビュー	プロダクトオーナーが、インクリメントをレビューする。修正が必要なことがあれば、プロダクトバックログに追加する。スプリントごとにリリースポイントとなるようにプロダクトを開発する
レトロ スペクティブ	振り返り会議。チームが、スプリントの中で、振り返りを行う。良かった点や悪かった点、次に向けての改善アクションを決める

　これらの会議は、開発上の問題や、不安を抱え込むことなく、チーム全体でことに当たるように開発チームの全員が参加するようにします。
「一部のリーダーだけ」のように、参加者を絞り込まないようにしましょう。スクラムマスターは、各イベントで参加者が最も不安で不確実だと思っていることについて、言及できるように促していきます。チームの誰か1人が抱え込んでしまったことを「すばやく検知できる」ようにするのが、プロダクト開発のスループットを向上させる方法だからです。
　スクラムのイベントは、スプリントというタイムボックスをサイクルの起点として、「Whatの検査」「Howの検査」「日々の検査」がそれぞれ発生するように設計されています。これによって、チームメンバー間のコミュニケーションが密に行われ、情報の透明性が上がっていきます。
　また、プロダクトを取り巻く「不確実性」に日々、メンバーとともに向き合うため、不安を共有し、それに立ち向かうことができるようにチームが成長しやすい環境になります。このように整理すると、スクラムを「開発プロセス」として捉えることが見当違いであるということが、わかるかと思います。

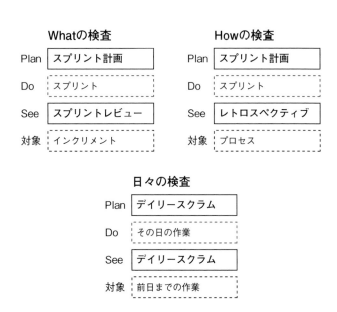

どこに向かって、どのように振り返るか

■ゴール設定

「振り返る」と一概にいっても、何をどのようにしたらよいのかというのは案外考えてみるとわかりにくいものです。何となく思っている問題点を言って、議論を交わしてみても、同じことの堂々巡りになってしまったり、場当たり的な提案になってしまったりして、本当に話すべきことが話せないということもよくあります。

それには何が足りないのかといえば、「どこに向かって」振り返るのかというゴールが足りないということが往々にしてあります。プロダクトチームにとって振り返るべきゴールとは、プロダクトの仮説が検証され、ビジネスが発展していくことです。そして、その結果何を手に入れたいのでしょうか。

メンタリングにおいて「ゴール認識」が重要であったように、チームメンタリングである振り返りについても、ゴールの設定と認識が重要です。そのための方法として、「インセプションデッキ」と呼ばれるフレームワークが使われます。

> 1. 我々はなぜここにいるのか（Why1）
> 2. エレベーターピッチを作る（Why2）
> 3. パッケージデザインを作る（Why3）
> 4. やらないことリストを作る（Why4）
> 5.「ご近所さん」を探せ（Why5）
> 6. 解決案を描く（How1）
> 7. 夜も眠れなくなるような問題は何だろう（How2）
> 8. 期間を見極める（How3）
> 9. 何を諦めるのかをはっきりさせる（How4）
> 10. 何がどれだけ必要なのか（How5）
>
> （インセプションデッキ）

　インセプションデッキは、10個の質問で構成されています。チームを立ち上げるときに、自分たちのミッションや、プロダクトの一番重要なポイント、ステークホルダーなどを明確に言葉にして共有します。どこに向かって、なぜ走っていくのかを明確にして、「ゴール」を設定することで、「どこに向かって」振り返るのかがはっきりとします。このようにして、はじめて振り返りが成立する前提条件が揃います。

■振り返りの流れ
　振り返りは次のような流れで行うと、スムースに行うことができ、本当の問題や課題を浮き彫りにしやすくなります。

0. ゴール再認識	インセプションデッキなどで作ったゴールイメージを再確認する
1. テーマ設定	振り返りのスコープを決める。スコープが発散しすぎると、何の話をしているかわからなくなってしまう。ファシリテーターは、スコープから外れた話題をコントロールする必要がある
2. 現状整理	テーマに沿って、現状の「事実」を並べる。ファクトに基づかない印象論を排除するために、テーマにおける情報の整理をすることが重要

3. よかった探し	課題を出すまでによいところを出し合う。よかったことというのは言いづらいので、無理矢理にでも出す必要がある。それによって、会議の雰囲気を明るく活発なものにできる
4. 問題の洗出し	問題と思われる点の洗い出しを行う。できる限り様々な観点で、問題を出したほうがよい。その時点で問題ではないなどと発言してはいけない
5. 問題の深堀り	問題の深堀は、重要と思われる問題に対して、「なぜか」を繰り返して、本当の原因を探す。このとき、原因がコントロール不可能なものに到達した場合に他責化の可能性があるので、注意が必要
6. 対策の決定	他人任せなものは対策ではなくて願望。願望ではなく、チームで実行可能な対策に変換する

不安を知りチームマスタリーを得る

　本当の不安は「不安は何か？」と聞いてもなかなか出てくるものではありません。なぜなら、多くの場合は不安は無意識のうちに閉じ込められてしまい、その原因が何かということにまで思い至らないからです。

　しかし、チームの中の「ゴール認識のレベル」が高くなってくると、そこから自然と不安の正体が明らかになっていきます。それは、多くの場合、ただ単に「わからない」というところから出発しているのです。チームが、自分たちが今わからないものを「どのようにしたらわかるようになるのか」「わかったものからどのようにしたら改善するのか」を意識できるようになると、自分たちを役割に閉じ込めること自体がおかしなことだと気がつくようになります。

　このような過程を経て、チームは自分たち自身の手によって広い視野での問題解決を進めることができるようになります。これが、自己組織化と呼ばれる状態です。

　そして、それがチームマスタリーを得ている状態です。この状態になるように、あるときはチームに入り込み、あるときはプロダクトオーナーを助け、あるときはチームの1人1人をメンタリングするというのが、スクラムマスターの役割だといえます。

Chapter 5

技術組織の力学と
アーキテクチャ

5-1. 何が技術組織の"生産性"を下げるのか

　これまで、第1章では個人、第2章では1:1の人間関係、第3章、第4章ではチームやプロダクトという単位において、「不確実性の削減」というテーマでエンジニアリングというものを考えてきました。本章では、より多くのチームが関わる「組織」という単位における「不確実性の削減」を考えていきましょう。

　その際に、組織や個人の効率性を指して、「生産性」というフレーズがしばしば用いられます。日常語としての「生産性」という言葉は定義が曖昧で、かつ捉えどころの難しい概念です。

　しかし、多くの人はぼんやりと「生産性が高い」という状態や「生産性が低い」という状態をイメージできていて、曖昧な状態でありながらもコミュニケーションが成立しているようにも思われます。

　本節では、企業の「情報処理能力」という概念を用いて、日常語としての「生産性」を再定義し、効率的な組織設計や組織運営を行うための指針を考察していきます。そして、「生産性が低い」と認識されるような状態は、どのような原理でそうなり、どのような原理で「生産性が高い」という状態になるのかを明らかにしていきます。

生産性という言葉の難しさ

　生産性という言葉を使っても、様々な定義や曖昧な理解の上で用いられるため、議論が混乱してしまいます。

　技術組織の支援などを行う際に、経営者や技術組織のマネジメントから、「エンジニアの生産性を上げたい」という言葉をよく伺います。この生産性という概念は日常語として使われている反面、経営的な用語でもあるため、理解が難しいものです。

　日常語としてはおそらく「たくさんの機能を早く作りたい」というような意味なのでしょう。一方、経営的な用語で言えば、企業組織全体の労働生産性を上げるということを意味しているのだと考えられます。

　労働生産性の定義について見てみると、企業における付加価値額を従業員数で割ったものとわかります。

$$労働生産性＝付加価値額／従業員数$$

　この定義においては、「エンジニア」の「技術組織」といった企業における1要素の付加価値がわかりませんので、エンジニアの生産性といったものは特定することができません。企業における付加価値額というものは、営業や技術といった個別の部署で測定できるものではありません。企業全体をシステムとして、投入した労働人数に対してどれだけの付加価値が得られているのかを測るものです。

　「生産性」を向上させるのであれば、技術組織という企業システムのほんの1要素に注目するのではなく、企業全体の構造に注目する必要があります。また、この生産性という指標は、マーケットにおいてどのようなビジネスモデルを展開しているのかといった事情に大きく左右されます。

　それだけでなく、ソフトウェアは一度作ってしまえば、コピーすることもユーザーを追加することも極めてローコストに行えます。そのため、販売顧客数に比例して、売上原価のようにエンジニアの人件費が必要とならないビジネスモデルを展開することができます。つまり、単期の人員数と売上には自明な因果関係があるとは限りません。

　結果的に、ソフトウェア企業の労働生産性は「投資フェーズ」では低くなり、その分野の成長への投資を止めた「回収フェーズ」では、極めて高くなってしまいます。

　このような理由で、「生産性」という言葉は、日常語としては曖昧な意味のまま使われ続けるものの、組織の効率性を表す指標としてはあまり向いていないものである

といえます。

組織の情報処理能力

　労働生産性は、ビジネスの結果を分析する手法です。そのため、偶発的にうまくいっている企業も、必然的にうまくいっている企業も区別なく計算されてしまいます。組織の内部を考察するのには、あまり向いていない概念だといえます。

　より日常語における「生産性」という概念に近づけていくためには、偶発的にうまくいったケースと必然的にうまくいったケースとを差別化できるほうがよさそうです。

　宝くじを1枚しか買わない人と、宝くじを100枚買う人では、当たる可能性は100枚買う人のほうが高くなります。しかし、世の中には宝くじを1枚しか買っていないのに当たる人もいますし、その逆に宝くじを100枚買っても当たらない人もいます。

　企業を外部から評価するのであれば、たまたまでも宝くじが当たるほうがよいに決まっているのですが、組織を内部から改善していくためには、宝くじが当たるように祈ってもしかたがありません。むしろ、企業組織のケイパビリティを比較するのであれば、「いったいいくつの宝くじを買うことができるのか」ということを比較したほうがわかりやすくなります。

　企業においては、宝くじを購入する量というのは、市場に存在する不確実性を効率よく仮説検証する能力だと言い換えることができます。その能力が高ければ、成長につながる蓋然性が上がります。

　「不確実性の削減」とは「情報を生み出す」ことと同義でした。この市場の不確実性を効率よく仮説検証する能力を企業の情報処理能力と定義しましょう。

　情報処理の低い企業組織では、市場の不確実性にうまく対応できません。結果的に、機会を逸してしまい継続的に発展することは難しいと考えることができます。

■ ガルブレイスの情報処理モデル

　情報処理という概念で、企業の効率性を捉える考え方は、以前から存在しています。有名なものは、アメリカの経済学者ガルブレイスによる組織の情報処理モデルです。

　彼は、保有するシステムを含む組織形態から、企業の情報処理能力が決定し、対象となる市場の不確実性から、必要となる情報処理量が決定すると考えました。

　この市場の不確実性が高ければ高いほど、「情報処理必要量」が多くなります。それに対して組織のもつ「情報処理能力」が上回れば、「組織成果」につながります。

ガルブレイスの組織情報処理モデル

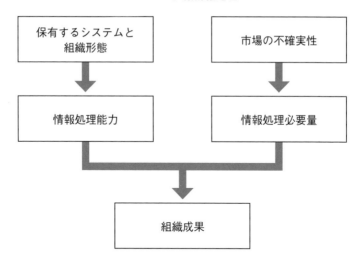

■ 組織の情報処理能力を決めるもの

　ガルブレイスの情報処理モデルと、これまで述べてきたエンジニアリングの不確実性モデルとを比較してみると、次のようになります。

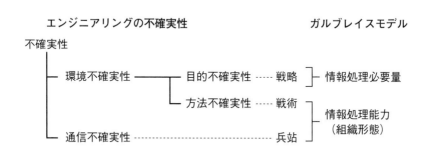

　これまで述べてきた「エンジニアリングの不確実性」モデルでは、不確実性は、環境不確実性と通信不確実性に分かれ、環境不確実性は目的不確実性と方法不確実性に分かれると定義してきました。

　ガルブレイスの情報処理モデルでは、目的不確実性への対応方法によって「情報処理必要量」が決定し、方法不確実性への対処方法と通信不確実性への対処方法によっ

て組織の「情報処理能力」が導かれると捉えることができます。

　企業組織の成果のための考え方としては、すべての不確実性を同じ土俵で考えることは重要です。しかし、「組織のケイパビリティ」を考える上では、ガルブレイスの情報処理能力モデルは日常語的な意味での「生産性」のイメージと近いものであるといえます。

■ 個人の総和が組織の能力にならない

　組織の情報処理能力を考える上で重要なのは、「個人の情報処理能力の総和」が必ずしも「組織全体の情報処理能力」とはならないという点です。

　ある情報処理能力をもった1人の能力と比較して、同じ能力をもった10人の組織の情報処理能力では、単純計算では10倍の情報処理能力をもつはずです。しかし、実際にはそういった線形的に能力が増えることはありません。人数が増えるほど、徐々にその想定とは乖離していきます。

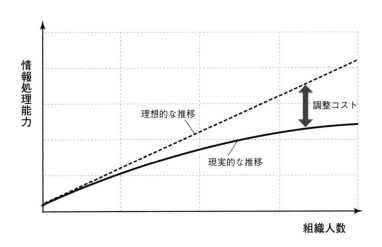

　組織がその構成員の情報処理能力を完全に発揮するためには、その中で行われるコミュニケーションが、100％の完全な情報伝達であり、その構成員が完全に同一の目的・思惑で動いている必要があります。つまり、通信不確実性の存在しない世界においては、組織の能力は人数に対して線形に伸びていくはずなのです。

　しかし、現実には人間は不完全で、完璧な情報伝達などできませんし、それぞれがそれぞれに思惑をもっています。そのため、組織の情報処理能力は人数が増えるほどにコミュニケーションの失敗が発生し、情報処理能力が減衰していきます。

理想的な情報処理能力の推移と現実の情報処理能力の推移の差が「コミュニケーションコスト」と呼ばれているものです。いかにして、この差を減らしていくのかが、組織のケイパビリティを向上させるために考えるべきことです。

簡単なモデルで考えてみます。組織内の人全員に自分の意思を正確に伝えるのに、1人当たり、その人の情報処理能力の1％（週あたり25分弱の時間）を消費すると仮定しましょう。このようにすれば、それぞれの認識のズレがあったとしても、ある程度は修正していくことができそうです。

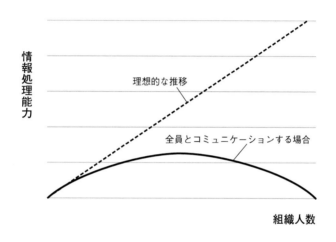

しかし、全員が全員とコミュニケーションをとるとすると、組織人数の自乗のオーダーでコミュニケーションコストが発生します。このケースの場合、50名を超えたあたりで、組織人数が増えても効率が上がらなくなり、100名を超えるとすべての情報処理能力がコミュニケーションコストに消えることになります。

1人あたりがコミュニケーションに費やす時間を、たとえば20％程度に制約するのであれば、20名程度が限界です。そのため、組織拡大を行う際には、コミュニケーションコストを一定に保つために組織を分割していく必要があります。これが、企業組織に部署やチームが生まれる理由です。

Wikiなどの情報伝達ツールや、その他コミュニケーションのためのツールがあれば、この限界はあまりないのではないかと思われるかもしれません。たしかに、何か「発信」をしたときに時間差で受け取れるメディアがあれば、ある発信が「到達」する範囲は広がることもあるはずです。あるいはたくさんの人を同時集めて演説をすれば、

細かいニュアンスまで伝わる可能性は高くなるでしょう。

しかし、コミュニケーションというのは、「発信」と「到達」だけではなし得ません。「受信」の確認と行動変化による「正しく受信されたか」の確認が不可欠です。なぜなら、コミュニケーションとは通信不確実性を減らす試みのことだからです。

人間のコミュニケーションの時間的限界や知識的限界、伝達の正確性の限界があるため、組織にはコミュニケーションの不完全さが生まれます。そのため、組織のある一翼では理解されていることが、組織の別の一翼では全く知られていない状況が発生します。

このような状況が「情報の非対称性」です。組織の営業行為に必要なコミュニケーションネットワークの中で「情報の非対称性」が加速すると、いわゆるセクショナリズムと呼ばれるような、組織の一部では合理的であるが、全体的には合理的でないといった論理が幅を利かせるようになります。

組織のコミュニケーションネットワークは「何かを依頼する人（依頼人）」と、「何かの依頼を受ける人（代理人）」を生み出します。第4章で述べたプリンシパル・エージェント関係です。このような構造の背景には、依頼者は何らかの制約があって実行できないため代理人に依頼をするわけですから、多くの場合そこに「カレーの寓話」と同じような情報の非対称性が存在することを示唆しています。

情報処理能力が減衰しない状態

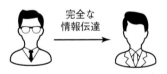

完全な目的の一致

情報処理能力が減衰する状態

目的の不一致

複数の人間が同じ目的をもって行動しようとしたときに、完全な情報伝達は不可能です。そのため、「情報の非対称性」が組織の情報処理能力を減少させないために、誰がどのような人とどれだけどんなコミュニケーションをするかという設計を行う必要があります。

組織とシステムの関係性

システムを作る組織の構造は、その組織が作り上げるシステムの構造と似てきてし

まうという経験則が知られています。なぜこのような現象が起こるのでしょうか。また、組織構造とシステムはどのような関係になるのでしょうか。

■ **エンジニア組織は、組織の下流工程に位置しやすい**

ある一定規模にまで膨らんだ組織というのは、全員が全員とコミュニケーションをとるという情報伝達が不可能です。それに伴って、営業は営業組織、システム開発は開発組織、経理財務は経理財務組織というように「役割」ごとに組織を分割していくことになります。この分割された組織では、事業全体の情報は見えにくくなり、自部門の情報は見えやすくなります。そして、それぞれの組織が自分たちが見える情報の中で最適な選択肢をとろうと考え行動します。

ここで「システムの構築を行う組織」について、情報処理のモデルで考えると、経営層が市場の不確実性を判断し、ビジネス部門が戦略を練り、開発部門が具体的で必要なシステムに落としていくというような階層的な構造になることがわかります。

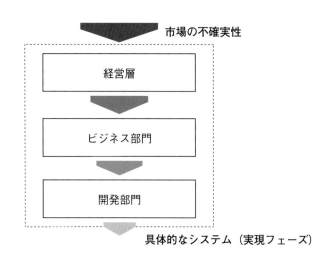

システムの実現を担うエンジニア組織は、組織の情報処理機能の観点からは、「実現フェーズ」に最も近い組織であることからは逃れられません。

当然、経営層やビジネス部門と連動しながら、市場の不確実性を捉えていくことは可能です。しかし、それぞれの部門の最適化が全体最適化に向いていない場合、開発部門は市場の不確実性から最も遠い部門になってしまうこともしばしば存在します。

このように階層的に組織が分断されるごとに情報伝達の精度は下がっていきます。この不完全な情報伝達の伝言ゲームが日々繰り広げられることになり、その結果、組織全体の情報処理能力も下がってしまいます。

対等な関係性をもった部門同士として分割されていたとしても、組織の情報処理の構造が、「誰かが誰かに依頼する」という依頼者と代理人という関係になっていると、エージェンシースラックが生まれます。これが、何重にも多段の関係をもって組織が作られているほど、その依頼者と代理人という関係性から生まれるエージェンシースラックは増大していきます。

開発部門は、組織のアウトプットとしての「システム」を構築する部門であるため、この多重に積み重なったエージェンシースラックの不合理が発露される場所になりやすいという性質をもっています。また、恐ろしいことにそのような関係性をもって生み出された「システムそのもの」に、組織の不合理が蓄積されるという現象が起きてしまうのです。

■組織とシステムの関係：コンウェイの法則

メルヴィン・コンウェイという初期のコンピュータ科学者であり、プログラマーでもある人物が残した経験則として、「コンウェイの法則」と呼ばれるものがあります。それは次のようなものです。

> システムを設計する組織は、その構造をそっくりまねた構造の設計を生み出してしまう

この法則は、組織集団の中でシステム構築をやったことがない人から見ると意外な法則かもしれません。組織とシステムというものは一見関係のないようなものであるように感じるからです。

しかし、この経験則は様々な実証的なソフトウェア工学の中で、多くの証拠が見つかりつつあります。ソフトウェアにどれだけバグが含まれているかなどを大規模なプロジェクトで精査した結果、組織階層の深さや地理的に離れた複数人が関わるコード、離職者の数、関わっている開発者の人数など、コミュニケーションコストが一般に多くかかるであろう環境ほど、バグが多くなる傾向が発見されているのです。

「コンウェイの法則」が発生するのは、なぜでしょうか。これは、組織構造というものが「コミュニケーションコストの構造」であるという点から考えることで、理解しやすくなります。

たとえば、ある機能開発を行ってリリースするために3つの別のチームとの協議が必要で、さらに安全のために上長から4つの稟議書にハンコが必要な状況があったと仮定しましょう。このような状況では、コミュニケーションコストが高すぎて、その部分への機能追加はあまり行いたくないと開発者も開発内容を指示する人も感じてしまい、その結果、そういったコミュニケーションを回避しても実装できるような機能を重点的に開発したほうが効率がよい、と判断するようになります。

コミュニケーションコストは見えない坂道のようなものです。上り坂を上るのは大変ですが、下り坂は気がつかないうちに下ってしまいます。システムの構造は、簡単に言えば、どこに機能を追加しやすくして、どこの機能は統一的に取り扱うのかという構造です。そうなると、システム開発者は、コミュニケーションコストの坂道と同じようにシステムの構造を作っていくという行為が最も効率的な設計であると思ってしまいます。これが、「コンウェイの法則」という経験則が生まれる背景です。

組織構造、つまりコミュニケーションの構造が事業戦略と一致しているのであれば、このような現象はむしろ組織の情報処理能力を向上させることになります。しかし、そうではない場合、知らず知らずのうちに組織構造の問題がシステムに組み込まれていくような結果になります。

こうして作られたシステムの構造と組織構造、事業戦略が一致しているかどうかがわかれば、経営者は問題を把握することができるので、修正することもできるかもしれません。しかし、それは大変難しいことです。

なぜなら、このシステムの構造を「表面に見えている機能」から類推することは、ほとんどできないからです。システムの構造は「表面に見えない」ものです。そのため、気がつかないうちにシステムの奥深いところに組織設計上の問題が組み込まれていくことになります。

エンジニア組織の情報処理能力を向上させるには？

アメリカの著名なソフトウェア工学者であるトム・デマルコは、自身の著書である『ピープルウェア』の中で、次のように述べています。

> ソフトウェア開発上の問題の多くは、技術的というより社会学的なものである
> (「『ピープルウェア』トム・デマルコ、ティモシー・リスター 著、松原友夫、
> 　　　　　　　　　　山浦恒央 翻訳、日経BP社、2013/12)

　この言葉にあるように、システムを構築していく組織における情報処理能力を考えるにあたって、重要な点は人間同士の関係性の問題です。

　少人数で相互に深いコミュニケーションをとっていけば、問題を解決していくことができます。しかし、コミュニケーションに費やす時間が増えすぎると、コミュニケーションで忙殺されて、何もすることができなくなってしまいます。

　そのため、組織に構造が生まれます。誰と誰がコミュニケーションし、誰と誰はあまりコミュニケーションしないのかという形が生まれます。業務を遂行するにあたって、コミュニケーションが発生せずとも成立するのであれば問題はありません。しかし、お互いのもっている情報が異なるような、コンテクストを共有していない2つの組織が「依頼者」と「代理人」の関係になったときには、大きなエージェンシースラックが発生する可能性があります。

　そして、このような関係性に潜んだ問題点は、「コンウェイの法則」に基づいて、システムの中に長きにわたって組み込まれていくことになります。これが、エンジニア組織に発生する情報処理能力が減衰するアンチパターンです。

　では、どのようにして、エンジニア組織の情報処理能力を向上させていくのがよいのでしょうか。それは、このような「関係性」から導かれる問題を1つひとつ取り除いていくことによってなされていきます。

■エンジニア組織のアンチパターンへの処方せん

　エンジニア組織の改善に必要なことは、組織全体のコミュニケーションの改善です。そして、それは個々人のマインドとしては、第1章の考え方が重要です。マネジメントとメンバーや、メンバー同士の関係性には第2章で述べたメンタリングのテクニックが必要です。チームにおいては、第3章、第4章で述べた不確実性を統治するスキルが必要です。

　しかし、より大きな組織における問題の解決のためには、組織のもつコミュニケーションの構造をリファクタリングしていく必要があります。個々人の意識の力は弱く、

様々な関係性から生まれる「空気」のようなものによって気がつかないうちに悪い方向へと組織を導いてしまいます。そのようなことが起こらないように、そして経営者や技術リーダー自身が「空気」に支配されないように、構造的な問題の解決に取り組む必要があります。

権限の委譲と期待値調整	コミュニケーションの必要性を減らし、コミュニケーションの失敗を防ぐためには、適切な権限委譲とそれに伴う期待値の調整が必要
適切な組織・コミュニケーション・外部リソース調達の設計	職能ではなく、責任やケイパビリティの単位で組織やコミュニケーションを設計していくことで、コミュニケーションコストを減らし、システムに反映される
全体感のあるゴール設定と透明性の確保	組織の各要素の間で生まれる情報の非対称性を減らすため、透明性の確保と全体感のあるゴール設定をもつことで、限定合理性の発生する余地を減らしていく
技術的負債の見える化	組織的な問題の発露である「技術的負債」現象の見える化を通じて、対応可能な課題に変えていく

5-2. 権限委譲とアカウンタビリティ

1人が考えて、多数の人が実行するという組織の情報処理能力には、限界があります。その1人の考えの中にないことは一切実行されないからです。組織の情報処理能力を上げるためには、組織の人数に応じて、適切に権限の委譲を行う必要があります。

権限の委譲は、明示的で連続的なコミュニケーションが必要不可欠です。上司と部下の間のコミュニケーションは、権限と責任の期待値を揃えていくことによって初めて成立します。

組織と権限

しばしば忘れがちですが、会社組織はその所有者である株主にまずすべての権限があります。そこから、具体的な経営活動について経営陣に権限を委譲するところから始まります。

経営陣は自分に与えられた権限の一部をさらに部長などに分割して、再び委譲します。このとき、どの権限をどの程度委譲するのかは、能力や信頼関係に依存します。

部長は、さらに現場に自分の権限の一部を分割して、委譲します。このように組織は権限をどのように分割し、どのように渡すかという連鎖によって成立しています。

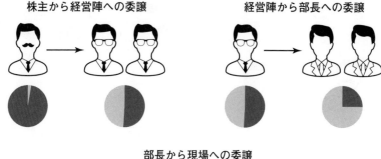

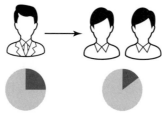

　企業活動は、権限を従業員の1人ひとりに分割しないと成立しません。権限とは、「会社の資産やリソースに対して、何をしてよいか」という自由度のことです。

　たとえば、従業員に対して「コピーを取ってくれ」というお願いをしたとします。前時代的なたとえですが、このような場合にも権限が必要となります。会社の持ち物であるコピー機を利用してよいという権限がなければコピーは取れません。加えて、その中にある用紙を使ってよいという権限がない人に、書類のコピーを頼んだとしても実行することは不可能です。

　このような些細なことであっても、従業員が会社という自分のものではないものに対して業務を行うためには、権限の分割と付与がなされている必要があります。

■権限と責任は表裏一体の関係
　この権限の連鎖の中で、権限を委譲された側は、その権限に見合う会社のリソースを取り扱うことができ、その権限に見合う自由度を手にすることができます。一方で、権限にはそれに対応する責任が伴います。これを「説明責任」といいます。

権限と責任の連鎖

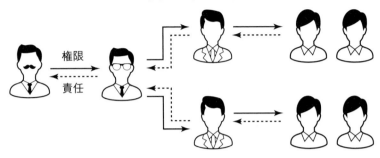

　説明責任とは、与えられた権限に対して、何を行い、どのような結果をもたらしたのかという説明を、権限を付与した人に報告する責務のことです。

　責任と権限は、整合性をもたなければなりません。権限がないのに責任がある状態や、責任がないのに権限がある状態はどちらも組織に悪い結果をもたらします。

■責任と権限の不一致

「うちは自由な社風だから」といって、従業員に十分な権限が委譲できていると錯覚してしまう経営者も多数います。権限を明示することは、「縛ること」であって、明示しないからこそ自由であるとする発想をすると、多くの場合問題が生じます。

　従業員にとって明示的でない権限は、最も不自由な状態とちがいがありません。権限が明示的でないことが意味しているのは、上司の胸先三寸で権限について差配できるということです。これは実質、すべての権限が上司にある状態と変わらないのです。あるときはよくて、あるときはよくないというように朝令暮改であったならば、従業員は最小限度の権利しか行使しないでしょう。

　経営者、あるいは上司による「権限を与えているはずなのに、自由に提案をしてくれない、経営者マインドをもってくれない」という嘆きは、よく目にします。多くの場合、十分に責任を自覚した上で必要な権限を受け取っているのであれば、このような問題は起きません。このような認識に至るのは、部下に権限を与えていると明示的にコミュニケーションできていないか、それに伴う責任を十分に理解させられていないということを意味しています。

　「責任はあるが権限がない」状態では、部下は自分で問題解決を行う裁量がないのにその責任を負わされることになります。これでは、部下はただ責任を負わされること

に嫌気が差してしまいます。

　逆に「権限はあるが責任はない」という状態ではどうでしょうか。この場合、部下は自分の裁量があり責任もないので楽ですが、上司からは部下が何をやっているのか判断ができません。上司は上司自身の説明責任を上に果たすことができなくなってしまいます。その結果、いつか上司は権限を剥奪されることでしょう。

責任はあるが権限がない　　　　　　　　権限はあるが責任はない

　このように、上司と部下の間で認識している権限とそれに伴う責任の不一致が生じると、その「情報の非対称性」によって、組織の情報処理能力は低下します。これは、上司の期待値と部下の上司に対する期待値が異なっている状態です。

　情報の非対称性を解消できるのは、明示的なコミュニケーションだけですから、上司部下の間における権限に関するコミュニケーションが足りない場合、その組織では多くのトラブルが発生し、関係性がギクシャクしてしまいます。

権限と不確実性

　いかに優秀な社長や経営陣であっても、1日は24時間しかありません。一度に発話できる内容は1つだけですので、必ず物理的な限界があります。会社組織が小さいときは、社長が多くのことを決めていったとしても、コミュニケーションにかけるコストは非常に小さくて済むため、問題がないように思われます。しかし、会社組織が大きくなると、個別具体的な事柄を社長が判断していくということが難しくなっていきます。そのため、「少ない指示」や「抽象的な指示」から多くのことを判断して動いてくれるような組織が必要になってきます。このような組織が十分に育っていれば、会社はよりレベルの高い情報処理能力を手にすることができます。それとは逆に、社長や上司が個別具体的な指示をしないと回らない状況では、権限が委譲されず組織サイズが大きくなっても情報処理能力が上がらないという現象が発生します。

　このように組織の人員が増え、多くの情報処理能力を活用するためには、権限の明

確な委譲によって、階層構造の上に行くほど抽象的で曖昧な構想やビジョン、価値観といった観念的な意思決定が主な経営レベルの仕事になっていきます。第1章で述べたように、組織とは不確実なものを確実なものに変化させる情報の処理装置なのです。この不確実性の削減に関する能力が高ければ高いほどに、情報処理能力の高い組織だということができます。

経営陣の「従業員が経営者意識をもって動かない」という愚痴や、従業員の「自分に権限がないので問題点を改善できない」という愚痴は、「権限委譲のコミュニケーションが失敗しているか、委譲ができないような組織しか作れていない」「自身が必要な権限を獲得できるだけの信頼を得られていない」という自身の問題となってこだましてくることになるのです。

■ 権限と情報処理能力

権限とは、その人がもつ会社の資産に関しての裁量あるいは自由度と言い換えることができます。組織における構成員は、その権限のままでは、与えられた裁量の範囲内においてしか成果をもたらすことができません。

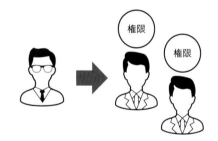

権限が委譲されていない組織は、具体的で細い指示を必要とします。そのため、上司の情報処理能力が、その組織全体のボトルネックになってしまいます。つまり、第1章で述べた、情報処理能力が向上せず、「不確実性」を少ししか削減できない依存型の「マイクロマネジメント型」の組織であるということです。

それに対して、目標の共有や権限の委譲などを通じて、抽象的な指示が機能する組織であれば、裁量が拡大し、上司から必要な権限を調達する「自己組織化された組織」

ということができます。

このことからわかることは、ある単体の組織の効率性を測るときに、「より少なく抽象的な指示」であっても成果を残すことができるのかを考えると、組織の成長を捉えることができるということです。

権限委譲のレベルとデリゲーションポーカー

このような権限の認識を一致させるコミュニケーションは、非常に難しいものです。両者が同じ言葉を同じ意味で解釈していなければなりません。1回でうまくいくものでもありません。何度も繰り返し、権限について話し合い、具体的なケースを対象にコミュニケーションをしていくことによって、はじめて権限委譲がなされたということを双方が認識できるようになります。

■ 権限委譲のレベル

権限委譲といっても、0か1かで判断する必要はありません。1つの事柄に対する権限を上司が部下に対してどの程度渡すのか、あるいは渡さないのかについて7段階のレベルがあります。

レベル1	**(上司が部下に) 命令する** 上司がすべてを決定して、部下に対してそれをするように命令するという権限のレベル。この状態では、上司にすべての権限がある
レベル2	**(上司が部下に) 説得する** 上司が部下に対して「なぜそうするのか／どうしてやるのか」を説明し、説得する。部下は、説明をよく理解し趣旨に合うように実施を行う
レベル3	**(上司が部下に) 相談する** 上司が行う提案を部下に対して相談する。最終決定の前に、部下に意見を求めるという権限のレベル
レベル4	**(上司が部下と) 合意する** 上司と部下が合意をして初めて、その指示を遂行する。ここでは上司と部下の権限は同じレベル
レベル5	**(上司が部下に) 助言する** 部下が提案を行い、その提案に対して上司は、気になる点などを指摘する。これは助言であって命令ではないので、部下はすべて聞き入れる必要はない

レベル6	（上司が部下に）尋ねる 部下に決定権が委譲されている。しかし、上司が報告を求めたときには説明する責任がある
レベル7	（上司が部下に）委任する 部下が上司の確認なしに実施をしてよい権限。上司がそのことについて尋ねたときのみ、回答する。イレギュラーのない日常業務などは、この権限が部下に渡されていないと上司は確認作業を行わないといけなくなり、ボトルネックになる可能性がある

　これらは、その組織で行う様々な業務で項目別に明らかにする必要があります。たとえば、「その件は、自由にしていいよ」と上司が言ったときに、曖昧な権限に関するコミュニケーションが生まれています。それは、権限のレベルでいうと7のことなのか、6なのか、それとも5なのか。そこがわからないと、認識の不一致があったときにトラブルが生まれます。

　上司は、それぞれの業務を部下がより高いレベルで権限を委譲できるように育成する必要があります。そのために必要な責任や考えるべきことについて、定期的にメンタリングを行い、責任の認識レベルを上げていきます。また部下は、自分の権限を拡大できるように、自分の問題認識のレベルのどこが足りないのかを真摯に向き合い、成長していく必要があります。

■デリゲーションポーカー

　権限委譲のレベルについて、上司と部下、あるいはビジネス上の関係者との間で合意点を作ることは非常に重要です。それは、自分自身にどのような責任があることを示していて、同時にどのような自由度があるのかを示すものだからです。

　これらの合意を楽しみながら作る手法として、「デリゲーションポーカー」というゲームが発案されています。上司と部下との間で、心理的安全性を維持しながら権限について話し合うことができるため、近年注目を浴びています。

デリゲーションポーカー＜ゲームの流れ＞

① ボスとチームメンバーは７段階の権限カードを１組ずつもちます。
② 話し合う「テーマ」を決めます。何についての権限の話をするか、できるだけわかりやすくテーマを設定しましょう。
③ 参加者は、そのテーマについての権限レベルを決めてカードを裏返しの状態でテーブルに出します。
④ すべての参加者がカードを出したら、最初にボスのカードを裏返して、続いてチームメンバーがカードを裏返します。
⑤ チームメンバーはそれぞれがどうしてその権限を選んだかを説明します。ボスは最後に説明をします。具体的なケースを想定して「こういう場合はどうする？」というように話し合って、例外的なケースは別のテーマとして切り出します。
⑥ 参加者全員が同じレベルでなかった場合それぞれの出したカードを手札に戻し、再度権限カードを出し合います。
⑦ 参加者全員のカードが一致したら、ゲーム終了です。次のテーマに移りましょう。
⑧ すべてのテーマについて話し終えたら、合意できた権限委譲レベルを書き出し、チームやボスが常に見えるところに張り出しておきましょう。

権限が明示的でなく、双方が合意していない状態では、お互いの「期待のずれ」が発生しやすくなります。その結果、双方に不満が積もってしまいます。デリゲーションポーカーを通じて透明化することで、納得感のある上下関係を作ることができます。「言うたびにひっくり返される」のに「自分で考えろ」と言われてしまう。このような、ありがちで非生産的な上下関係は不透明な権限理解によるものです。この状態では、組織の情報処理能力はどんどん低下していきます。

■ 権限の可視化とコンセンサスボード

デリゲーションポーカーを行った後に、それらを具体的に可視化しておくことが重要です。チームや組織にどのような権限があり、何を任されていて、何を任されていないのかということを常に透明化しておくことで、チームは自発的・自律的に行動をすることができます。

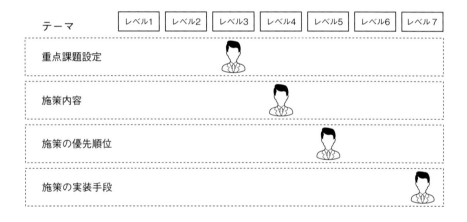

権限の衝突

品質を下げれば売上が上昇するだろうという見込みが売上責任者にあるときに、品質への責任と権限をもつ組織と意見の不一致が発生します。

責任と権限は衝突する

品質への責任と権限　　売上への責任と権限

　権限を委譲された人物が、それに関わるすべてのリソースに対して、排他的で利用することができるわけではありません。
　これは異なる権限と責任をもった人物の中で、共有する資源が存在することを意味しています。また、一期間の売り上げ目標のために品質を落とすことが有用であっても、長期のブランドや顧客の定着を含めた視点では、合理的でないという場合も多くあります。
　このようにある目的のための責任と権限をもった複数の組織は、組織の目的遂行や組織の維持のために大なり小なりの衝突が発生します。

■ 権限の衝突の解消レベル
　権限の衝突は、それぞれの組織の上位組織によって解決が促されます。この際に、どのレベルまで問題がエスカレーションされるのかという階層が衝突の解消レベルです。

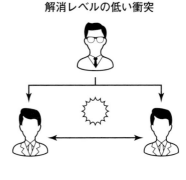

解消レベルの高い衝突　　　　解消レベルの低い衝突

解消レベルの低い問題は解決されやすいのですが、解消レベルの高い問題は解決されにくいものです。権限の衝突を最小限に抑えるのが組織の力を高めるポイントです。

権限と組織設計

権限と責任という観点から見る組織設計のポイントは、次の4つです。

・明示的な権限と責任の委譲を行う
・権限と責任の不一致をなくす
・権限同士の衝突を最小にする
・権限の衝突解消レベルを最小にする

組織の情報処理能力を高めるためには、自発的・自律的な組織行動をとることができるように、注意深く権限を配置し、権限に紐づいた責任との不一致が発生しないように、合意を取っていくことが重要です。

権限同士の衝突が少なく、権限の衝突解消レベルを低い組織にするためには、事業活動におけるコミュニケーションパターンに注目する必要があります。コミュニケーションパターンに紐づいて、組織を再設計するための指針を次表にまとめます。

コミュニケーションパターン	同一組織化の優先度
○⇄○	第1段階：相互依存の同一化 業務の中でお互いがお互いに依存しているような依存関係があるチームや個人を同一組織にする
○→○→○	第2段階：事業とプロセスの同一化 計画と実行や、多重の工程になっている複数チームや個人を同一組織にまとめる
○↑○↑○	第3段階：戦略の同一化 複数の事業スコープをもつ組織が同一の目的や戦略をもつ場合に、それらを標準化・モニタリングするために同一組織にまとめる

組織のパフォーマンスを考えるとき、私たちはどうしても個々人の能力の問題を想定しがちです。そうではなく、権限が適切に委譲され、その責任を果たすことができ

る組織構造と不断のコミュニケーションによる期待値調整こそが、情報処理能力の高い組織の最も重要な視点です。

5-3. 技術的負債の正体

　システムと経営をめぐる問題で避けては通れないのが、「技術的負債」という言葉です。一般には、「早さ」を求めて構築されたシステムの構造的な課題が、徐々に蓄積し、債務であるように徐々に開発速度そのものを遅くしていくという現象のことを意味しているように捉えられます。

　これは、技術組織をもつ経営者にとっては理解しにくく、またエンジニアにおいても「古くなってしまったコード」や「わかりにくいコード」全般のことを技術的負債と呼び、それをもって何かを説明したかのように考え、修正を作業を要求するということも多く存在します。

技術的負債をめぐる議論

　技術的負債という言葉は、アメリカのコンピュータ技術者であるウォード・カニンガムによって、1992年に提唱された概念です。その言葉は瞬く間に流行し、システムとビジネスをつなげる用語としてもてはやされました。彼は、経験レポートの中で次のように語っています。

> 　最初のコードを出荷することは、借金をしに行くのと同じである。小さな負債は、代価を得て即座に書き直す機会を得るまでの開発を加速する。危険なのは、借金が返済されなかった場合である。品質の良くないコードを使い続けることは、借金の利息としてとらえることができる。技術部門は、欠陥のある実装や、不完全なオブジェクト指向などによる借金を目の前にして、立ち尽くす羽目になる

　これは、ソフトウェア開発が段階を得るに連れて、それまでの構造によって機能追加が徐々に困難になっていく様子を見事に言い表してくれました。
　ソフトウェア開発において、初期設計通りにプロダクトが成長していくことは少なく、多かれ少なかれ、次第に初期設計からの逸脱を要求されるようになります。

このような状態のプロダクトへの追加開発は、本来はこのくらいでできるはずだと予想しているのに時間がかかってしまう、というソフトウェアの中身を知らない人々の感覚と、実際にソフトウェアを書いている人々にとって必要な作業との時間感覚に差が生まれることになります。その認識の差は、しばしばエンジニアの能力的な問題ではないかとか、努力の不足ではないかという邪推を生み出し、多くのハレーションが現場レベルで引き起こされます。

そんな中で、カニンガムの提唱した「技術的負債」という概念は、現場で働くエンジニアにとって、「我が意を得たり」という気持ちにさせる表現だったことは間違いありません。そして、この言葉は、エンジニアと非エンジニアのコミュニケーションのための言葉として、あるいはその現象の説明として使われ始めました。

こうして、「技術的負債」という言葉は、システム開発を進めるにつれて引き起こされる開発時間の増大という「現象」を巡って、それらを議論するためのコミュニケーションの言葉として広く使われることになりました。

しかし、「技術的負債」という言葉は、会計上も経営指標においても計上されるわけではない空想上の概念にすぎません。「技術的負債」という言葉の定義も曖昧で、何をもって技術的負債ということができ、何をもって測定され、どのような返済手段があるのかといった議論も尽くされることなく、広く用いられるようになりました。

その結果、「技術的負債」という言葉の存在で何かを説明したと思い込む人々や、ソフトウェア開発における経営上の問題について関心を抱かない経営者によって、「技術的負債」という言葉は、むしろコミュニケーションを断絶する言葉になってしまっているケースがあるように思います。

そもそも「負債」という言葉は、どのように解釈されているのでしょうか。経営者ではない多くの人々にとって、「放っていてはいけない」「定期的に返済すべきもの」として、負債という言葉が用いられています。これは、日常的な家計の理解における「借金」と同じようなものだと考える人が多いのではないでしょうか。

ところが、経営者にとっての「負債」という言葉には、資本としての意味合いもあります。事業拡大を考えるにあたって、利子率が低い借り入れであれば、事業拡大において有利になるので、できる限り多く借り入れたいという心理も存在します。経営者にとっては、負債を多く借り入れることができることは、信用度の高さを意味していて、「借金」という日常語的な理解よりもポジティブな意味合いを見出しています。

このように、負債というアナロジーから抱く印象はそれぞれによって大きく異なるため、コミュニケーションが分断される恐れがあります。このようなアナロジーによる誤解が存在する中で、「技術的負債」だから解消しなければならないという主張は、空転してしまうこともあるでしょう。

■ 不可解な開発速度の低下

 まず、論点を整理するために、「技術的負債」という言葉が説明しようとしている「不可解な開発速度の低下」という現象について考えていきましょう。
 このような現象は確かに存在しています。これは、システム開発というものが、「何かをできる機能を作る」ということと同時に、「何かできないところを作る」という作業であるという理解が必要不可欠です。システムを開発する過程で、「ここは変えることがあまりないだろう」という部分を固定的に作り、「ここはよく変わるかもしれない」という部分を変動的に作るというのが、システムの設計作業です。これは、ソフトウェア開発をやったことがない人にとっては、なかなかイメージしにくいかもしれません。

開発初期においては、今まで積み上げてきたシステムもなく、単純な機能であることが多いので、新機能の実装も比較的簡単に行うことができます。しばらく開発を進めると、同じような要求をしているつもりでも、「時間がかかる」ようになります。今まで開発してきたシステムが、逆に制約となって考えないといけない範囲が広がるからです。

　もう少し、想像をしやすく表現すると、システム開発が徐々に困難になっていく理由は、パーティゲームの「ジェンガ」のようなものです。

　ゲーム初期段階でのジェンガは、簡単にブロックを抜き出したり、積み上げることができます。このとき、ゲームはスピーディに進んでいきます。ところが、ゲームをしばらく続けると、バランスを取るのが急激に難しくなっていき、テンポがゆっくりとなっていきます。慎重に抜き差しをしないと崩れてしまうためです。

　様々な要件の変化によって形作られたジェンガは、徐々に不安定に、積み上げるのが難しく時間がかかるようになります。これが開発が遅くなる現象とよく似ています。

開発初期　　　　　しばらく開発を続けた後

　このように、システムを連続的にアップデートしながら作っていくときには、中身を知らない人から見ると予想外のタイミングで、予想外の形で開発が進まなくなるという現象が発生します。

　中身を知っている人からすると、このようにシステムが徐々に新規開発をしづらくなっていくことが見え始めたら、この複雑なシステムの構造を整理して、現状よりも高く積めるように変化させていきたいと考えるようになります。

そのためには、一度、機能を変化させない形で、中身の構造だけを将来像に合わせて再構築したいという風に考えます。このときに、経営者に対して、「技術的負債が溜まっていて、返済しないといけない」とコミュニケーションをとるのです。

しかし、技術的負債という現象のイメージを抱きにくい経営者にとっては、「機能を追加しないけど、障害が発生するリスクを背負って、時間を使いたい」という要求は、理解が難しく、また適正であるか判断することができないため、「とりあえずすべて受け入れる」か「よくわからないので拒否する」かの2択になってしまい、フラストレーションを溜めることになりかねません。

コミュニケーションのための分類

このように「技術的負債」という言葉が、コミュニケーションの起点になったというところは評価できますが、具体的なレベルにおいて、技術者と経営者のコミュニケーションのツールとはなり得ませんでした。

そこで、高名なソフトウェアエンジニアのマーティン・ファウラーは、自身の記事『技術的負債の4象限（TechnicalDebtQuadrant）』の中で「何が負債であるか」を議論するよりも、「技術的負債」になり得る要素がどのように生み出されたのかによって、マネジメントの手助けになるような議論を進めることに意味があると考えました。「負債」の借入において重要なのは、元本どころか利息に関しても返済の見込みのない借入をしないことです。無鉄砲に、あるいは無意識のうちに借入をしてしまうことはマネジメントに悪影響を及ぼします。

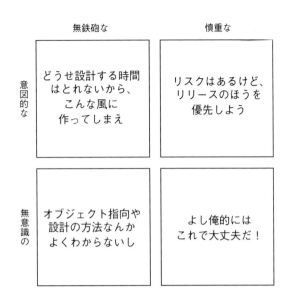

（マーティン・ファウラー、https://martinfowler.com/bliki/TechnicalDebtQuadrant.html、2009）

　このような観点から、「無鉄砲な／慎重な」「意図的な／無意識の」という2つの軸を掛け合わせて、技術的負債の4象限を定義しました。
　重要なのは、慎重かつ意図的に作られた負債であれば、問題なく返済することができるだろうと考えた点です。一方、無知や無鉄砲さから生まれた技術的負債は、予想しない利息を支払うこととなり、問題が大きくなってしまうため、避けるべきであるとしています。
　1つひとつの問題がなぜ生まれたのかを検討することで、避けられるべき問題を避け、解消すべき問題をあぶり出そうとしました。
　このことは、次のような考えを生みます。後の負債になることを意識的に理解して、慎重に行えば「開発を早くすることができる」し、後の負債になることを避けようと思えば、「開発時間を長くすることで回避することができる」という考えです。
　果たしてこの考えは正しいのでしょうか。

クイック＆ダーティの神話

　「技術的負債」という言葉の背景に隠れた前提にあるトレードオフとして、コードを書く上で、「綺麗さ」と「速さ」は交換可能であるというものがあります。これは「速い」と「汚い」を合わせて、クイック＆ダーティに作るというような慣用句と共に用

いられます。

　あるコードが、のちのち開発出力の遅滞を引き起こすような「技術的負債」になるかどうかを判別することは非常に難しいものです。ましてや、経営的な要求に合わせて、与えられた開発期間から柔軟に汚さと速さを選択するというような器用な芸当はほとんど不可能だといえます。これは、極めて基礎的なところであれば多少はできるかもしれませんが、実際には、ソースコードが汚くて遅い人もいれば、綺麗で速い人も多くいます。

　さらに、プロダクトの開発とは、継続的に様々な市場の不確実性を考慮して要件が変わっていくものです。それをあらかじめ予見して、このコードは負債になるとか、このコードは負債にならないとか、そのような点を設計に盛り込むというのは実質不可能です。これは、負債として理解しておけば、汚いコードを書いてもよいというわけではなく、そのときできる限り良いコードを書く重要さを表しています。

速さと綺麗さをコントロールできない

　一般に考えられている綺麗なコードというものは、その要件を実現するのに適切でシンプルな構造をしているコードです。それに対して、汚いコードというのは、複雑で整理されていないコードのことを意味しています。

　綺麗でシンプルなコードは、のちのち「技術的負債になりにくい」という性質をもっていることが多く、汚いコードは、複雑であるがゆえに、全体を読み解くことが難しくなってしまい、「技術的負債になりやすい」という性質をもっています。

　将来的に技術的負債になりにくいコードというものは存在していても、技術的負債にならないコードが存在するわけではありません。予想外の機能追加や、ビジネス目的の方針転換、人員数の増加など、様々な外的要因によって、技術的負債というものが蓄積されやすくなります。

開発者がその時点ですべきことは、YAGNI原則（you ain't gonna need it）に代表されるように、「今必要な機能をシンプルに作る」ことです。将来的にシンプルであり続けると予測し、アーキテクチャを組むことは、それ自体が技術的負債の材料となる複雑性をシステムに組み込んでしまうことになります。

「シンプルに作るのか、複雑に作ってしまうのか」はトレードオフにはなりません。これはプログラマーの思考過程のシンプルさと複雑さの問題であって、時間をかけたからシンプルになるという性質のものでも、時間をかけなかったから複雑になるという性質のものでもありません。

　このように、そもそも「クイック&ダーティ」というトレードオフというものが成立するのかというのは常に考えの中に入れておく必要があります。

技術的負債は「見ることができない」

　このような「技術的負債」というアナロジーをめぐる議論の中で、フィリップ・クルーシュテンは、技術的負債をより具体的に定義するためにマーティン・ファウラーとは別の次のような4象限を定義しました。「見える／見えないの軸」と「プラスの価値／マイナスの価値の軸」の2つによるマトリックスです。

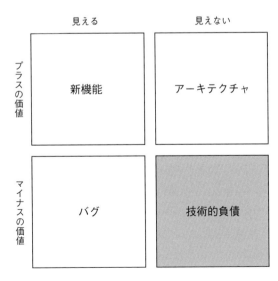

（PP. Kruchten, R. Nord, and I. Ozkaya(2012). Technical debt: From metaphor to theory and practice. IEEE Software, 29(6):18–21,November/December）

　これは、内部構造を見ていない人にとって理解することのできない要素のうち、プ

ラスの価値のあるものをアーキテクチャといい、マイナスの価値になるものを技術的負債と定義したものです。技術的負債がアーキテクチャと対になる要件であることを示しており、その特徴をよく表しているといえます。

■「見ることができない」という非対称性

クルーシュテンの指摘するところの、「見ることができない」とはどういう意味なのでしょうか。本当に見ることができないのであれば、アーキテクチャもまた見ることができないので、修正も構築も不可能だということになります。

ここでいう「見ることができない」は、表面的な機能から発見することができないということを意味しています。ソースコードの中を然るべき人がじっと見れば、読み解くことができるが、システムの表面的な機能だけを見ていては、知りうることができないということだと解釈できます。

システムに関して、エンジニアと非エンジニアの視点は、CTスキャンされた図像で人体を見ているか、肉眼で表面的に見ているかというくらいに違います。非エンジニアは外側から見たシステムの様子しかうかがい知ることができません。一方、エンジニアはCTスキャンを通すように内部の構造を理解しています。エンジニアだからこそ気がつく病魔の兆候も、非エンジニアには伝わりません。「技術的負債」というアナロジーが、経営者とエンジニアのコミュニケーションのために有用だと考えられ、生まれたのにもこのような非対称性が背景にあります。

つまり、この「見える／見えない」という情報の非対称性が、技術的負債が問題になる最大の理由だと考えることができます。

理想システムの追加工数との差による表現

技術的負債をめぐるもう1つの重要な観点として、クラウス・シュミットによる数学的定義があげられます。それは次のような数式です。

$$TD(S, e) = \max\{CC(S, e) - CC(S', e) \mid S' \in Sys(S)\}$$

S ：システム
e ：システムへの変更
$CC(S, e)$ ：システムの変更コスト
$Sys(S)$ ：Sと同一機能の別システムの集合

(K. Schmid. Technical debt -- from metaphor to engineering guidance: A novel approach based on cost estimation. Technical Report 1/2013, SSE 1/13/E, University of Hildesheim, SSE, 2013.)

これは、技術的負債は、機能追加時の2つのシステムの工数（コスト）の差で表現できるのではないかという考え方です。1つは現状のシステム、もう1つは「理想的なシステム」です。それぞれにある機能eを追加しようとしたときに、かかる工数に差が生まれ、それが技術的負債の単位だとするものです。

　たとえば、ある機能を追加する時に50人日かかるシステムが、もし理想的な場合は20人日で済む場合、差の30人日という逸失コストが技術的負債を表しているというもので、技術的負債という言葉を新たな観点で説明するものでした。

　この考え方は、技術的負債が実体として何者であるかというのを問わないという点で、画期的な考え方だといえます。表面上表出するコストの差だけで表現できるため、経営的観点との結合のしやすさにも価値があります。

　また、「技術的負債TD」というものを知るには、必ず「付け加えたい機能e」が必要であるという観点も重要な示唆をもっています。何も手を加える必要のないシステムの技術的負債は、「0」です。技術的負債とは、システム単独で成立しているわけではなく、新たに追加したい機能があって、初めて成立する観点だとわかります。

　この考え方を使うと、「技術的負債の総量」は理想的なシステムというものを具体的にしないとわかりませんが、「技術的負債への対策」にどの程度のコストを費やしてもよいのかということは考えることができます。

　たとえば、あるシステムSに {e1, e2, e3} という機能追加をしていきたいと考えたとしましょう。このとき、機能追加の見積りをそれぞれ行ったところ、e1に30人日、e2に50人日、e3に60人日かかるということがわかりました。

　ところが、あるエンジニアが技術的負債を返済したいと申し出、それには一定のコストが必要だということを提案してくれました。

　このコストが適切であるか捉えるために、「技術的負債の返済策」を施したシステムS'に対して、{e1, e2, e3} の機能追加を行った場合の見積りを依頼しました。

　すると、e1に25人日、e2に35人日、e3に40人日であることが判明しました。図にすると以下のようになります。

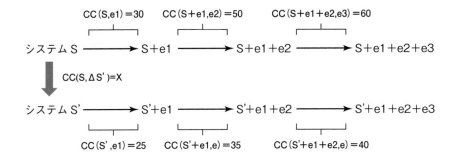

それぞれに費やされるコストを足し合わせると

$$CC(S, \{e1, e2, e3\}) = 30 + 50 + 60 = 140$$
$$CC(S, \{S', e1, e2, e3\}) = x + 25 + 35 + 40 = x + 100$$

とわかりました。

このように計算することで、「技術的負債の返済策」のコストが40人日以下であれば、合理的な決断であると考えることができます。

しかし、この考え方も限定的な合理性になる可能性があります。それは、プロダクトオーナーにとって「e1の機能追加後の仕様変更オプション」の価値が非常に高いというケースです。

この想定シナリオでは、技術的負債を返済するケースにおけるe1のリリースは、x + 25人日を費やしたあとになります。一方、もともとのケースであれば、35人日を費やした時点で、このオプションを行使することができます。

このようにトータルコストの削減が最も合理的でないというケースは、プロダクトマネジメントにおいて発生しやすい問題です。しかし、具体的な数字をもって「技術的負債」に肉薄できるという点で、メリットも多い考え方でしょう。

■ アーキテクチャの資本コスト

シュミットの「工数の差」によって表現される「技術的負債」は、便利であったものの、その「負債」というメタファーがもつ、蓄積され、徐々に効率が悪くなるという特性をあまりうまく表現できてはいませんでした。

システムは、機能を追加するごとに複雑性が増していきます。それに伴って、機能

追加へのコストが増大します。このようなイメージを表現するために「これまでに費やされた工数」に対して、一定割合、負の価値をもつアーキテクチャが作られるとしましょう。

　カニンガムの定義通り、ソフトウェアの機能追加を「借入」として捉え、それに対する「資本コスト＝利子」をシュミットの定義する「開発工数の差」として考えると、その関係がわかりやすくなります。システムは開発するごとに複雑化していくので、その複雑さが利子として、「開発工数の差」を生み出していくとする考え方です。

　たとえば、次のようなケースを考えてみましょう。開発人員を徐々に増やしていったチームがあったとします。それに対して、累積工数の4%が次の機能追加をするための利子として取り立てられ、それが開発出力を低下させます。

利子率4%

	工数	累積工数	利子	出力
1	20	20	1	19
2	30	50	2	28
3	40	90	4	36
4	50	140	6	44
5	60	200	8	52
6	70	270	11	59
7	80	350	14	66
8	90	440	18	72
9	100	540	22	78
10	110	650	26	84

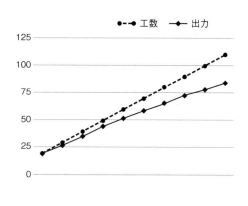

　このシミュレーションにおいては、開発人員を追加していっても徐々に開発出力が伸びにくくなっていくことがわかります。これは、「システムの複雑性の増加」と「開発出力」の関係性はうまく表現できています。しかし、この利子率ないし資本コストが何によって決まるのかはうまく表現できていません。

　シュミットの定義は、この穴を埋めてくれます。彼の数式の意味する技術的負債は、負債というよりもむしろ「資本コスト」として捉えるほうがわかりやすくなります。

アーキテクチャの資本コストは、現実には、様々な利子率の資本の組み合わせとしてポートフォリオを組んでいます。

具体的な例で考えてみましょう。ここに、4つのサブシステム A、B、C、D によって作られているプロダクトがあったとします。

それぞれに対して、それまでに費やした累積工数を算出し、今後予定されている機能の見積りと、アーキテクチャのリファクタリングを行った場合の見積りを算出します。その差分をとり、累積工数で割ると、各サブシステムの利子率を得ることができます。また、全体の累積工数に対して、工数差分の合計の割合を見れば、全体の利子率が推定できます。

	累積工数	追加機能見積り	改善後見積り	差分	利子率
サブシステム A	450	120	100	20	4.4%
サブシステム B	240	30	20	10	4.2%
サブシステム C	120	50	10	40	33.3%
サブシステム D	150	20	10	10	6.7%
合計	960			80	全体利子率 8.3%

このようにすれば、今後やっていきたい改善とそれに対するざっくりとした見積りから、アーキテクチャの資本コストを把握することができ、どこからどれくらいのコストをかけて改善していけばよいのかという大まかな判断に使うことができます。

ところで、技術的負債というメタファーが必要とされた背景は、ただ単に「システムの複雑性が増加する」という現象を説明するためだけのものなのでしょうか。そうなのであれば、アーキテクチャの資本コストを決めるシュミットの定義を用いて、合理性を議論すればよいということがわかります。しかし、さらに踏み込んで考えると、このような技術的負債というメタファーが必要であった、あるいは多くの人々に共感を得て、議論が活発に行われた理由は別のところにあるように思われます。

このメタファーが人々に必要とされた最大の理由は、システムの中身を見ることができるエンジニアチームと経営者とのコミュニケーションの問題です。根本にはシステムの複雑化という現象をめぐる実感の違いが両者にあります。そして、その実感の差が合理的な決断を見失わせ、コミュニケーションミスが累積した結果、技術的負債

というキーワードが広まっていったのでしょう。

■ **エンジニアと経営者の情報非対称性**

　シュミットの定義によれば、技術的負債（実際には、アーキテクチャ資本の資本コスト）はある機能を付け加えたいときに掛かるコストの差として表現されました。「理想的なシステム」との差です。

　ここで、注意したいのは「技術的負債」という言葉が、経営者とエンジニアのコミュニケーションのために生まれたという点です。システム内部に起こる「複雑性の増加」によって、機能追加が遅くなるという現象を経営者は理解しにくく、また数値化もしにくいので合理的判断がしづらいというコミュニケーション上の問題に、「負債」というメタファーを当てて、コミュニケーションを始めるために生まれた考え方でした。

　つまり、「技術的負債」というキーワードで問うべきは、エンジニアチームと経営者の間に存在する認識の差であって、システムの複雑性の増加そのものではないと考えるほうが、より「技術的負債」という言葉をめぐるアプローチとしては適切だということです。

　この観点で考えると、シュミットの定義における「理想的なシステム」とは、経営者（またはプロダクトオーナー）が考えるところの「理想的なシステム」であって、「空想上の理想的なシステム」ではないのではないかと考えることができます。

　これは現実問題では、非エンジニアが想定する見積り工数とエンジニアチームの見積り工数との差として表出することになります。これこそが、「技術的負債」という言葉が必要とされた理由であり、「システムの複雑性」とは本質的に違うものと捉えることで、問題をよりクリアに捉えることができるだろうと考えています。

　また、クルーシュテンの4象限からすると、技術的負債とはシステムにおいて、「見えない」「マイナスの価値」のある要素であるという定義を行っていました。ここでの「見えない」というのは、表面上の機能からは見ることができないという意味です。ここに情報の格差が生じます。エンジニアはシステム内部の構造をCTスキャンの目で見ています。しかし多くの経営者は、そうではありません。

　さらに、経営者の頭の中には、「これから追加していきたい機能」があるかもしれませんが、それと同じものをエンジニアがイメージできているとは限りません。エンジニアが想定している追加機能は、実際には追加しないかもしれないのです。しかし、シュミットの定義する負債は、追加機能が明らかでないと判断はできません。ここに何を負債と捉えるのかの認識の格差が生まれます。

このように経営者とエンジニアの間において、想定する見積りに誤差が出る理由は、お互いの間に存在する情報の非対称性にあります。この格差が存在しなければ、お互いの見積りの間に差は生まれません。

・追加機能の情報非対称性
・アーキテクチャが見えないという情報非対称性

という2つの情報非対称性がこそが、「技術的負債」を「技術的負債」と呼ばせている「隠れた原因」です。
　情報の非対称性の解消は、本書の定義する「コミュニケーション」そのものです。「技術的負債」というキーワードをめぐるハレーションは、コミュニケーションミスの累積であり、組織的な構造の問題なのです。

見えてしまえば「技術的負債」ではない

　技術的負債がコミュニケーション上の問題だと言われても、にわかには納得しづらいかもしれません。多くの場合それはテクニカルな問題だと思われているからです。
　バグや機能追加をどう扱うかについて、プロダクトオーナーや経営者、ビジネス組織と大きな問題になることは少ないです。これは、バグや機能追加は彼らにも「見えている」ものだからです。
　見えていて、管理できてしまえば、お互いに判断をつけることができます。単位が揃っていて、比べることができれば、議論が紛糾することはありません。優先順位の高いものから実行していけばよいからです。
　ところが、「技術的負債の解消」に関するタスクは、メリットも、なぜするのかもいまいち見ることができないし、比べることもできません。そのため、議論は発散し、感情的なすれ違いを引き起こしてしまいます。
　このことをもって、筆者は技術的負債とは「ブレーメンの音楽隊」の化け物のようなものだと考えています。「ブレーメンの音楽隊」はグリム童話の1つで、ロバ、にわとり、犬、猫が集まって、泥棒を家から追い出す話です。彼らは、泥棒を脅かすために、4匹が重なり合って1つになった大きな影を泥棒に見せました。それが恐ろしい化け物に見えた泥棒は、家から逃げ出していきます。
　もし、泥棒が窓を開けて、「それが4匹の動物が重なっただけ」だとわかったら、恐れることはありませんでした。しかし、それがなんであるかわからないので、恐ろ

しい化け物に見えてしまったのです。

　この積み重なった化け物は、技術的負債という言葉そのものです。それがなんだかわからないので、恐ろしい。正体が見えて、1つひとつが明らかであれば、管理もできるし、恐ろしくもありません。1つひとつの問題を解決していくのは簡単なことだからです。

影のときはよくわからないもの
バケモノ

見えてしまうとタスクの
積み重ね

　正体の見えてしまった「技術的負債」を構成するタスクは、一般に非機能要件と呼ばれます。これは、表面の機能には影響がないが、性能や拡張性、運用性といったことに関する要求によって生まれる要件です。

　つまり、技術的負債は、「見えない」からこそ技術的負債と呼ばれるのです。その1つひとつが見えてしまえば、まだ満たされていない「非機能要件」のリストとして、管理可能なものになります。

技術的負債に光を当てる

　技術的負債が問題となるのは、それが見えないからです。経営者から見えるようにしてしまえば、管理可能なものになります。

　技術的負債に光を当てるためには、2つの情報非対称性、つまり「エンジニアは知っていて、経営者が知らないこと」と「経営者は知っていて、エンジニアが知らないこと」を解消していく必要があります。前者は「アーキテクチャの複雑性」であり、後者は「将来要件の不確実性」です。

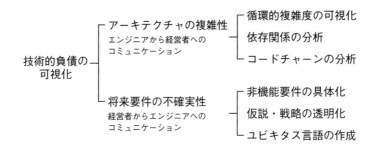

　これらをコミュニケーション可能な形に変えていくことで、技術的負債は、管理可能なものになります。

■アーキテクチャ複雑性の可視化
　多くの経営者は、プロダクトのソースコードを読み解くことができませんし、エンジニア同士の間でも技術的に何が複雑で、何が複雑ではないのかという点の認識を揃えることは難しいものです。
　アーキテクチャ複雑性を可視化するためには、ツールなどを通じて自動的にどこがどれだけ複雑なのかを数値化することが要求されます。そのための代表的な3つの方法をご紹介します。

■循環的複雑度の可視化
「循環的複雑度」という指標を使えば、コード中のロジックの複雑性を数値化することができます。それによって、複雑すぎるコードがどこにあり、どの程度の複雑性を有しているのかを可視化することができます。

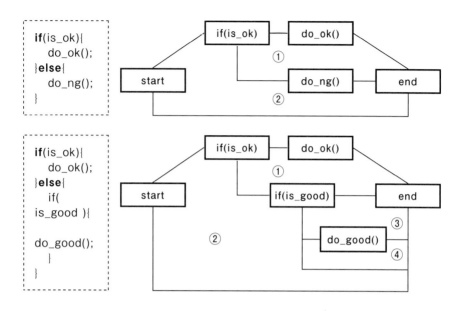

　循環的複雑度とは、ソースコードの分岐の構造をグラフとして捉えて、その中にある閉じたループの数を数え上げたものです。分岐やループが複雑になるほどに、この数値は増えていきます。

　この指標をプロジェクトのソースコードの分析に用いることで、ソースコードの複雑さを数値として知ることができます。また、ある関数の循環的複雑度は、次表のような複雑さの状態を示しているといわれています。

循環的複雑度	複雑さの状態	バグ混入確率
10 以下	非常に良い構造	25%
30 以上	構造的なリスクあり	40%
50 以上	テスト不能	70%
75 以上	いかなる修正もバグを生む	98%

　これらの値を用いることで、ソースコード中にどれだけの複雑さが隠されているのかが可視化されます。

■コード依存関係の分析

　循環的複雑度は、「ある関数」の複雑さだけを数値化したもので、アーキテクチャの構造に伴う複雑性を示してはいません。モジュール同士の依存関係から、どのモジュールに変更が入りやすくて、どのモジュールの変更を慎重にしなければならないかを推定することができます。

　その指標として、「不安定性（Instability）」と呼ばれる数値が用いられます。不安定性は、次の式で求めます。

$$Ins = Ce / (Ce + Ca)$$

　Ce（Effect Coupling）は、当該モジュールが外部モジュールに依存している数です。この値が多いほど、外部モジュールからの影響を受けやすくなります。

　Ca（Affect Coupling）は、当該モジュールを依存している外部モジュールの数です。この値が多いほど、当該モジュールの変更が影響を与えるモジュールが増えます。

　不安定性が高いほど、別モジュール変更時に影響を受けやすいため、注意が必要です。逆に不安定性の低いモジュールは、その動作が確実になっていないと影響範囲が広いため、変更に注意が必要です。

　たとえば、あるモジュールAは、3つのモジュールに依存し、1つのモジュールから依存されています。このようなときの不安定性は、75％です。不安定性が高いため、影響範囲に含まれることが多いモジュールだといえます。

　また、あるモジュールBは、1つのモジュールに依存して作られていて、3つのモジュールから依存されています。このときのモジュールBの不安定性は、25％です。不安定性が低いため、修正時に影響範囲に注意すべきモジュールです。

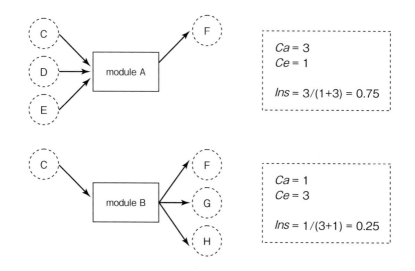

　ビル建設にたとえると、不安定性の低いモジュールは、基礎工事用のモジュールのような役割で、不安定性の高いモジュールは、部屋の内装のようなものです。簡単な機能追加であれば、不安定性の高いモジュールの追加や修正で実現できますが、難しい機能追加（時間がかかる）のようなものほど、不安定性の低いモジュールも修正する必要があります。また、基礎工事用のモジュールにも関わらず不安定性の高いモジュールがあったりすると、そのモジュールが技術的負債になりかねません。

・コードチャーンの分析

　コードチャーンとは「誰が」「いつ」「どこを」「どのように」コードを修正したのかというリストです。バージョン管理システムを使用している場合は、そのシステムのログにあたる情報がコードチャーンです。

　この情報は、ソースコードの中身ではなく、そのコードを誰がどのように修正してきたのかという関係性から、技術的負債の要素を探すことができます。

　たとえば、複数人が複数回にわたって改修を続けるようなモジュールは、そのモジュール自身の役割（責任）が明確ではなく、シンプルでもないことを示唆しています。また、複数の人が複数の意図で修正しているため、バグも入り込みやすいことが知られています。

　これらに加えて、編集したエンジニアがどのチームに所属しているか、退職したか、

どのオフィスにいるかなどの情報と組み合わせることによって、よりコミュニケーション上の問題があるモジュールであるか判別することができます。

これらの情報を使って、アーキテクチャの複雑性を数値化、可視化することで、技術的負債となりやすい要素を管理可能なものに変えていくことができます。

■ 将来要件の不確実性を可視化する

技術的負債の問題とは、経営者とエンジニアの間に存在する「認識の差」の問題です。そして、技術的負債は追加要件がないときには、利子が発生しません。ですので、今後どのような追加要件が発生しうるのか、どのようにシステムの構造を認識するのかというコンセンサスが重要です。

・ユビキタス言語の作成

ユビキタス言語とは、ビジネスドメインを知る人々とプログラマーなど、ステークホルダー間で共有する単語とその定義です。ユビキタスは、「どこでも」という意味だと解釈してください。関係する人々で共有する独自用語の辞書のようなものです。

言葉が曖昧になると、システムの理解も、ビジネスの理解も、双方に曖昧になってしまいます。言葉を大事にすることで、システムもビジネスも透明化していきます。

たとえば、「家族」で共有するフォトブックサービスを作成するとします。このとき、「家族」とは何を意味しているのでしょうか。自然言語で用いているときにはあまり気になりませんが、「家族」という言葉には2つの意味があります。1つは集団としての家族。「この集落には3つの家族がいます」というような場合です。それに対して、「彼は僕の家族です」というときには、集団としての家族を構成する構成員としての意味があります。このフォトブックサービスでは、「家族」とは構成員のことではなく、集団のことを指しているとしましょう。また、「家族」のもう1つの意味である関係性については、「家族の構成員」と呼ぶとしましょう。

なぜ、こんな細かいことを定義していくかというと、要求の中で「家族を削除する機能がほしい」というものが出てきたとします。この言葉は、日常語的な解釈では、複数の意味が考えられます。

A.「選択した家族集団をデータベースから削除する機能」
B.「家族集団から家族構成員をデータベースから削除する機能」
C.「自分が所属している家族集団から抜ける」

厳密な言葉を定義していくことで、このような解釈のブレを少なくしていくことができます。また、このような言葉をサービスに関わる全員で利用することが重要です。

このような解釈の違いは、エンジニアによって、システムとしてソースコードに埋め込まれることになります。「家族」を意図して、「家族集団」の機能と「家族構成員」がもつべき機能のどちらも混在した形で1つのクラスとなってしまったようなコードは、責任範囲が曖昧で複雑になり、複数の要件に応じて、複数人が同じファイルを同時に編集することになってしまいます。このことで、システムのもつ複雑さが、システムを直接触らない人からどんどんわかりにくくなっていきます。

このようにサービスを取り巻く諸概念を、日常語とは違う形で厳密に定義して、それを関係者で用いることでシステムの関係性のブレをなくしていく活動がユビキタス言語の作成です。

・非機能要件の可視化

問題のある開発環境では、「非機能要件」に関係するタスクや作業をエンジニアが隠蔽しようとします。たとえば、保守性を上げるために、自動テストの環境構築をしたいという話があったとします。

ところが、経営者や事業責任者にとっては、当期の売り上げを確保することが最優先で、そのために保守性への時間を割くことの合理性があるように思えないという場合があります。

このとき、頭ごなしに否定したり、あるいは中間マネジメントが結論として、やらないという結果だけを伝えたりとコミュニケーション上のミスがあった場合、提案したエンジニアは「保守性への要件」は提案しても無駄なのかと考えるようになります。結果的に、やる気があれば、残業してでもやってしまうかもしれませんし、そこでやる気をなくせば、二度とそのような提案をしなくなるかもしれません。

たとえば、100の工数が必要な保守性への要件であっても、短期的なアウトプットを望む場合には、短期的な効率性にフォーカスした20の工数の提案が可能なこともあるでしょう。

その逆も存在します。エンジニアを重視するあまりに、ビジネス環境や経営環境の問題について話をせずに、「リファクタリングしたい」という要求をそのまま飲み込んでしまうようなこともあります。

こうしたシステムのシンプルさを保つための活動は、部屋の掃除のようなもので、

やりはじめると際限なくやることが楽しくなっていきます。ですが、新しいタンスを置きたいのでその箇所だけ綺麗にスペースを開けておけばよい、というのが、本当にやるべきことだったりします。

「理解できないので、やらせない」も「理解できないので、やらせる」もどちらも禍根の残る不合理な選択です。非機能要件であっても、そこへの投資規模を決め、今後の影響度から優先順位の高いものから処理していくという「見える化」をしなければなりません。

・仮説と戦略の透明化

　アーキテクチャとは、システムのどのポイントが「変更しやすく」どのポイントが「変更しにくい」のかを見極めて、構造として組み込むものです。

　そのため、負のアーキテクチャである「技術的負債」は、変更していくだろうと思っていたポイントがあまり変更しなかったときと、変更しないだろうと思っているポイントが変更されるときに生まれます。

　たとえば、あるサービスに1つ、「キャンペーンを打つ」という施策が要求されたとします。そのキャンペーンは、システムの「変更しにくいポイント」を「変更する」必要のあるものでした。

　そんなときに、エンジニアが「このようなキャンペーンを何度か想定していますか？」と聞いたとします。これは、今回のキャンペーンだけでなく、類似することを何度かやるのであれば、それを想定した「変更しやすい」形に変えておくべきかという判断を問うています。

　経営者は、その質問に対して答えにくいものです。なぜなら、現状の引き合いは1つしかありません、このキャンペーンがうまくいったら二度三度やるかもしれません。しかし、現在はその引き合いもあるわけではないので、それを伝えて「エンジニアに無駄な手間をかけたくない」と考えたりします。その結果、エンジニアに対して「現状、想定はしていない」と回答します。

　エンジニアはそれを受けて、一度きりのつもりでシステムに例外的な措置を組み込みます。

　ところが、キャンペーンはうまくいき、二度目の引き合いがくるようになりました。なので、それを経営者がエンジニアに頼むと、なぜか前回よりも「時間がかかる」と言われてしまいます。スケジュールも前回の想定からタイトなものを採用してしまったので、エンジニアに負荷がかかってしまいました。

経営者の認識は、前回と同じだけの時間でできると考えていて、エンジニアは、場当たり的に作ったら前回以上に時間がかかりそうなので、それがないことを確認しようとしました。この認識の齟齬が技術的負債を生むのです。

　あとから要件を決めると、エンジニアが不服そうにするため、経営者は、決まったことだけを伝え、決まっていないことを伝えないようになっていきます。その結果、エンジニアは自分たちの作っているシステムの将来的な可能性を知らずにアーキテクチャを決めなければならなくなります。

　先ほどの例を、より具体的に考えてみます。キャンペーンは、うまくいけばたくさん行いますし、うまくいかなければ一度きりだとします。

　それぞれ $C1, C2\cdots$ として定義したときの意思決定木は次のようになります。$C1$ をやったあとに $C2$ を実施する確率を50％、その後50％の確率で、それ以降の案件を実施すると仮定します。

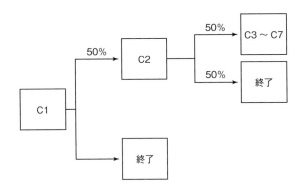

　このとき、場当たり的に $C1, C2$ を作っていく場合のコストを、

$C1 = 50$
$C2 = 60$
$C3 + C4 + \cdots + C7 = 350$

としておくと、期待値は168になります。

　また、場当たり的ではなく、計画的に案件が増えていくのを想定し、事前にアーキテクチャを作り込むケースを考えてみると

C1 = 110
C2 = 40
C3 + C4 + … + C7 = 200

というコストだと想定できたとします。この場合の期待値は、180 になります。

　この両者で考えると、場当たり的に作るほうが合理性があるように思われます。ここで、建設的な話し合いができていると、「C1 の後に今後も実施しそうであればリファクタリングを行い、次があった場合も効率よく開発できるようにしよう」という考えを出すことができます。つまり、次のような意思決定木を想定するということです。

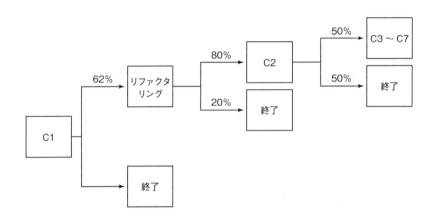

このケースでは

C1 = 50
リファクタリング = 60
C2 = 40
C3 + C4 + … + C7 = 200

として期待値を計算すると、157 となります。遅延した意思決定とリファクタリングが、場当たり的のケースと計画的なケースの 2 つよりも経済的な選択であることがわかるでしょう。

　このように、仮説段階だとしても戦略や意思決定が透明に議論されていると、建設

的な議論が生まれます。経営者もエンジニアも不確実性の存在を受け入れずにコミュニケーションを失敗させて、技術的負債現象を引き起こします。

5-4. 取引コストと技術組織

プロダクト開発を行うにあたって、内部のリソースで行うべきか、外部のリソース（外注）を使うべきかというのは、頭の痛い問題です。本節では、取引コスト理論という経済学上の理論を用いて、何を内部化し、何を外部化すべきかという論点を明確にしていきます。

取引コスト理論

取引コスト理論は、アメリカの経済学者であるロナルド・コースによって提唱された経済学の理論です。コースは、ある経済取引には取引コストが発生し、それは次の3つのコストに大別されるとしました。

探索のコスト	取引相手を見つけるために支払うコスト
交渉のコスト	取引相手と交渉を行うために発生するコスト
監督のコスト	取引相手が契約した取引を履行するように監督と矯正を行うコスト

このように、自分たちのものではないリソースを採用するときは、必ずそれに伴うコストが発生します。このコストは、時間的コストも金額的コストも含んだものです。

■取引コストによって会社の境界線が決まる

ある経営上のリソースを市場から手に入れるためにかかるコストを「取引コスト」といいます。逆に企業内部に構築するためにかかるコストを「内部化コスト」といいます。内部化コストが高く、取引コストが安いものについては、企業外部から調達し、取引コストが高く、内部化コストが低いものは、企業内部に構築することが望ましいということがわかります。

そのため、これらの「取引コスト」の理論は、企業が存在する理由を説明することができる理論として知られています。なぜ、個々人がバラバラに個人事業主として振る舞うのではなく、企業体を構築するのかは、取引コストよりも内部化コストのほうが安いからです。

この構図は、エンジニアリング機能を必要とする組織にとっては、「何を外注し、何を内製するのか」を決定づける構図であると理解することができます。

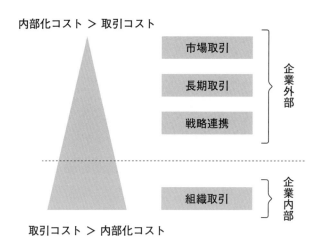

実際のところ、企業の内部と外部というだけでなく、契約形態や調達方法で、取引コストは異なってきます。市場取引によって調達するのであれば、探索・交渉・監督のコストは大きくなります。一方、長期間取引を継続して続けられるパートナーとは、信頼関係もあり、取引コストは市場調達よりも小さくなる傾向があります。

また、さらに踏み込んで戦略連携などの形で同じ事業に同じようなインセンティブで向き合うことができれば、取引コストは小さくても済みます。

■ **外注管理における取引コスト**

会社と市場の取引に、常に取引コストが生じるわけですから、システムの外注においても、契約を履行してもらうためのコストが必ず発生します。外注業社も営利企業ですから、必要な人件費原価だけでなく、インフラコストなども含めて、利益のマージンをもっています。また、発注者側にも「発注要件の整理」「契約交渉」「納品物の検品」といった取引コストが発生します。

すべてのコストが最初から金銭価値として現れるわけではありません。サンクコスト（見えないコスト）として、有形無形様々な形で、取引コストは発生することになります。

たとえば、外注先の選定において、その得意分野やクオリティの高い人材を割り当ててくれるのかどうかという部分を見極めることは大変難しいです。なぜなら、多くの場合、システム開発能力が自社に存在しないので、システムを外部業者に依頼するからです。その結果、クオリティが満たない人材を高い価格で引き受けることになってしまいます。システムについて無理解であればあるほど、このコストは高くなってしまいます。

また、契約交渉においても外注先がクオリティを高くするインセンティブがなければ、完成したものがすぐに技術的負債となってしまいます。

さらに、できあがったもののアーキテクチャまで含めて、クオリティを判別する能力がなければ、できあがったものが良いものか悪いものかも判別がつきません。そのため、悪いものができあがったとしても気がつかずに高いコストを支払うことになります。

システム外注における取引コストを次表にまとめます。

探索のコスト	外注先選定にかかるコスト。クオリティの高い技術部隊を探すことは難しく、そのための関係構築のコストが必要
交渉のコスト	外注先とどのような契約条件で、契約を行うのかを決めるために必要なコスト
監督のコスト	作成されたプロダクトの品質を監督し、クオリティの維持がなされていることを検収したり、外注先をマネジメントするコスト

俗に、「発注者能力」がなければシステム外注はうまくいかないと言われるのは、これらの取引コストが増大してしまい、莫大な金額を費やしてもシステムが完成しないといったことが生まれるためです。

■ 取引コストは限定合理性から生まれる

この取引コストを生み出す原因とはなんでしょうか。それはお互いの利害関係が一致しないためです。発注元と受注先では、それぞれの捉える合理的な選択肢が異なります。発注元はできる限り安くクオリティの高いものを提供したいと思いますが、受注先はなるべく多く、長く利益を得たいと考えます。この条件が一致するような契約や環境下では、外注を利用したシステム構築は、取引コストが減少します。

しかし、適切な契約の交渉と納品物のクオリティを監督する能力が、社内に存在しない場合、仮に一時的に満足のいく関係を築けたとしても、長期的には、蓄積された

取引コストを引き受けることになります。

こういったシステム発注の難しさから、システムの内製（社内に人員を確保してシステムを製作する方式）を採用する組織が増えています。

ホールドアップ問題

取引コストは、すべてが見えているコストとして発生するわけではありません。長期間にわたって、見えないコストが累積している場合が存在します。その極端な例が、ホールドアップ問題と呼ばれるものです。

すべてのシステムを外注先に委ねており、その取引コストを支払うことができていなかった場合、発注元と外注先の限定合理性が決定的にずれてしまう場合が起こり得ます。

たとえば、システムの大半を1つの外注業者が作成しており、それによる利益が十分に出ているとします。このシステムのノウハウは、1社に完全に独占されている状態です。この状態で別の業者を選ぶのは、莫大なコストがかかり、かつ事業リスクも高くなります。

この状況下では、その外注業者は自社の利益のために有利な価格交渉を行うことができます。その結果、発注元は多大な取引コストを支払い続けるはめになります。

これは、事業リスクの高い「コアコンピタンス」を外注に依存してしまったために発生しています。取引コストと内部化コストの境界線が企業の枠を決めるように、企業の内側にあるべき事業上のケイパビリティが外部にあると、大きな取引コストが生まれます。

アーキテクチャと外注管理

システムの外注に対して、一定の取引コストが発生するのであれば、外注すべき領域と内製すべき領域の明確な線引きをする必要があります。

自社にノウハウの蓄積が競争優位性を生むであろう領域や事業継続性に関わるデータをもつ領域などは、企業のコアコンピタンスとして内製でもつようにすれば、ホールドアップ問題を回避することは難しくありません。

そうでない領域に関して、一時的に必要な機能や、周辺領域を拡大するために作られる機能などは、外注を利用したほうが効率がよいかもしれません。

こういった線引きをシステムの構造（アーキテクチャ）としてもつことで、上手に取引コストをコントロールできます。

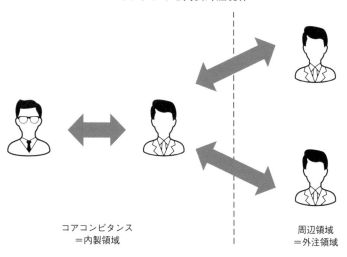

アーキテクチャと内製外注境界

コアコンピタンス
＝内製領域

周辺領域
＝外注領域

　アーキテクチャというと、「システム」の中のことであって、ビジネスとはあまり関係がないのではないかという理解をしている経営者も多くいるかもしれません。また、エンジニアの中にもシステムアーキテクチャとビジネスの関連性を意識できていない人もいることでしょう。

　実際のところ、どのようにアーキテクチャを組むのかというのは、ビジネス戦略上極めて重要な経営意思決定といえます。取引コストは、企業組織の境界線を決めるものです。システムにおいても同様で、内製領域と外部調達の領域を決めるのは、経営上不可欠な視点です。

　アーキテクトは、経営者から、ビジネス戦略を汲み取り、システムの構造へと反映させる仕事です。そのためのコミュニケーションが欠けている場合、いずれ大きな失敗となって跳ね返ってきます。あるいは、失敗と認識できずに大きなコストを払い続けることになるでしょう。

■ APIによる取引コストの削減

　内製すべき領域と、外注すべき領域を切り分けたとしても、ホールドアップ問題に対してのリスクヘッジとしての機能しかありません。実際に外部に何かを発注する際には、選定・契約・監視のコストが常にかかることになります。

　システム開発においては、内製領域と外注領域のつなぎ込みのために、内部人材の

誰かが、要件定義やコミュニケーションコストや追加開発のコストを引き受けることになります。

そこで、内製領域の開発者は、外注業社が内製領域に影響を及ぼさない形で、システム開発を行うための手順と方法を用意することがあります。それがAPI（Application Programming Interface）の開発です。

外注業者は、APIにしたがって開発をすればよいので、内製領域のエンジニアとのコミュニケーションは最小限度で済みます。内製領域のエンジニアは、都度都度、追加仕様の開発を行わなくてもよくなります。

これによって、内製領域のエンジニアの労力を消費することなく、外注領域の発注者の能力に応じて、外部開発力を調達できるようになります。

■外注とプラットフォーム戦略

取引コストという観点で見ると、現在注目を集めている「プラットフォーム戦略」と呼ばれているものの正体が見えてきます。非常に多くの開発リソースを利用して、自社のマーケットを拡大するためには、非常に多くの発注者能力が必要になるか、非常に多くの内製エンジニア組織が必要になります。

APIを作成することで、内製エンジニアのコスト効率はよくなりますが、内部人員として外注管理と企画立案を行うという取引コストが必要であることは変わりません。そのため、ある一定以上にスケールしようと思うと、固定費がビジネスを圧迫するようになります。しかし、作成したソフトウェアが生み出す利益は、自社で独占することができます。

AppleのApp Storeを考えてみるとわかりやすいかもしれません。iPhone上で動作するアプリをApple社が独占してしまえば、1つひとつのアプリから得られる利益は最大化します。しかし、プラットフォームとして提供することで、1つひとつからの利益は小さいものの大きな市場を作り上げ、全体の利益を大きくしました。プラットフォームとは、このように自社の競争資源となるような魅力的な場の提供を行い、低い取引コストで互恵関係を築くことなのです。

プラットフォーム戦略

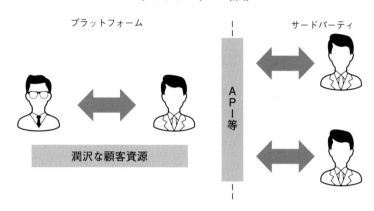

一方で、十分な顧客資源とマーケットとしての魅力が構成できない場合、プラットフォーム戦略は競争資源の廉価販売と変わりません。十分に多くの外部企業（サードパーティ）が参画する目処が立たないのであれば、提携が望める会社と個別に戦略提携するほうがメリットが大きいでしょう。

社内における取引コスト

これまで見てきたように、「企業の内部」にすべきか、「外部」にすべきかということを決める概念が、「取引コスト」というものでした。

では、すべてが内製で作られていれば、取引コストはゼロになるのでしょうか。取引コストという概念の意味するところからすれば、そのとおりです。しかし、多くの企業が自分たちの組織を独立した事業体のように扱うことを選択します。「そのほうが合理的だ」という発想のもと、ある企業内の組織が生み出す価値の流れ（バリューチェーン）を考えたときに、ある2つの組織同士がコミュニケーションや調整を必要としなければ、この発想は合理的だといえます。独立して、物事を決められるというのは、権限の委譲のしやすさを意味しているからです。

しかし、問題は「本来、内部化することで取引コストを抑えている」ような組織同士が、独立した採算を求められるケースで発生します。それは、調整コストと呼ばれたり、コミュニケーションコストと呼ばれるようなものです。

複数の部門の意思決定者が毎週寄り集まって会議をするが、何も決まらず、それぞれがそれぞれのセクションの利害を要求するばかりで、意思決定が遅いといった「あ

りがち」な事態は、なぜ発生するのでしょうか。

それは、本来組織の内部として、同じ目的意識・同じ利害をもっているはずの組織同士が、独立した「限定合理性」をもって、調達・交渉・監視の「取引コスト」を支払ってしまっているからです。

そのため、本来ならば発生しないはずの無駄な「取引コスト」を発生させてしまっています。これは、各組織の長の能力不足の問題もありますが、基本的には組織設計のミスによる問題であり、経営者の引き起こした構造的問題です。これは、いわば「組織的負債」とでも呼ぶべきもので、組織の情報処理能力を著しく停滞させます。

■管理会計の罠

より具体的な例で、同一の企業の内部で組織間の「取引コスト」が増大してしまう例を考えてみます。ある会社は、複数の事業をもっています。それぞれの事業に開発のエンジニアが必要であり、必要に応じてエンジニアリング部門から、プロジェクトチームを組成するような形で事業運営していました。

このとき、経営は複数の事業を横断的に経営を進める必要があります。経営者は、成長性の高い事業に適切なリソースを張り替えられるようにして、経営効率を上げたいと考えます。しかし、現状のままでは1つの組織に複数の事業があり、それぞれの必要コストが一緒くたになって処理されているので、採算性が見えづらくなっていることに気がつきます。

事業ごとに管理会計がない場合

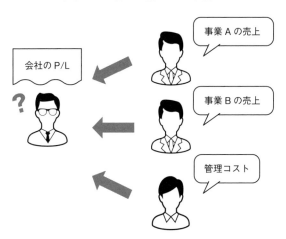

そこで各事業部に独立採算が取れているのか、投資対効果が良さそうなのかを判然とさせるために、各事業部門を独立させることにしました。そして、事業部門以外のコストなどを人員や規模に応じて按分していき、事業ごとの損益計算書を作るようにして、事業の採算性の「見える化」を行うことにしました。

　各事業部間同士の共同で行っているビジネスが多少あったものの、概ね事業部間で、コミュニケーションを常にする必要がないようなビジネスであったので、問題なく事業の見える化が果たせるはずだという思惑でした。

事業ごとの管理会計

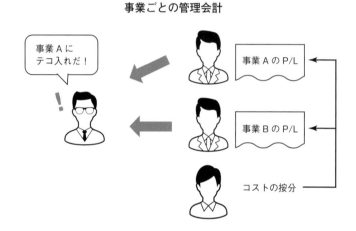

　ところが、問題はエンジニアリング部門でした。彼らは独自のビジネスをもっていないため、管理会計を行っても本当の利益はわかりません。

社内ITサービス業としての管理会計

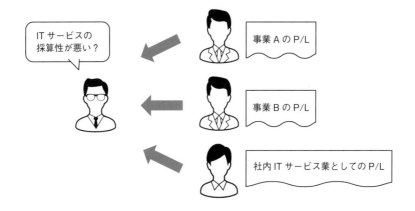

しかし、各部門投資が適正であるか判断したいという理由から、エンジニアリング部門を「あたかも社内に存在するITサービス業」のような関係性で管理会計を切ることにしました。

このような場合、それぞれが独立採算の事業として独り立ちしているため、理想的な組織経営に見えます。経営上もそれぞれの経営状態を把握しやすいため、適切な経営判断ができそうです。

社内での商取引を前提としている架空の事業を作り上げ、その採算性によってシステム投資が適切であるかを考えるのは、理にかなっている「よいアイデア」であるように感じられます。

しかし、これは取引コストを下げるために企業の内部化をしているはずの組織を、企業の外部として扱っていることと同じ状態になってしまいます。つまり、外部企業へ取引コストを支払うことと同じ状態を同一企業内で引き起こしているのです。

事業部からは、開発リソースは変動性のあるコストに見えるため、繁忙期と閑散期で契約内容を変えたいと考えがちです。フロアを少し歩いて、話をすればすぐに契約改定をできるのですから、大した取引コストがかからないように感じるので、必要なときに必要だといい、必要ないときにコストとして削減対象にします。

一方、エンジニアリング部門は、社内のITサービス業として振る舞うことになります。売上を決めるファクターは、人数・単価・稼働率です。これらを向上させることがエンジニアリング部門の目的になります。単価は固定的に扱われることが多く、初期の稼働率が100%に近い状態である場合、できる限り多くの人を安く採用するこ

とで売り上げ規模を大きくするように考えます。

　案件に対して、時間や人数がかかるほうが在庫をさばくことができるので、大きなプロジェクトで長期に大量に人を送り込むほうが売り上げは安定します。

　複数の事業部が期初に売り上げを上げるための計画を作り、予算達成の難しくなる期末に大型プロジェクトが増えます。それぞれのピークは同じ決算期ですから、それが重なり、大きなピークになります。

　内部エンジニアリング部門の人件費は本来固定費であるはずです。ところが、事業部からは「変動費」に見えています。そして、不足を補うためにフリーランスやSESといった業務委託の割合が増えていきます。

　内部エンジニアリング部門が、完全に自社以外の案件を受けるような受託会社として独立していて、さらに各事業部も他の外注業者を選択するという判断ができるのであればまだよいのですが、実際にはそうなることは稀です。取引コストは見えませんが、実コストはすぐに見えるからです。お互いに社内という狭い市場を独占しているようになり、1社しか選択肢がないように感じられます。結果、同じ社内にある架空の事業者同士がホールドアップしあってしまいます。

　企業全体で考えると、本来は無駄をなくそうとして始めたはずの管理会計であったにもかかわらず、多くの固定費を支払うことになります。そして、関係調整ばかりしているような状態で、無駄の多い組織になっていくのです。

■ **全体最適はどこにあるか**

　本来、企業内部に技術組織をもつ理由は、取引コストを減少させるためです。そのコストがなく、変動的なニーズしかないのであれば、外部委託をすればよいのですから、そうしない理由は内製であるメリットをとりたいからに他なりません。

ところが、社内的に取引関係にある2つの組織をあたかも市場調達のように取り扱うことによって、外注と同じだけ、あるいは、選択肢がないように見えている分だけ、非常に歪な関係性が発生してしまいます。一見合理的に見える、管理会計が結果的に全体最適を遠ざける政治力学を作り出してしまうことがあります。

内製で固定化されたチームだからこそ、チームビルディングのコストや意識統一、長期的なパフォーマンスの増加を通じて、取引コストを低減させることができ、クオリティの高い開発を行うことができます。「工数」「納期」「人月単価」といった、外注であるがゆえに発生する契約コストをわざわざ発生させて、流動性のあるリソースに見せかけても、全社レベルではメリットがありません。限定合理性が、企業の「枠」そのものを破壊する例といえます。

機能横断チームの重要性

カレーの寓話を思い出してみましょう。ボブはカレーパーティに来る顧客のニーズを知っていました。エバはカレーの作り方を知っていました。両者は能力スキルの違いこそあれ、パーティを成功させるという1つの目的のために動いていたはずでした。「役割」を分け、意思疎通がうまくいかなくなった結果関係性が破綻し、パーティーは失敗に終わりました。これは、小さな人間関係の話ですが、組織においては「取引コスト」の話でもあります。

ある事業に関わる人材を最も効率良く運用したいのであれば、職能で組織を分けることは、それ自体が「取引コスト」を増大させます。

そこで、現代的なソフトウェアプロダクトチームは、役割を分割することを嫌います。ある事業やプロダクトに対して、職能・職種を横断してチームを組成し、意思決定者と実現する能力をもつ人員の取引コストをできる限り下げたチームを機能横断型のチームといいます。

機能横断チームは、組織内部の取引コストを極限まで下げることで、意思決定のスピードと高いコミット意識をもつ状態を維持・育成するために作られます。

これは、市場環境に不確実性のつきまとう現在では、多くのイノベーティブな企業で導入されている組織の形です。機能横断チームはユニット型組織とも呼ばれます。

また、組織パターンの用語では「全体論的多様性」をもたせるともいいます。下記は、機能横断チームの能力を引き上げるキーワードの例です。

・地理的に近い配置

・十分な権限委譲
・心理的安全性の高さ
・目的の透明性

■ イノベーションと知の探索

　機能横断型の組織は、様々な職種のメンバーが1つの目的のために集まります。それに対して、特定の職種の人々が集まって、事業における役割を実現する組織を機能別組織といいます。それぞれにメリットとデメリットが存在し、組織設計はそれらを把握して行うことが重要になります。

　機能横断型組織は、ビジネス上の問題解決や新製品開発において、各メンバーのバックグラウンドやスキルが異なる人々が集まります。それによって、新しい知見が生まれやすくなり、ビジネス上の意思決定が早くなります。不確実性が高い市場において、破壊的イノベーションを起こすために、このような組織形態が適しています。

　一方、機能別組織は専門家集団が集まるため、特定の分野への深い知識を蓄えることができます。このような組織は、業界標準となるようなビジネスモデルが固定的な場合で、ビジネス上の競合優位が、特定分野の知識に依存するときに適しています。たとえば、自動車会社が全く新しいコンセプトカーを作るのであれば、機能横断型組織が適していますし、エンジンの燃焼効率を上げて、燃費の高いメーカーとして競合と戦うのであれば機能別組織が適しています。

　経営学分野においては、この機能横断型組織による組み合わせや新しいビジネス分野を開拓していくための活動を「知の探索」といいます。また、機能別組織によって行われるような特定の領域の効率を上げていく活動のことを「知の深化」と呼びます。

　注意しなければならないのは、ビジネスが拡大し、現状の業界構造における勝ち筋が見えてくると、企業における組織設計が、「知の深化」に傾斜してしまう傾向があるということです。

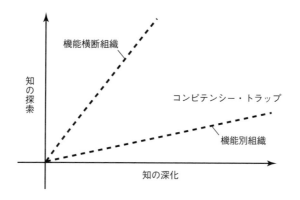

　組織設計が「知の深化」に傾斜しすぎることによって、企業からイノベーションを引き起こす力が弱くなってしまうことが知られています。このような現象をコンピテンシートラップといいます。

　これは、短期的には合理的な決断から生まれます。どのスペックをどれだけ向上させれば、どれだけの売上・利益になるのかという確実性が高くなるため、組織設計を「知の深化」に傾斜させるのです。

　すべての業種において、この「知の探索」と「知の深化」のバランスの見極めが必要です。片輪だけでは、競争力の弱い組織になってしまいます。これはいわば、資産形成におけるポートフォリオのようなものです。

5-5. 目標管理と透明性

　自律的な人材を作り出すためには、その人自身が明確なゴールを定め、その実現に向けたゴール認識のレベルを上げていくことが必要でした。目標管理というものは、本来そのようなものです。

　しかし、コミュニケーションミスや誤解によって、目標管理がそのように機能していない組織というのは多くあります。

誤解された目標管理

　目標管理という言葉を聞くと、無茶なノルマに渋々従属し、給料を上げないための日本型成果主義の悪しき側面を想像する人も多くいることでしょう。

　目標管理あるいは「目標による管理」と呼ばれるマネジメント手法が、「従業員の

創造性を向上させたい」とか、「人間に対する尊厳を重視したい」という想いから生まれたものだと聞いたら、訝しく感じるかもしれません。

経営学の出発点は、工場における生産力をどのように上げていけばよいかという課題でした。当時、それぞれの独立した職人を工場に集め、生産量に応じて部品を買い取ることで、様々な製品を大量生産していました。そのため、職人ごとにノウハウは分断され、成果もバラバラでした。

これを改善するため、経営学者のフレデリック・テーラーは科学的管理法という手法を生み出しました。彼は、効率的な職人のノウハウを標準化、マニュアル化し、誰でも行えるようにしました。各労働者に1日のノルマを設定し、生産量をコントロール可能にしたのです。

このような手法は、一定期間成果を出すことができました。しかし、労働者が経済的な自立をし始めると、思うように成果が出ないということが頻発するようになります。計画を立案するホワイトカラーと生産を行うブルーカラーの間に対立が起こり、関係性は悪化し、報酬や賃金を上げても生産性が上がらないという状況に陥りました。このように従業員を機械の一部のように取り扱うマネジメント手法では限界があったのです。

そこで、従業員を機械の一部のように扱うのではなく、心をもった人間として扱う、心理学の成果を取り入れることで生み出されたのが「目標による管理」でした。この目標という概念は、ノルマとは本質的に異なる発想で生まれたものです。

抜け落ちたセルフコントロール

「目標による管理」はピーター・ドラッカーの『現代の経営』（上田惇生 訳、ダイヤモンド社、2006年）によって提唱された概念です。MBO（Management By Objective）とも呼ばれます。その目的は次のようなものでした。

・目標設定による主体性向上
・モチベーションアップ
・問題解決能力の向上

「目標」は、しばしば「ノルマ」と同一視されて運用されてしまうことがあります。その誤解の原因は、MBOはその後に続く言葉があることがあまり知られていないためかもしれません。その言葉は「Self Control」です。

「目標による管理およびセルフコントロール」とは従業員に対して、「不可能ではないが挑戦的な目標」を「従業員自ら設定」し「従業員が納得して達成に臨む」ように支援することを意味していました。

従来の科学的管理法は作業量に応じた報酬によるモチベーションの「外的動機付け」（ノルマ）を重視していましたが、MBOでは、自ら立てた目標を達成していくことによって生まれるモチベーションの「内的動機付け」を重視しています。

ノルマの場合、マネージャーはそれを守らせるために細かな指示と監督監視を行う必要がありコストが高くなります。また、メンバーは目標設定の際、より低い目標を設定させることに強いインセンティブがかかります。そのため、できない理由と十分な時間を獲得するために交渉するようになります。

自発的な目標設定をする場合、マネージャーが細かな指示をせずとも、従業員は目標に向かって熱心に取り組みます。その分、メンバーへの支援に時間を割くことができるようになります。従業員は、達成感とともによりチャレンジングな課題に創意工夫をもって取り組むようになります。

OKRによる目標の透明化

PDCAサイクルでも紹介したデミングは、ドラッカーの「目標による管理」に対して、組織システム全体への知識がなければ間違った最適化が行われてしまうと指摘していました。一方、ドラッカー自身は「経営者には全体的な視点が要求される」としているものの、大半の経営者はそのようにできていないと警鐘を鳴らしました。

この指摘は、現在の「目標」と「ノルマ」を同一視する状況を見れば、的を射ていると言わざるを得ません。

デミングが必要だと唱えた「組織システム全体への視点」とは何でしょうか。それは、ビジネス全体の情報処理プロセスの流れと関係性があるのかを把握することです。

この全体論的理解、あるいはシステム思考的理解が、個別の目標設定を局所最適解に陥らせないために必要であるという考えは、近年のITベンチャーで人気を集め始めているOKR（Objectives and Key Results）と深い関連があります。

OKRでは、Objectiveとして目標を掲げて、その結果をどのような変化がある程度定量的に判断されるのかをKey Resultsとして最大で3つ程度明示します。

```
Objective（目標）
安定したサービスを実現する

Key Results（主な結果）
1. 障害件数を5件以内にする
2. 自動テスト環境を構築する
3. テストカバレッジを
   50%以上にする
```

```
Objective（目標）
売上げを20%上げる

Key Results（主な結果）
1. 1日30件の
   テレアポを実施
2. 成約率を30%以上にする
3. 営業人員を2名採用する
```

これによって、目標を達成できたのかできなかったのかという判断がしやすくなりますし、目標と結果の不一致がある場合に早期に発見しやすくなります。

また、目標の基準として、100%の努力があった場合に達成できそうなところを70%の地点にし、それよりも高い目標を掲げるという目安が与えられています。これはエドワード・ロックの目標設定の心理学に依拠しています。

透明性と情報公開

OKRの先進的なポイントは「目標による管理」をしっかりとやり直そうという話だけではありません。もう1つの重要なポイントは、「透明性」を重視することです。目標設定を通じて、従業員1人ひとりが組織全体を見渡して、自分が何のために仕事をしているのかを深く理解するというのが、OKRの果たす重要な役割です。

OKRは、企業全体で1つの木となるように目標を設定します。会社目標におけるKey Resultsは部署目標となり、部署目標のKey Resultsはチーム目標に、そして、チーム目標のKey Resultsは個人目標にというように、すべての個人目標が会社目標と接続するように設定し、目標への納得感と目標自体が限定合理にならないようにする配慮が含まれています。

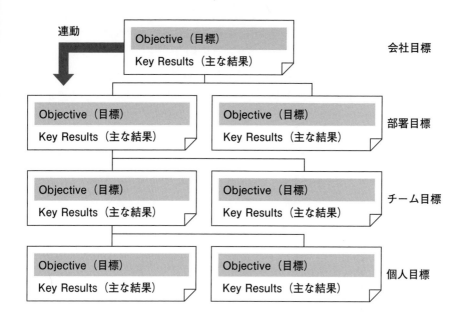

　組織の健全さとして、「透明性」というフレーズが使われます。この透明性とは何でしょうか。1つの要素として、情報公開がなされている点があげられると思います。
　しかし、情報公開がされていれば透明なのでしょうか。組織の透明性とは、「情報が整合性をもって、組織内に正しく伝達されること」です。誰も見ていないのに情報公開されていても、それは透明性のある組織とはいえません。透明性とは、組織の不合理を減らすために情報の非対称性と、限定合理性を減らしていくすべての活動によって得られる状態だと捉えるのが正しい理解であると考えられます。
　情報の非対称性を減らすには、組織構造の上位から下位に対して、情報が公開されるだけでなく、その逆もまた重要です。そして、それらが整合性をもって、経営者・従業員に理解されている状態でなければなりません。
　目標が限定合理に陥らないために、従業員相互がその役割を正しく認識する必要があり、マネジメントはそれを促す必要があります。それは情報公開だけでは決して得ることのできない信頼関係の構築が不可欠です。
　OKRもまた、組織全体をメンタリングしていき、高いレベルのゴール認識を作るためのツールにすぎません。正しくその役割を理解し、運用しなければ、「目標」は容易に「ノルマ」へと変わってしまいます。

5-6. 組織設計とアーキテクチャ

　これまで、コンウェイの法則や技術的負債の話を通じて、組織設計とシステムアーキテクチャが「似ている」ということを述べてきました。エンジニアリング組織をめぐる議論を考えるためには、「似ている」というだけでなく、実のところシステムアーキテクチャと組織設計は本質的に同じものであるということを理解していく必要があります。

取引コストとアーキテクチャ

　システムをプログラミングするという行為は、マニュアルや契約書を作る作業に似ています。ビジネスをより具体的な言葉で表現するという行為だからです。マニュアルであれば、解釈するのは人間なので曖昧な表現が残されていても見逃されます。しかし、プログラミングの場合、それを解釈するのはコンピュータですから、一切の曖昧な表現は許されません。ビジネスを完全に明晰な言葉で表現し直す行為が、プログラミングなのです。

　曖昧な要求から、完全に明晰な言葉に書き換えるわけですから、その行間をすべて埋めていく必要があります。追加されるかもしれないビジネス要求も踏まえながら、行間を埋めていきます。

　システム開発を行うに当たって、「動きやすい仕事」と「動きにくい仕事」を決めるのはこのアーキテクチャです。変わらないことを見越して作られた定義が変わってしまう場合、広い範囲に影響が出ることがあります。調整もしなければなりませんし、テストケースも多くなります。これは取引コストの大きな仕事です。逆に変わることを見越して作られた部分に関しては、影響範囲が限定されるため、すぐに行うことができます。取引コストの小さな仕事といえます。

　一方、企業活動における「動きやすい仕事」と「動きにくい仕事」はどのようなものでしょうか。その人の目標が明らかで、権限が十分に与えられ、実現可能なチームがすぐそばにいる場合には仕事は動きやすく活発になります。逆に、権限のレベルを超えている活動や社内外との取引コストが大きくなる仕事は、動きにくい仕事になります。それを決定づけるのが組織構造です。

	システム	企業活動
動きやすい仕事	影響範囲が限定されていて、変更しやすい部分の機能開発	権限が委譲され、ゴール認識レベルが高い
動きにくい仕事	影響範囲が広く、変更しにくい箇所の機能開発	権限のレベルを超えて、取引コストが高い
決定要因	アーキテクチャ	組織構造

　アーキテクチャと組織構造は、お互いに影響を与え合います。どちらもビジネスを活発に行うための構造が引き起こす力だからです。組織構造とアーキテクチャが一致していない場合、システム開発者は「開発がしにくくなる」ので、組織構造とアーキテクチャを一致させようと努力をします。このときに、「技術的負債を解消したい」というフレーズを使うようになります。

　一方、システムの要件を決めるプロダクトオーナーは、少しでもビジネスを進捗させたいため、工数のかからない施策への優先順位を上げていきます。工数のかからない施策とは、現行のアーキテクチャで無理のない施策ということなので、アーキテクチャがビジネスの構造や組織構造への影響を与えることになります。

　このアーキテクチャと組織構造の相互作用が、マイナスに作用すると企業活動はどんどん目的とはかけ離れた方向への力が働きます。このような問題を引き起こさないためには、アーキテクチャと組織構造の関係に対して理解をし、コミュニケーションを通じて、アーキテクチャと組織構造の両方をビジネスの向かうべき方向へ一致させることです。

逆コンウェイ作戦

　ビジネスにおいて、どのような点を拡大していけばビジネスが成長でき、どのような点をコントロールしていけばビジネスのリスクが避けられるのかを決める構造をビジネスモデルと呼びます。

　ビジネスモデルと組織構造、そしてアーキテクチャの三者が一致していれば、組織の情報処理能力は向上します。しかし、三者が一致していないと、企業活動は多くの取引コストがかかるようになります。そのため、情報処理能力は減衰し、企業活動は不安定になります。

　コンウェイの法則は、「組織構造とシステムの構造が似てしまう」という現象を説

明したものでしたが、それが引用される文脈は、ネガティブなケースが多くありました。悪い組織構造が、悪いアーキテクチャを導いていくというような文脈です。

これは取引コストの高い組織が、取引コストの高いアーキテクチャを生み出してしまい、「技術的負債」現象を引き起こしてしまうということを意味しています。

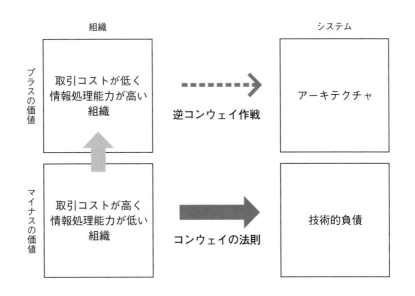

一方で、コンウェイの法則を経営活動にとってポジティブに利用しようとする考えが近年では生まれてきました。この関係性を逆手にとって、積極的な組織設計やコミュニケーション設計をビジネス戦略に基づいて行うことで、アーキテクチャ自身をより良いものに変えていこうとする考え方です。

これを「逆コンウェイ作戦（Inverse Conway Maneuver)」呼びます。アーキテクチャの問題点をエンジニアリング組織だけで対処するのではなく、どのようなビジネスの課題があり、どのようなビジネスモデルを想定していて、そこからアーキテクチャを導き、組織設計を行っていきます。

マイクロサービスアーキテクチャ

マーティン・ファウラーは2014年に、マイクロサービスアーキテクチャという概念を発表しました。これは成長を続ける優れた技術組織をもった企業を観察することから得られた経験的な傾向に名前をつけたものです。

従来、技術組織を抱える企業は各領域のスペシャリストごとにチームを組むという傾向がありました。そのほうが、プロジェクトごとの調整がしやすく、スペシャリティに対してのマネジメントが行いやすいなどの理由がありました。それは、プロダクトの技術的なレイヤ構造に対応しています。そのため、コンウェイの法則から、各レイヤに対応したアーキテクチャができあがります。

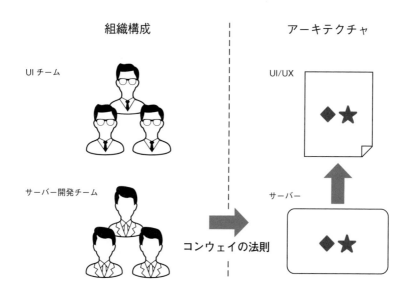

　その結果、複数のビジネス要件がシステムの各階層に入り込むことになります。
　多くのチーム・多くの人数がそれぞれの階層に手を加えることになると、取引コストが多くなり開発は遅くなります。このように、複数の要件が1つのソフトウェアに入り込んだアーキテクチャを「モノリシック（一枚岩）」なアーキテクチャといいます。
　マイクロサービスアーキテクチャではビジネスの各要件ごとにチームを編成し、チームの中だけでUI、アプリケーション、データベースなどの技術レイヤを担当できるようにします。そして、その要件ごとに独立したシステムを構築します。チームを横断してやるべき仕事は、APIを通して実現します。これによって、取引コストが小さい組織と技術的負債の小さいサービスができあがります。

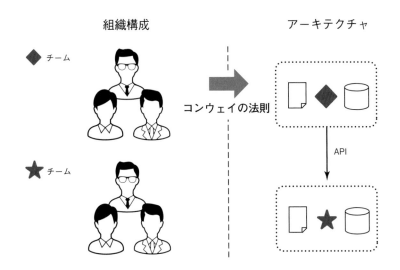

　このように、ビジネスモデル・組織構成・アーキテクチャの3つを揃えていきます。しばしば、マイクロサービスアーキテクチャは、小さなサービスに分割するという技術的な潮流として理解されることが多いのですが、実際には、いかにして技術組織の情報処理能力を上げていくかという組織論の問題でもあります。

■ マイクロサービスの特徴

　マイクロサービス方式の特徴を以下の表にまとめます。

マイクロサービスの特徴	詳細
サービスによるコンポーネント化	独立的で交換可能なサービスとして、コンポーネントを分ける。個別にアップグレード可能な設計にする
分散ガバナンス	言語選定やデータベース選定などをチームに権限を与えて、最適な選択肢を選べるようにする
スマートエンドポイント	HTTPによるAPIや軽量メッセージングシステムによるエンドポイントの提供
分散データ管理	ドメイン駆動設計におけるコンテキスト境界となるようにデータの管理を分解する
プロジェクトでなくプロダクト	プロジェクトのように終わりのある開発ではなく、継続的に改善するプロダクトとして提供する

インフラ自動化	自動テストや自動デプロイ、サービスモニタリングといったインフラの自動化を組み込んでいること
進化的設計	サービスの追加、変更、廃止が他のサービスに影響がないようにそれぞれ設計されること
ビジネスケイパビリティによるチーム化	ビジネス上の能力とそれを実現できる機能横断チームの単位にサービスを分解すること
失敗のための設計	1つのサービスが落ちても、それに応じた設計がなされ、非同期呼び出しなどによって遅延が全体に影響を与えないこと

　これらの特徴は、各チームの意思決定や開発が他のチームとの細やかな調整をすることなく、連続的に開発していけるためのものです。そのため、チームをどのように分割し、どのようなサービスに分割するのかは、ビジネスモデルとアーキテクチャの深い理解が必要になります。

　もし、ビジネスモデルと適合しないマイクロサービスにシステムを分割すれば、ビジネス要件はたちまち複数のチームに影響を与えます。その結果、取引コストの高いプロジェクトが組成され、組織の情報処理能力は低下します。継続して1つのサービスへの開発を行うことができずに、チームは再編され、それぞれのマイクロサービスはたちまちのうちに技術的負債と呼ばれることになるでしょう。

■マイクロサービスのメリットとデメリット
　このようにマイクロサービスは、ビジネスモデルとシステムを対応づけることで、開発効率を上げることができます。一方、常にメリットが出るようなものではありません。デメリットも存在します。

	マイクロサービス	モノリシック
メリット	・シンプルな機能に閉じることができるので開発が高速になる ・サービスごとに適切な言語や環境を選ぶことができる ・必要に応じて一部のサービスのみ作り直すことができる（犠牲的アーキテクチャ）	・開発初期にコストがかからない ・想定外の変更を行いやすい ・言語や知識が統一されるので組織変更後の立ち上がりが早い ・全体的なボトルネックを見つけやすい

デメリット	・インフラコストはある程度増大する ・サービスをまたがった改修にコストがかかる ・組織設計の修正コストが高くなる ・障害点が追いづらくなる	・技術的負債がたまりやすく、作り直しが困難 ・チーム間のコミュニケーションコストが増えがち ・徐々に開発速度が低下していく

マイクロサービス化を行う時期の難しさ

　マイクロサービスは、モダンなプロダクト開発手法として注目を集めていますので、エンジニアの中にはそのトライアルを行いたいと考えている人も多くいるでしょう。

　しかし、あまりに早すぎるマイクロサービス化はかえって開発速度を遅くしてしまう原因になってしまうかもしれません。第一の条件は、プロダクトを支えるビジネスの戦略が固まっていて、ある程度の仮説検証が終了しているという状況である必要があります。なぜなら、まだビジネスが立ち上がり切っていないときには、大きな作り直しや方向転換を図る可能性が十二分に存在するからです。そのため、すでに構築したマイクロサービス自体が取引コストの壁になってしまいます。

　一方、マイクロサービス化が遅すぎるのも問題です。多くの人員で同じシステムをメンテナンスし続けることで、技術的負債や調整などのコミュニケーションコストの増大が発生します。どんどんと身動きが取れなくなり、一時的にビジネス上の改善をストップしなければ、アーキテクチャの移行が難しくなっていきます。

　マイクロサービス化は、組織設計と同様に困難な意思決定を伴うもので、その時期や手段、そして経営層の十分な理解がなければ失敗に終わる可能性が高くなります。

■マイクロサービス化をめぐるトレードオフ

　スタートアップ企業やイントレプレナーのチームが事業を作り始めるときに、「ここを伸ばせばビジネスを拡大できる」というビジネスドライバーが明らかになっていないフェーズでは、事業は大きな仮説検証を繰り返すことになります。この状態は、不確実性が非常に高い状態です。一方、組織は少人数で取引コストもあまりかからず開発を進めることができます。

　ビジネスドライバーが明らかになって、拡大をしようと考え始める時期には、事業の不確実性は減少しているものの、組織人数が増え、取引コストが増大し始めます。

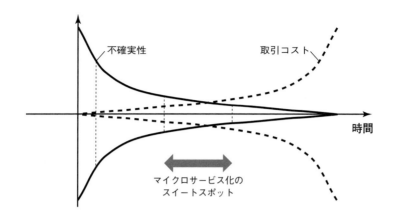

　マイクロサービス化によってメリットを得ようとすれば、不確実性と取引コストが交差するであろう時期に、アーキテクチャの転換を行う必要があります。

　組織設計とアーキテクチャ設計は、どちらも相互に影響のある関係性なだけでなく、その本質的な部分において同質的なものです。どちらも、事業の戦略を達成するために作られ、責任範囲とコストのトレードオフを選択する必要があるからです。

　しかし、技術的負債が見えないのと同様、アーキテクチャもまたシステムに対する理解が伴わないと「見えない」ものになります。ところが、アーキテクチャは、組織よりも「変えにくい」ものでもあるため、より広い視野で問題を見つめて意思決定する必要が出てきます。

■ 腐敗防止層というリアルオプション

　当然のことながら、すでに多くの開発資産を積み上げてきたアーキテクチャを、一瞬にしてマイクロサービスに変えることはできません。ビジネスドライバーが明らかになった時期のプロダクト規模であれば、すべてを再設計するのは数年単位で時間がかかるかもしれません。巨大になったプロジェクトはそれだけ失敗しやすくなります。

　そこで大きな意思決定であるアーキテクチャの再設計を遅延させるためのオプションを考える必要があります。その1つが「腐敗防止層」の設置です。古くなったアーキテクチャを新しいアーキテクチャ設計の文脈で使えるように、APIへと変換を行うレイヤを設けます。

新規機能追加は
マイクロサービスとして提供

優先度の高い領域から
マイクロサービス化を進める

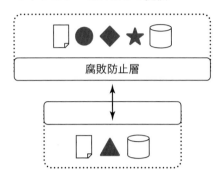
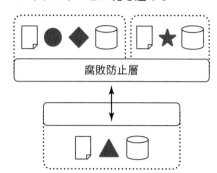

　この手法は、古いアーキテクチャを「あたかも新しいアーキテクチャ」であるように見せかけだけ変換するものです。デザインパターンの用語では、「ファサードパターン」とも呼ばれます。

　これによって、新規追加のビジネス領域に関しては、マイクロサービスとして提供することができるようになります。また、古いアーキテクチャのシステム部分においても、腐敗防止層が提供する新しいアーキテクチャ設計にフィットするように、優先順位の高い領域からマイクロサービスへと移行することができるでしょう。

　アーキテクチャ設計は、ビジネスの状況と切り離すことができません。ですので、状況の変化に応じて段階的・漸進的に再設計をしていく必要があります。ビジネスモデルや組織と一致しないアーキテクチャでの開発作業は、ストレスフルな部分があります。ゼロから作り直したらうまくいくのではないかと思いがちですが、必要なのは「最もビジネスメリットが生まれる」オプションを生み出すアイデアなのです。

エンジニアリング・カンパニー

　企業活動は、市場に存在する不確実性と、複数人の組織のコミュニケーションの不確実性とを相手にした「エンジニアリング」です。

　組織上の課題が、私たちの身に降りかかるときに、それは組織上の課題の顔ではなく、個人の問題の顔をしています。「誰が悪い」とか、「誰それは味方だ」とかいうように問題を個人に転嫁しがちです。

　私たちは感情的な生き物です。組織構造にしてもアーキテクチャにしても、「構造」が与える力は見えづらいものです。ですので、意識的・無意識的に個人の問題として

隠してしまおうと、つい考えてしまいます。構造上の問題は、誰かのせいでないのと同じくらい、私たち自身を含んだ全員の責任でもあるからです。

　しかし、根本的な問題が「構造上の問題」にあると気がつけば、対立は消滅します。解決すべき問題はその姿が見えてしまえば、「悩み」は「考える」に変わります。必要なのは、妥協でも、政治でも、卓越した技術力でもありません。組織やビジネス、プロセス、そしてシステムへの「エンジニアリング」なのです。

索引

■英字

- CCPM……191
- INVEST……214
- MBO……288
- OKR……289, 290
- PDCAサイクル……44, 144
- PERT……193
- Pull型……146
- Push型……146
- SECIモデル……150
- SMART……121
- Tシャツサイズ見積り……197, 198
- XP……161

■あ行

- アーキテクチャ……256, 257, 259, 265
- アーキテクト……213, 278
- アーロン・ベック……26
- アイデンティティ……31, 77, 171
- アクノレッジメント……110, 111, 112
- アジャイル……131, 200, 220
- アジャイルソフトウェア開発……163
- アリスター・コバーン……133
- アリストテレス……25, 35
- アンディ・キャメロン……159
- 暗黙知……150, 161
- 意思決定木……272, 273
- 依存制約……185
- 一般システム理論……51, 145
- イドラ……25, 35
- イベント……221
- イリヤ・プリゴジン……153
- インクリメント……222, 223, 224
- インセプションデッキ……224
- ヴェロシティ……200, 201, 202
- ウォーターフォール……35, 138, 142, 167
- ウォード・カニンガム……249
- エイミー・エドモンドソン……107
- エージェンシースラック……188, 189, 197, 235
- エクストリームプログラミング……161
- エドワード・ロック……290
- エピック……208, 209
- エマーソン……156
- エリヤフ・ゴールドラット……191
- エルヴィン・シュレーディンガー……153
- エレベーターピッチ……225
- 演繹法……42
- エンジニアリング……9, 10, 68, 76, 142, 300
- エンジニアリングの不確実性……230
- エントロピー……14, 153
- オイゲン・ヘリゲル……157
- オデュッセウス……76

■か行

- 概念検証……196
- 可視化……89, 95
- 仮説検証……44, 144
- 仮説思考……20, 33, 178
- 仮説法……43
- カニンガム……249
- カルヴァン派……155
- カリフォルニアンイデオロギー……159
- 環境不確実性……16, 230
- カンバン……146
- 管理会計……281
- 技術的負債……238, 249, 254, 256, 263, 264
- 機能別組織……286
- 帰納法……43
- 逆コンウェイ作戦……293
- 共感と同感……93
- クールエイド……172
- クラウス・シュミット……257
- クリス・アージリス……151
- クリストファー・アレグザンダー……161
- クリティカルパス……184
- クルーシュテン……256
- クロード・シャノン……15
- 経験主義……20, 33, 140, 198
- 形式知……150
- 傾聴……90
- 軽量開発プロセス……167
- 権限……238, 241
- 権限委譲……238, 243
- 限定合理性……69, 71, 72, 171
- コードチェーン……268
- ゴール設定……224
- ゴール認識……127, 128, 141
- コミュニケーション能力……72, 172
- コミュニケーションの不確実性……67, 70
- コンウェイの法則……235, 293
- コンセンサスボード……246
- コンピテンシートラップ……287
- コンフォートゾーン……80, 102, 108

■さ行

- サードパーティ……280
- 三段論法……43
- ジェフ・サザーランド……160
- 自己説得……84, 86
- 自己組織化……14, 51, 141, 153, 174, 226
- システム思考……50
- ジム・ハイスミス……161
- ジャストインタイム……163
- ジャック・デリダ……180
- 循環的複雑度……265
- 障害時ハンドリング……76, 78
- 情報……15, 17
- 情報の非対称性……68, 103, 233
- ジョセフ・ルフト……116
- ジョハリの窓……116
- 心理的安全性……105, 244
- スクラム……35, 132, 160, 220
- スクラムガイド……35, 160
- スクラムマスター……78, 132, 221
- スケジュールマネジメント……182
- スコープバッファ……211, 212
- スチュアート・ブランド……158
- ストーリーテリング……111, 115
- ストーリーポイント見積り……197, 198

索引	
ストックオプション	47, 188
スプリッティング	26
スプリント	200
スプリントバックログ	222
すべき思考	27
スループット	178, 209
制約スラック	183, 184
セルフマスタリー	128, 141
セレモニー	222
全体論	50
創発	51
ソロー	156

■た行

タイムボックス	200
他者説得	84, 85
脱構築	179
多点見積り	193
ダブル・ループ学習	151, 152
ダブルブラインドチェック	52
チームビルディング	205
チームマスタリー	141, 174, 226
知の深化	286
知の探索	286
チャールズ・パース	42
通信不確実性	17, 70, 176
ツリー構造	53
ティモシー・リスター	237
デイリースクラム	222
データ駆動な意思決定	45
デミング	44, 144, 289
デリゲーションポーカー	243, 245
透明性	72, 290
トム・ギルブ	145
トム・デマルコ	41, 236
ドメイン駆動設計	296
ドライバー	77
取引コスト	274

■な行

ナビゲーター	77
ニクラス・ルーマン	68
認知的不協和	30
認知の歪み	26
認知フレーム	100, 127
ネットワーク構造	53, 153
ノルマ	189, 197, 287

■は行

ハリ・インガム	116
ハンロンのカミソリ	69
ピーター・センゲ	51, 161
ピーター・ドラッカー	288
非線形な関係	53
ヒッピームーブメント	158
ファシリテーション	78, 197
ファシリテーター	225
フィードバックループ	81, 84
フィリップ・クルーシュテン	256
フォースフィールド	125
フォン・ベルタランフィ	51
不確実性コーン	12
不完全さ	66, 76, 233
プラクティス	157
プラットフォーム戦略	279
フランシス・ベーコン	25
プランニングポーカー	198
振り返り	160, 170, 220, 225
プリンシパル・エージェント理論	187
フレデリック・テーラー	288
プロジェクトバッファ	183
プロジェクトマネジメント	12, 37, 135
プロダクトオーナー	132
プロダクトマネジメント	135
プロトタイピング	197
扁桃体	30
返報性の原理	116
方法不確実性	137, 181, 222
ポートフォリオ	261
ホーリズム	52
ポール・グレアム	171
ホールドアップ問題	277
ボトルネック	178, 209, 221, 297
ホフステード指数	133

■ま行

マーケット不安	136, 142, 210
マーティン・ファウラー	253, 294
マイクロサービス	296, 297, 298
マックス・ヴェーバー	155
見える化	190, 238, 271
未来	16, 34, 72, 128, 175
メンタリング	75, 131, 179
目的不確実性	137, 138, 142, 181, 210
目標による管理	287, 288
モノリシック	295, 297

■や行

ユーザーストーリー	213
ユビキタス言語	265, 269
要素還元主義	51
予定説	155

■ら行

ライフタイムバリュー	58
リアルオプション戦略	46, 178
リーンキャンバス	218
リーン生産方式	146
リーンソフトウェア開発	161
リインフォース	125
利子率	250
理性主義	35, 138
理想日見積り	198
リソース制約	185
リチャード・バーブルック	158
リファクタリング	9, 75, 261
リフレーミング	88, 152, 179
リリースポイント	212
レスポンスタイム	178
ロジカルシンキング	53
ロナルド・コース	274
ロバート・シャレット	161
論理的思考	19, 22, 67

[著者略歴]
広木 大地（ひろき だいち）
株式会社レクター取締役。
1983年生まれ。筑波大学大学院を卒業後、2008年に新卒第1期として株式会社ミクシィに入社。同社のアーキテクトとして、技術戦略から組織構築などに携わる。同社メディア開発部長、開発部部長、サービス本部長執行役員を務めた後、2015年退社。
現在は、株式会社レクターを創業し、技術と経営をつなぐ技術組織のアドバイザリーとして、多数の会社の経営支援を行っている。

- ●装丁　　　　　　　　　株式会社dig　上田学
- ●本文デザイン／レイアウト　株式会社ライラック　菊池祐
- ●編集　　　　　　　　　山崎香

エンジニアリング組織論への招待
～不確実性に向き合う
思考と組織のリファクタリング

2018年 3月 8日　初版　第1刷発行
2024年 9月12日　初版　第9刷発行

著　者　広木大地
発行者　片岡　巌
発行所　株式会社技術評論社
　　　　東京都新宿区市谷左内町 21-13
　　　　電話 03-3513-6150　販売促進部
　　　　　　 03-3513-6166　書籍編集部
印刷・製本　港北メディアサービス株式会社

定価はカバーに表示してあります。
本書の一部または全部を著作権法の定める範囲を越え、無断で複写、複製、転載、あるいはファイルに落とすことを禁じます。

©2018　広木大地

造本には細心の注意を払っておりますが、万一、乱丁（ページの乱れ）や落丁（ページの抜け）がございましたら、小社販売促進部までお送りください。送料小社負担にてお取替えいたします。

ISBN978-4-7741-9605-3　C3055
Printed in Japan

■お問い合わせについて
本書の内容に関するご質問につきましては、下記の宛先までFAXまたは書面にてお送りいただくか、弊社ホームページの該当書籍のコーナーからお願いいたします。お電話によるご質問、および本書に記載されている内容以外のご質問には、一切お答えできません。あらかじめご了承ください。また、ご質問の際には、「書籍名」と「該当ページ番号」、「お客様のパソコンなどの動作環境」、「お名前とご連絡先」を明記してください。
　お送りいただきましたご質問には、できる限り迅速にお答えをするよう努力しておりますが、ご質問の内容によってはお答えするまでに、お時間をいただくこともございます。回答の期日をご指定いただいても、ご希望にお応えできかねる場合もありますので、あらかじめご了承ください。
　なお、ご質問の際に記載いただいた個人情報は質問の返答以外の目的には使用いたしません。また、質問の返答後は速やかに破棄させていただきます。

■問い合わせ先
〒162-0846
東京都新宿区市谷左内町21-13
株式会社技術評論社　書籍編集部
「エンジニアリング組織論への招待」係
FAX: 03-3513-6183
Web: https://gihyo.jp/book/2018/978-4-7741-9605-3